唐宋建筑的多元技术系谱考察
——《营造法式》研习拾零

喻梦哲 著

国家自然科学基金面上项目：
宋元界画中建筑形象的识读机制与样式谱系研究（52078401）

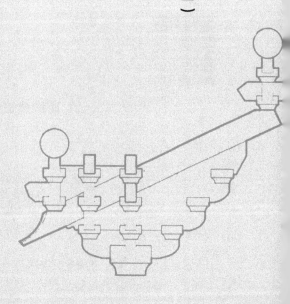

中国建筑工业出版社

图书在版编目（CIP）数据

唐宋建筑的多元技术系谱考察：《营造法式》研习
拾零／喻梦哲著. —北京：中国建筑工业出版社，
2022.2（2023.2重印）
ISBN 978-7-112-26953-2

Ⅰ.①唐… Ⅱ.①喻… Ⅲ.①建筑史—中国—唐宋时
期 ②《营造法式》—研究 Ⅳ.①TU-092.44

中国版本图书馆CIP数据核字（2021）第269796号

责任编辑：陈夕涛　吴宇江
版式设计：锋尚设计
责任校对：王　烨

唐宋建筑的多元技术系谱考察
——《营造法式》研习拾零
喻梦哲　著

★

中国建筑工业出版社出版、发行（北京海淀三里河路9号）
各地新华书店、建筑书店经销
北京锋尚制版有限公司制版
北京中科印刷有限公司印刷

★

开本：787毫米×1092毫米　1/16　印张：15 ½　插页：10　字数：343千字
2022年2月第一版　　2023年2月第二次印刷
定价：**68.00** 元
ISBN 978-7-112-26953-2
（38167）

结合实例释读《营造法式》之类的经典文本，进而建构起对于匠作传统的个人体会，大概是志于治建筑史者必经的学习途径。我国丰富的木构（包括砖石仿木）遗存与流传至今的大量精审细致的绘画、雕塑案例，则为技术史、样式史的深入研究提供了可能。

自梁思成、刘敦桢等第一代建筑学人开拓出中国建筑史研究的基本框架以来，围绕《法式》的文句训释与实例比对工作早已取得丰沛成果，学者们投入大量精力以求更加立体、细微地诠释中国古代建筑的发展历程。从营造学社时期重在引介、"翻译"这部"文法课本"，经陈明达、龙庆忠、傅熹年、徐伯安、郭黛姮、潘谷西、竹岛卓一等前贤多年努力，使得《法式》相关研究呈现出百花齐放的面貌，与律学、力学、美学、材料科学等领域深度融合，成为解释纷繁建筑现象的重要参照。随着视野的不断拓展，新的方法亦层出不穷（如汉字文化圈内不同区域间建构思维的关联比较，建筑考古学观念的确立与年代学、地层学、类型学科学工具的引入，工匠口诀的几何验算……）王其亨、王贵祥、张十庆、钟晓青、徐怡涛、刘畅等学者将建筑史研究推进到新的高度，更难能可贵的是他们视辛苦得来的精测数据为天下公器的无私态度，这直接催生了新一轮的讨论热潮（如肖旻和刘畅先生围绕佛光寺大殿设计规律的争鸣）。

近十余年来，循着国家文物局设定"指南针计划"专项"中国古代建筑与营造科学价值挖掘研究"的机缘，佛光寺、保国寺、稷王庙、镇国寺等著名建筑的测绘书稿得以相继出版发行。与文物管理部门负责编纂的修缮报告不同，此类由高校学者主导的勘察工作更加重视理论探索，在详细论证新技术手段适用性、规范性的同时，更是投入大量精力与篇幅在个案的营造尺复原、各部比例尺度构成关系等涉及设计原理的内容上，真正做到了主动靠近"匠心"。

对于《法式》的研究亦是日趋专深。朱永春先生对文本中疑难概念的考证、乔迅翔老师对宋代工程管理与计功算料的原理总结、成丽老师对文献版本的持续梳理，以及李路珂、陈彤、王南几位老师近年来引人瞩目的工作成果，无不彰显着中国建筑史研究的老树上正在焕发满枝新芽。

笔者在求学东南大学期间有幸受教于朱光亚、张十庆两位教授，虽然资质鲁钝，却幸得先生们信任，参与了保国寺、天宁寺、时思寺等江南宋元建筑的测绘工作，屡受教诲之余，对于古代建筑的设计方法也萌发了极大兴趣。工匠思维的历时性、地域性差异，以及由之诱发的建筑风格区别，自然是值得投身其中的重要题目。《法式》技术本底源自江南的观点，虽然已被多次强调，但其间细节仍有值得继续讨论廓清者，譬如两浙匠风是如何传至汴洛的？《法式》"海行"全国的时空范围与传播路径能否被清晰描绘？如何凝练宋金时期不同匠门间技术差异的根源？基于这些疑惑，也为了以华北案例为镜鉴反思江南传统，笔者受命以晋东南遗构与《法式》的技术关联性为题撰写了博士论文（周淼老师继踵于后，基于唐宋变革论的视角完成了晋中遗构技术系谱的精彩考察），作为江浙宋元建筑研究传统的一声画外旁白。

自入职西安建筑科技大学以后，这种挖掘地域建筑传统的工作任务就变得更为紧迫，吴葱、朱向东、徐怡涛、张宇诸位先生率其团队对河西、晋北、河东、川中建筑遗产本土特征的深入研究促使笔者更多地以区域关联性视角观察关中的木构技术传统，并据之完成了国家自然科学基金青年项目"陕西元代木构建筑区系特征及技术源流研究"的相关工作。通过反复咀嚼消化调研过程中搜集的案例信息，尤其是学习、借鉴学界前贤的经典文章，对于《法式》中的一些内容（尤其是用于示例的制度部分）也产生了少许不成熟的看法，并陆续成文发表。

这其中最为关键的问题，仍是围绕着《法式》的技术根底与流播情况展开。陈明达、祁英涛等先生早已注意到李诫理想主义的"制度规范"与实例做法间千差万别的错位现象，我们既不能神话《法式》，迷信其影响力无远弗届，亦不能忽略它所涵括、反映的多元技术渊源，及其对宋末金初营造实践的积极影响。至于如何认识其与实例间的契合程度，则存在诸多评判标尺，张十庆、徐怡涛先生从样式层面，刘畅先生从数理与构造层面的比较工作各有侧重且同样有效，尤其后者以晋南实例为主撰成的"算法基因"系列文章予笔者以极大的启发。

剥开传统建筑上相互勾连的纷繁表象，成千上万种构件、节点中，总有一些是牵一发而动全身的关窍所在，是能够用来解明整套营造"秘诀"的"活扣"，厘清联动现象背后的主、被动关系，找出最具技术敏感性的"标靶"来示踪整个技术体系的发展脉络，以之为抓手与不同匠作系谱加以比较，如同侦探查案般从诸多蛛丝马迹中搜排出关键线索，是对逻辑思维和空间想象能力的极大考验，也正是技术史研究最富吸引力之处。

中国传统木构建筑的构造逻辑讲求横平竖直，倾斜要素较少，即便坡屋面、上下昂之类做法形成的三角空间，也大多可以套用材栔格网或架道勾股加以解析，本质仍是以代数高宽比例定几何倾侧角度，这当然成为我们观察技术变迁历程的一个重要窗口——斜置构件的定斜原则怎样掺揉进柱梁、铺作的整体权衡中去的？其调配单元与变化机制是怎样形成的？这样的微观考察将昂制、屋架、材份比例等内容有机融合在一起，成为近来学者们释读经典案例精测数据与钩沉《法式》技术系谱的一条有力线索，刘畅与陈彤先生的系列成果可谓其中翘楚。

正是受其启发，笔者试图寻找一种比例构成关系更为简明的昂斜设定模式。在此过程中自然地衍生出两项工作，一是观察唐宋辽金实例中多元的材栔广厚关系，二是比较唐辽与宋金建筑在下昂头尾两端的构造区别，并进一步反思唐、宋技术是否同源的问题，这也促成了从微观（材栔）、中观（昂制）与宏观（构架）层面分别考察案例与《法式》间辩证关系的工作，其目的在于将《法式》重置于其本应所处的纷呈图景之中。受限于学养与篇幅，笔者虽不能真正勾勒出两宋之际多元匠门争流竞渡的热切场景，却仍寄望于揭示出若干有价值的线索，以作引玉之砖。

在学习《法式》的过程中，另一个引发笔者兴趣的问题是对其载录数据的验证与解释。我们知道，举凡跳距、架道、朵当等处数字，多能折成一定的份值区段，既有研究常视为李诫为施工方预留调节余裕的表现。问题在于，在某一区段内可灵活折变，与在该区段内存在最优解（作为增减变化基准的"范式"）之间并不矛盾，《法式》不同篇目内存在大量数据，它们各自的所指是否一样？按传统的理解制图，能否将此节点真实搭建起来？若出现矛盾，是否意味着过往的一些认识存在偏差？作图验证此类数据，无疑是一种简便而直观的方法。为此，笔者选择了两处工作对象：其一是核算转角诸栱、昂份数，澄清其属于实长、心长抑或水平投影长？继而分析这些份数间逐跳递变的数理依据；其二是承继王贵祥先生提出的柱檐比$\sqrt{2}$假说，验证《法式》语境下，逐级铺作间是否能维系柱高、开间与檐口高度的固有比例关系。这两项工作均是基于"量化""直观"的思维，对《法式》研究中涉及立面与空间构成的难点问题加以测算，目的是检视文本的数理自洽程度。显然，自洽度越高，则李诫笔下潜藏有"范式"的可能性也越大，不仅制度章节如此，功限、料例部分也有大量内容值得继续推敲，这样的假设与求证工作，结论当然是开放的，无论最终证明与否，相信对于推进技术史研究的持续深入都有所助益。

最后，是在学习过程中对一些基本概念的反思，如关于楼与阁、缠柱造与叉柱造相互关系的思考，关于昂桯、挑斡及"华头子斜置"现象的辨疑，关于"堂"作为一种与殿、厅并行概念的证明……这部分内容最为"异想天开"，争议最大，但也最富趣味。历览前贤，刘敦桢先生研读《法式》，逐页手书大量批注；陈明达先生精研覃思，留下《法式》研究"札记"多篇，至今仍发人深省……前辈学者对于重大史学问题的精辟论断，何尝不是集腋成裘所致？笔者虽学识浅薄，亦不能不见贤思齐，将近年所做的阶段性工作稍加整理，不弃涓滴敝帚自珍，结成一册以俟博学君子。

第五章 构件样式视角下的构架发展脉络考察

第一章

《营造法式》之外：唐宋多元技术系统的考察分类

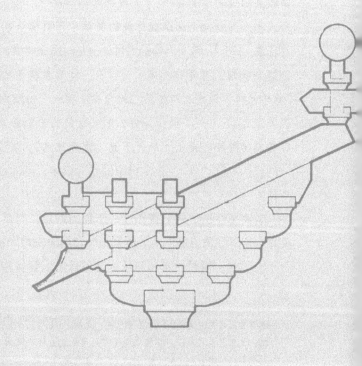

第一节 微观考察：从"材栔组合"到"材份模数制"的发展进程蠡测

一、引言

对于《营造法式》[1]载录的材份制度，学者们多从材分八等的美学、数学与力学依据，从模数如何与丈尺有效转化以因应空间设计，从材栔的形式构成与模度属性等角度切入研究，成果汗牛充栋，且迄今仍伴随着实证积累和视野拓展而持续推进。然而，李诫旨在"新一代之成规"的尝试却无法涵括唐宋实例中复杂多元的材栔数据与广厚比例关系，相较材模数系谱的整体而言，材份制似乎既不先验，也非必然[2]。

材栔组合是对枓、栱构造关系的数理反映，材份模数则以量取材、栔的"分°"单元来精细权衡构件截面、看面，灵活换算空间丈尺，两者间是继起关系。张十庆举保国寺为例描述了材截面构成的发展规律："大殿用材7×4.67寸，是从简单材尺寸向简洁材比例变化过渡的中间形式和变通结果……即以传统的简单寸形式凑合新出的简洁比形式，从而出现材厚尺寸畸零的现象……"[3]，该文同样提到讨论份制时需先考察其存在前提："材广厚关系有意识的比例化，是建立份制的需要和标志……'份'作为材截面的两向比例单位（公约数）这一特点，则是《营造法式》设定材广厚3：2的内在原因……份制的产生必定建立在材截面广厚两向的简洁比例关系之上……"，而保国寺大殿"可能的份制并不能视同于《营造法式》……其对构件的比例控制的程度与范围，应尚不及《营造法式》，甚至连对栔的比例控制也仍未达到"。通过统一的比例单位"分°"控制材栔的尺寸设定，继而逐步扩大控制范围，正是材份制演变的一般规律。

若将《营造法式》视作这一历程的终点，则其源头始自何处？"分°"概念由何促生？其使用与否又如何判断？本节尝试粗略勾勒唐宋之际模数制度的演化脉络，主要涉及两个问题：

（1）材份模数的本质特征应如何认定？哪些指标可被视作其存在的确证？是合得份数与

1　本书所用《营造法式》版本主要包括：文献［1］［2］［3］。

2　材、栔组合甚或枓长、椽径之类均可能用于度量杆件截面乃至屋宇高深，且唐宋实例中完全符合材份制数理关系者占比较小，如文献［4］所述："模数化发展的起点是用材的规格化，但十世纪之前古建中材广厚比合15：10（±0.1）者不足1/3，十一世纪起则占到91%，十二世纪为80%……要言之，这种结构设计模数（而非建筑设计模数）在李明仲发明之后，被伪托古制并公开发行。"

3　见文献［5］，即由唐七寸材（7×5寸），经由保国寺材（7×4.67寸），最后演变为《法式》三等材（7.5×5寸）。

分°值简洁？材、栔广厚比例固化？还是细分单元网格对于材栔模度的全面渗透？

（2）分°应优先恰合材栔模数中的哪项数据？栔在材份模数的形成过程中起到了何种作用[1]？

二、唐宋遗构材栔构成模式的多样性

唐宋实例中，材栔各自的广厚比例及单材、栔高在足材广中的占比并不固定，该现象早已引发关注，如王贵祥在其硕士论文中即已观察到华林寺大殿用材迥异于《法式》规范的15：8关系[2]，刘畅据补测数据提出该构"足材广26分°、头华栱材厚10分°、材厚9.5分°"[3]。这种离散趋势在华北与江浙地区要稍微平缓些，大致存在足材广厚比2.2（分为单材广厚比1.6和1.5两种）和2.1（分为单材广厚比1.5和1.4两种）的不同情况，前者如南禅寺大殿[4]、保国寺大殿[5]、初祖庵大殿[6]，后者有独乐寺观音阁[7]、华严寺海会殿[8]、龙门寺大雄殿[9]。此外尚有足材广厚比恰为2的少数例外[10]。

伴随晋南早期建筑保护工程的持续推进及国家文物局"指南针专项"（中国古代建筑与营造科学价值挖掘研究）成果逐步析出的机缘，我们对于材栔组合方式复杂性的认识也日益清晰：

（1）单材广厚比例多元并进，取1.3、1.4、1.5、1.6者均不乏其例，且长期共存。如刘畅指出开化寺、青莲寺z、龙门寺彼此相距不远（又各自出白陉抵卫州、出太行陉抵怀州、出滏

1　文献［6］认为栔的出现并非数理上所必须，而是构造的需要，是中间性的补充模度。材、栔均为面积模度，长度模度"分°"则用于标定它们各自的广厚比例关系。

2　文献［7］181页："（华林寺）大殿……标准材断面的高宽比15：8，接近2：1……"

3　文献［7］210页："对于唐宋时期的大木设计，尚不能简单下出材高、材厚是同等重要还是其中一个更具有约束力的结论……一足材的距离才真正意义上代表着一铺，其自身尺寸在大木设计中更具有约束力。"

4　文献［7］148页引祁英涛、柴泽俊数据，认为南禅寺大殿"足材广必定超过了《营造法式》的21分°，很可能达到约22分°，即足材广厚比为22/10分°。"

5　文献［7］257页称保国寺大殿"足材高/材厚＝2.13，……鉴于斗栱竖向受压，不排除材厚10分°、足材高22分°的可能性。"

6　文献［7］296、300页推测初祖庵大殿"材厚10分°，每分°0.375寸，足材22分°，折出材广16.06分°、足材高21.72分°。"

7　文献［7］233页据杨新主编《蓟县独乐寺》数据，推得观音阁材厚10分°、材广14分°、栔高7分°，"这个计算结果不仅与《蓟县独乐寺》之'观音阁上层外檐柱头补间铺作图'之标注数据高度吻合，而且与祁英涛对上层内外檐用材的统计结果惊人相近。"

8　文献［7］278页以梁思成、刘敦桢《大同古建筑调查报告》数据，核算华严寺海会殿材广14.24分°、栔高6.67分°、足材20.91分°（归整为14分°、7分°、21分°）；又用陈明达《营造法式大木作研究》数据核得材广15分°、栔高6.875分°、足材广21.875分°（归整为15分°、7分°、22分°）。

9　文献［7］286页提出龙门寺大殿"材广13.33分°，栔广7.33分°，足材广20.67分°"的推论，本书认为可归为材广14分°、栔高7分°一类情况。

10　文献［7］318页提到"（北马村玉皇庙）足材广与材厚之比不同于宋《营造法式》中规定的21分°，反而与清工部《工程做法》中的制度相同，为2倍关系。"

口陉抵磁州，进而关联于开封、洛阳、安阳式样），但其大殿（分别建成于1092年、1089年、1098年）却展现出不同的"营造基因"（文献［12］）。推测其足材分别为20分° × 10分°、21分° × 10分° 和21分° × 10分°，材栔组合方式则为16分° + 4分°、15分° + 6分° 和14分° + 7分°。此外尚有14分° + 6分°（资圣寺毗卢殿、晋祠圣母殿殿身）[1]、13分° + 6.5分°（晋祠圣母殿副阶）等多种情况。

（2）栔高的构成机制不一。栔高在足材中的占比，总的趋势是越晚近越小[2]。陈明达在分析独乐寺观音阁时曾提到，早期实例中栔高常取半材广以便于计量，此外亦可取单材广、厚之差[3]，前者往往相当于材厚的0.7倍（对应单材广厚比1.4的情况），如镇国寺万佛殿、奉国寺大殿（文献［9］）、独乐寺观音阁及龙门寺大殿；后者则以取材厚0.6倍者居多（对应单材广厚比1.6的情况），如初祖庵大殿、永寿寺雨花宫、西溪二仙庙寝殿、龙岩寺中佛殿等。另有栔高取材厚0.6倍，配合1.4倍单材广以凑出2倍足材广厚比者，如资圣寺毗卢殿、晋祠圣母殿殿身、北马村玉皇庙正殿；以及足材广厚比2.2，维系1.5倍单材广厚比，导致栔高讹大至材厚0.7倍的现象，如南禅寺大殿、华严寺海会殿、保国寺大殿（上述诸例数据见文献［7］）。

（3）同一案例中材广、材厚分级使用。在荷载不甚集中的横向栱方上削减材厚以节省用料，是较为普遍的现象，如龙门寺大殿"横栱之厚更减5分°"（文献［17］）、晋祠圣母殿"依照不同构件材厚差异可分为三个层级……单材横栱和枋材的用量远大于足材栱、昂，而材厚小于标准材厚"（文献［14］）。在一组铺作中，基于某些原因在上下层使用规格不同的华栱，也属常见，如南村二仙庙正殿"大木作斗栱的两种用材设定显然无法用简明的材份制度加以统一"（文献［18］）。

上述事实提示我们，在《法式》颁行之前，栔高长期缺乏约束，陈明达认为其作用限于"调节足材高"，因而"数值波动幅度较大也就相对容易理解了"（文献［15］）。徐怡涛亦认为"这种栔高不统一的做法，在其相近时代的建筑中也有体现，因此推测这一时期栔高数值并未形成定制，栔高数值有用来调节施工误差的作用"（文献［8］）。诚如祁英涛提到的，"材栔的发展过程很可能是先由足材的统一，再过渡到单材和栔高的统一"（文献［9］）。既然材栔互为表里以合为足材，那么其定值依据又有哪些呢？

1　见文献［13］［14］，按揭示数据，圣母殿殿身单材广223mm、厚160mm、栔高92mm；副阶单材广210mm、厚160mm、栔高105mm。若以材厚为a，则殿身单材广1.4a、栔高0.6a；副阶单材广1.3a、栔高0.65a。圣母殿是否存在分°制尚存疑问，在此姑且借用"分°"概念描述材广厚比例关系。

2　文献［15］称"材厚、栔高由唐及宋是逐渐减小的……可见实例中材的广厚比，是在比较不一致中又存在着15：10的趋向……但是栔高却大不相同，几乎每一个实例自身所用栔高就有很大出入……由此看来《法式》不仅是统一了栔高标准，而且减低了栔的高度"；又文献［5］称"早期唐、辽遗构，栔广多取材广之半……唐辽宋遗构的栔与材之比，仍都大于《营造法式》的0.4倍"；又文献［8］称"早期建筑栔高大于《营造法式》规定为一普遍的现象。"

3　按文献［8］数据，万荣稷王庙大殿加权后均值为材广207mm、材厚126mm、栔高85.2mm，文中复原材为15分° × 9.1分°，栔高6.2分°。本书按材厚10分°计则折为材广16.5分°、栔高6.5分°。

陈明达将"栔和足材的产生与演进"归因于"材份制的发展与铺作构造之间的密切关系"，认为"两者的发展是相互促进的"（文献［19］），栔作为辅助模数，直接规范着枓高的比例分配与铺作竖向构成。在成熟的材份制中，取材、栔、足材广的最大公约数半栔E（3分°）即足以有效度量、分配铺作诸水平层次，而无需用到分°级单位（文献［20］）。若我们承认材栔份数并非先验，是否可以作出这样一种大胆假设：以材广值另一因数5分°作为模数尺二级单位F，以之替代E，设各枓高均按5：2：3分配耳、平、欹，即材广不变而栔高减1分°，此时栌枓栔高由4E变为2F，这使得单、足材广与栔高的比例关系趋于极简，计量铺作竖高时任一分段均可由F的整倍数表记，从而赋予纵向设计极大便利[1]。然而，该模型事实上并未出现，一方面是枓件的受压特性决定了枓腰宜高不宜低[2]，另一方面则是材份制赋予栔以宽度意义后，导致材、栔由"互补线段"变为"相似图形"，3：2的比例限制了栔高取值的其他可能（图1）。

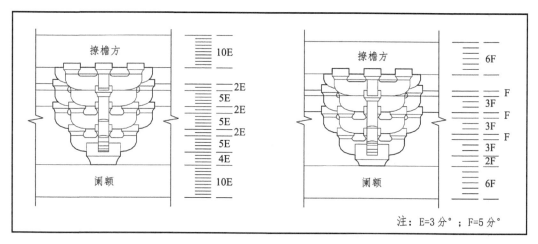

图1 不同模数尺度量铺作纵高效果比较

（图片来源：左图引自文献［20］，右图自绘）

三、材栔组合是否符合模数定义

在解释材份制时，傅熹年提出基本模数（材）、分模数（分°）、扩大模数（柱高等）的划分方式（文献［21］）；潘谷西将栔释为勾连材、份的辅助单位，三者构成"三级模数"（文献［22］），张十庆进而将栔改作半栔（文献［20］）；朱永春认为栔并非不可替代，和足材一样属于"扩展模

---

1 由于栔并非实体，其宽度构成并不重要，可按方斜关系赋值为3.5分°，若欲保持材栔广、厚等比，亦可改单材为15分°×10.5分°，按贺业钜《建筑历史研究》（中国建筑工业出版社，1992年）244-245页数据表，持此比例者有龙门寺西配殿与崇福寺弥陀殿（单材15分°×10.4分°）、开善寺大殿与华严寺海会殿（单材15分°×10.5分°）。

2 案例中确实零星存在着低枓腰数据，如文献［8］第111、120、121页所记散枓，但使用情况极不系统，且江浙闽粤民居中广泛存在高枓腰做法，相反者则寥寥。

度"，"基本模度"仅有材、分°，余外尚有"倍斗取长"之类的"隐性模度"（文献［6］）。

朱永春提出，关于"栔"的记载附于"材"条目内，两者皆为截面单位，可用于直接度量面积（如将瓜子栱上枓、慢栱上枓表记为两栔），与"足材"同样类属截面模量（如"令栱，……若里跳骑栿，则用足材"）；三者后缀"广""厚"等字时，才析出长度模度的意涵；分°由于与材等间建立有联系，故能由长度模量折算实长。他因此认为"今天研究者常将《法式》的模度制冠以'材分制度'或'材栔制度'……但'栔'并非不可替代……也无'材栔制度'之说"（文献［6］）。这促使我们反思，若果"材栔"不成其为模度，则应如何辩证看待其与材份制的异同？如何判断广厚比不合1.5的实例是否采用了分°制？

材、栔与足材间是加减关系（视作长度时成立，视作面积时近似成立），原则上同属一级；与分°间则是乘除关系，理应分属二级。是否存在"暗栔"，至今言人人殊[1]，故唐辽实例的栔多被视为长度模量，直到《法式》以3∶2的比值固化材比例构成之后，才将其二维化为单材的相似形。

"模数"的意义在于统一选定某种增值单位，以协调各部分尺度设计，从而减少构配件规格类型，避免或减少工料浪费。在传统语境下，它应具备两项特征：一是可有序"变造"，循某一基准"比类增减"，形成广泛适用的整套数列；二是基本模数、分模数、扩大模数，乃至辅助模数间，应便于换算及彼此度量。这样看来，法隆寺堂塔"一材造"的做法仍停留在规格化下料阶段，唐制各级整寸数材间也缺乏明确的换算规律与级差标准，因而如《傅子·授职篇》"大匠构屋，先择匠而后简材，必大材为栋梁，小材为榱橼"之类的章句，都仅只描述了营造活动中因材施用、材栔堆垒的事实，尚不足以证明模数制的存在，认为"材份制至迟在唐代已经完善，并得到普遍的应用"（文献［9］）的观点似仍可商榷。

判断材栔组合是否已进入"模数制"阶段，或可藉由观察下述条件的完成情况实现：①单、足材各自的广厚比是否简洁？②栔的生成逻辑是否有助其量尽单、足材？③材、栔比例关系是否同构？④单材广、足材广、材厚与栔高间是否可相互组合以表记梁柱径面、朵当、柱高、架道等更多单位？

制备构件时应优先考虑用量最大的单材，将其横置即可填塞栔高，或充作下料原料。为了满足单、足材广取值齐整，它可以被灵活地调节，其畸零程度亦可视作示踪模数发展进程的有效标靶。材栔组合的两方面内容（①截面积即单材广厚比，②表面积即材截面周长）中，后者更直接地影响着工程组织与工量核算[2]，应予以优先考虑；但前者亦需取整寸数以方便记忆、操

1　文献［4］否认实体栔的存在，指出暗栔填不满上下层单材间9分°（算栱眼3分°在内）的欠高，"功限"篇中铺作用暗栔数也与作图结果不符。该文赞成文献［23］的观点，认为暗栔是《法式》之蛇足，实际施工时仅以编竹抹泥灰填塞缝隙，这也是"泥道栱"得名之由来。

2　如文献［20］引日本927年颁《延喜木工寮式》"削材"节："五六寸已上材，长功一人六千寸，中功五千寸，短工四千寸"，即以平木环节加工的枋料表面积（平方寸）作为计功单位。

作，虽然这并不意味着它的比值整洁[1]。材栔数据关系在以材厚为基准换算时最简（它同时服务于单、足材，且等于枓高），同时应尽量满足：①（材厚＋材广）×2＝整尺寸；②材广＋栔高＝整尺寸。当两者不可兼得时，材栔组合更倾向于广厚数据齐整，材份模数则更强调广厚比例简洁。

四、材份制度突破材栔组合的表现

隋唐之前的土木营造中，井干式的单元重复思维盛行，此时的"材"字只意味着原木经过了初步加工[2]，尚无模数方面的义训，其截面应以整寸数审度（如佛光寺东大殿用一尺材、独乐寺山门八寸材、保国寺大殿七寸材之类）。大体来说，判别一个案例处于"整数尺—模数尺（材栔）—模数网（材份）"演化链条的哪个阶段，主要应考察两项指标：①材、栔、足材的广厚比例是否确定；②它们的换算标准是否统一。

中唐以前，材、栔的广厚比值各自既不确定，彼此也不一致，尚缺乏成熟的比例控制意识，故有日本《延喜木工寮式》以八九寸、七八寸、五六寸及四五寸等相邻寸数标记材广厚的现象。将材栔组合视作"模数制度"的矛盾，主要集中在其相互间几何约束关系上：一方面材、栔应尽量同构，铺作的虚（栔）实（材）变化应受同一套数理逻辑统筹；另一方面为便于记忆，单材广、足材与栔高间应能快速转化，且取值以前两者优先。此时材为主导（但广厚比不固定），栔是从属（仅需协调单、足材均取整寸数，且不能断定其是否具有两向尺度）[3]，材栔组合与"模数"的关系，体现为以单材广为基准、以其整倍数或对分数相互组合后度量构件截面或空间距离的能力，当枓长等同于材广时，即是所谓"倍斗取长"，它的表现形式众多，既可以是算法的（如有效栱长近似取小枓看面的整倍数），也可以是构造的（如日本满置斗做法

---

1 文献[25]提到："日本《木工寮式》以及一些古文献中，所记用材尺寸多为八九寸材、七八寸材、五六寸及四五寸这样的简单形式，即材之广厚以取相邻整数寸为特色，这也是早期方材截面尺寸的常用表记形式。因此，基于早期材尺寸的取值特点，其比例上有两个特点：一是广厚比不统一和未定型；二是比例偏方，比值较小，皆在3:2比值的1.5之下，且未表现出有意识的材广厚简洁比的追求。汉地及日本早期建筑遗构中，材比例也多表现有这一特色，如法隆寺堂塔材比例的5:4形式（比值1.25），以盛唐建筑为祖型的日本和样建筑材之广厚比也定型为6:5的形式（比值1.2）。"

2 如文献[4]引《说文》记："材，木梃也。"段玉裁注称："材谓可用也……凡条直者曰梃，梃之言挺也……凡可用之具皆曰材。"又《楚辞·九章·怀沙》有"材朴委积兮"句，王逸注："条直为材"；朱熹注："材，木中用者也。"玄应《一切经音义》："凡木已斩伐可施工匠者曰材也。"

3 《法式》对于足材栱"更加一栔"后所"隐出心枓及栱眼"的挖深未详规范，按角铺列栱"其过角栱或角昂处，栱眼外长内小，自心向外量出一材分，又栱头量出一枓底，余并为小眼"计，则各内挖1分°后尚余8分°，宽达"暗栔"2倍；实例中不见实体栔，按唐辽建筑方头泥道栱端部隐出卷杀折减并敷以灰泥的做法，同样挖深较浅，可见不宜将隐刻后余留部分视作"栔面"概念实体化后的宽度。若以安栱眼壁版之池槽宽推算，则文本所记"单、重栱眼壁版"均厚1.2寸，只有按八等材计时才等同于栔厚。总之，在图3、图4、图5中，除《法式》15分°材确实以块面形式呈现"栔概念"外，用于对比的1.4、1.6倍广厚比材上，都是为了便于标识才将栔二维化的，但这不影响讨论其各自比例构成的可能性。

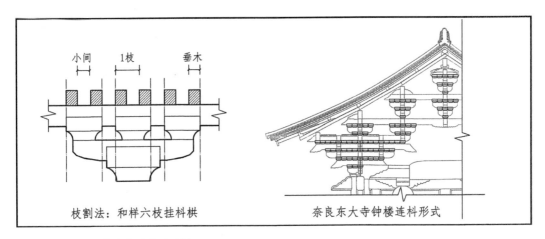

图2 "倍科取长"的构造表现示例
（图片来源：底图改绘自文献［26］第158、167页）

或枝割法中的一科对两挂）[1]（图2）。

进入材份制阶段后，简洁比例已彻底控制了材、栔的广厚取值，必须在四个关联数据间求得合适的公约数，以便于将它们分别转化为整寸数分°值，这也导致栔高取材广之半（或取单材广厚之差）的传统迅速瓦解，材、栔由相补关系转为相似关系。《法式》锚定3：2的截面比，使得材的广厚差值等于材厚之半，获得十进制内最简的折算关系，代价则是：①备料时料、栱不能自同一章材上下得；②材栔截面比5：2，材不能由整数倍的栔拼组，它们之间需藉由更小的"分°格"单元转化。

实际上，勾勒材栔–材份模数演进路径的工作，或可着落在它们各自的截面度量方法上。举唐宋七寸材与《法式》三等材为例，前者单材7×5寸，栔高取材广之半即3.5×2.5寸（暂按单材比例定栔厚）或3×2寸，后者材栔分别为7.5×5寸和3×2寸，两者足材均可取为10.5×5寸。按《类篇》记："木，一截也。唐式，柴方三尺五寸曰橦"；《说文》通训定声亦有"材，木挺也，从木材声，按材方三尺五寸为章"的记述，章材积方三尺五寸，即0.7（广）×0.5（厚）×10尺（长），这套数据延至清《工程做法》则为三等斗口单材截面，传至江浙则为《营造法原》"五七式"斗看面，流播极广，因而最堪比较。

七五寸材的最小组合单元是将其单材四分后所得模块（同时是足材的1/6，也即栔截面3.5×2.5寸），它比《法式》三等材的细分单元（3×2分°即1.5×1寸，合1/4个栔截面、1/25个

---

1 "枝割"的概念与技术见载于日本庆长十三年（1608年）平内正信、平内吉政等所撰"木割书"《匠明》，其中"榁"指椽，"小间"指椽当，"枝"为其加合即一椽一当，"卷斗"为散科看面长。以"平三斗组"（一斗三升）为例，其总宽五枝加一榁（六椽五当），卷斗合一枝宽＋一榁宽，五榁宽合一柱径，其"三间四面堂"心间广二十枝，宽十二尺，即一枝＝0.6尺。由于科长取值等于材广、也等于枝，三者相互勾连，可相互替代，这使得无补间的和样建筑也能如大量使用补间的禅宗样一般，以恰当模数控制间架比例。六枝挂在镰仓中期以后的和样建筑中广泛出现，在一斗三升令栱上勾布方形檐椽六根，使得椽距、栱长与开间丈尺之间形成模数关联，相较于分°制，椽距模数化是对材模数的另一种细分策略。

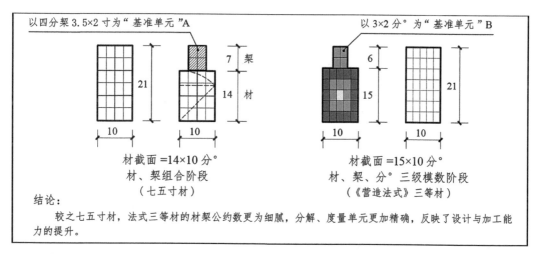

图3 "七五寸材"与《法式》三等材的细分单元比较
（图片来源：自绘）

单材截面或1/35个足材截面）更为粗率。因此也可以认为，正是度量单元的不断细化导致了同等足材区间内材栔权衡的不同走向。栔虽然不一定以实体形式呈现，但这无损其度量功能，"基准单元"的存在与否，可以通过观察其核算材栔截面和小料看面的效能来做出判断（图3）。

五、材份模数的成立前提与过渡期特征

材份模数如何在材栔组合的基础上发展成熟？如何判断案例在此进程中的所处阶段？借用"网格单元"思路加以分析，或可一窥鸿爪。

"分°"作为对先决性材栔比例关系的解释与调整，涉及下述两项内容：

（1）材栔广厚比是否恒定且足以体现"分°制"思维？"分°"源自对构件精细加工的形式需要，它从更小尺度上服务于枓、栱等名件的截面比例控制与立面轮廓修饰，并为跳距之类的算值提供了远小于材广或枓宽的微调基准（可表达为分尽材、栔截面的正方网格，姑且称之为"分°格"）。《法式》固化材、栔广厚比例，正是长度模量"分°"网格化、平方化的结果。与各部分均比例固化的材份制不同，由于唐宋实例中足材广的分配方式及材栔截面比例不定，以"分°格"单元度量时，会出现"理想栔面"（①比例关系依仿单材截面、②高度分配符合实测结果）难以成立的情况。比如，单、足材广厚比分别取1.6倍、2.2倍时，"理想栔面"以材厚记当为0.8×0.5倍材厚，这与实测栔高不符；而若以栔高记则应取0.6×0.375倍材厚，栔厚尾数过散难以量制，约整为0.4倍材厚的话又会引发材栔截面比例错动。相较而言，15分°材不但规避了此类问题，且其内蕴的多个相似形亦具备实物建造的意义（如6×4分°的暗栔、9×6分°的小连檐之类）。若认为1.4、1.6倍广厚比的实例也已进入到分°制阶段，则两者单材仅能分别析出四个7×5分°和8×5分°的次级相似形（否则广、厚无法同时取整份数），相较《法式》规定，其比例控制显然要粗疏得多（图4）。

（2）份数×分°值＝真实尺寸（以分°表记），乘积尾数需尽量简洁。因分°值先行，故份数受其限制，以选用尾数0、5最为合用，凡涉及间广、朵当、椽长等需折为丈尺的空间距离，所取份数的区间边界多采用单材广厚之和（25分°）的整倍数（文献［27］），这也间接证明了传统营造中"对折"式思维对材份制度的持续渗透。

李诫认为，"框锯的发明对我国古代木结构建筑的材份制的产生有较大影响，它是材份制产生的技术前提……锯解制材进一步保证了大小木作的准确用材——即大量同规格或变规格用材的快速生产，从而促成了材份制的形成"（文献［28］）。唐代建筑中，诸如梭柱、卷杀、枓欹内颛等细节处理已高度规范化，其度量基线均小于材、栔范围，但是否能据此认定此时分°制已然成熟了呢？古代工匠是否有可能利用材、栔等模量的对分数或差数，来作为替代"分°"的基本单元完成细节加工呢？当材厚取整寸数时，这种折中的、粗略的模数方法，应当仍是便于实施的（图5）。

姜铮在研究南村二仙庙帐座时，注意到"小木作虹桥斗栱的用材设定，似乎有取大木作1/10的倾向"，并解释为"1/10代表了一种工匠最易掌握和实际操作的缩放比例关系"（文献［18］）。缩放法在实践中颇为常见，如保国寺大殿藻井用材取殿身0.8倍，龙岩寺中佛殿整体构造尺度取西溪二仙庙寝殿5/6倍，《营造法原》四六式、五七式、双四六式枓呈0.8：1：1.6倍关系之类，循此思路，是否可以假设小木作设计的精密需要，亦是造成"分°制"产生的一个直接动因？这促使我们考虑存在另一种基本网格单元的可能——南村二仙庙寝殿的单材截面，恰可被0.8×0.5寸的虹桥材截面分成10×10的矩阵，此时基本单元取1.6×1分°的材截面相似形，与两向等长的"分°"单元格相比，它利于均分材截面，但不适于量度其他构件或调节材截面比例，本身亦难以准确量度。

在缺乏分°格控制时，能否取材、栔截面的最大公约数作为另一种替代单元，服务于枓、

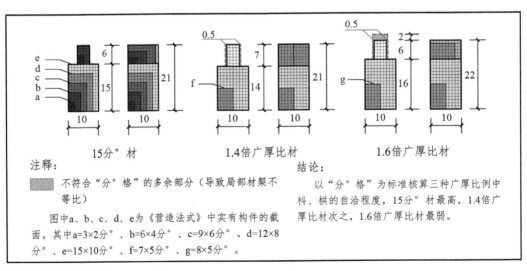

15分°材　　　　　　　1.4倍广厚比材　　　　　　1.6倍广厚比材

注释：

▨ 不符合"分°格"的多余部分（导致局部材栔不等比）

图中a、b、c、d、e为《营造法式》中实有构件的截面。其中a=3×2分°、b=6×4分°、c=9×6分°、d=12×8分°、e=15×10分°、f=7×5分°、g=8×5分°。

结论：

以"分°格"为标准核算三种广厚比例中枓、栱的自洽程度，15分°材最高，1.4倍广厚比材次之，1.6倍广厚比材最弱。

图4　三种广厚比例下材截面与"分°格"的相恰程度比较
（图片来源：自绘）

栱等构件的物形权衡？以《营造法原》五七式枓为例，其单材截面与升枓（散枓）看面均是四等分大枓看面的结果，足材截面则取其1/3，栔面同样是升枓去掉枓欹后的上半部分。《法原》正是以整寸数而非口份拟定枓、栱各部尺度，通过倍数增缩的方法拼组、对解基本单元，衍出全套数据（图6）。

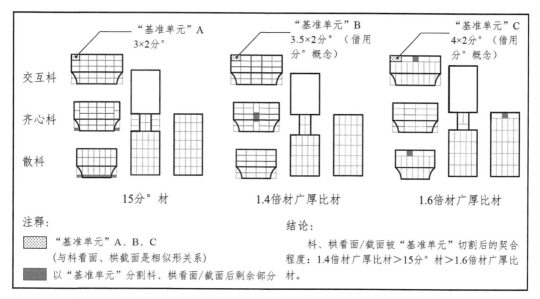

图5 三种广厚比例下基准单元与材截面、枓看面契合程度比较
（图片来源：自绘）

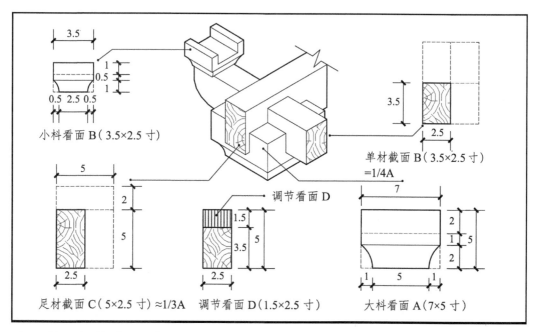

图6 《营造法原》"五七式"枓比例关系示意
（图片来源：自绘）

六、小结

近十年来，随着唐宋木构建筑的三维扫描精测数据陆续发表，诸多学者对于经典案例的深度解析向学界展示了古代工匠设计手法的多样性。关于"前《法式》"时期是否存在某种有别于材份制的模数方法的问题，至今仍难有定论。在假设存在类似"分°"单元且将其取值锚定为材厚1/10的前提下，会发现对该值作营造尺复原后，可分为简单寸（如华林寺大殿0.6寸、北马村玉皇庙0.4寸）、畸零寸（如资圣寺毗卢殿和保国寺大殿0.47寸、南村二仙庙0.42寸、青莲寺释迦殿与龙门寺大雄殿0.48寸）、四分寸（如镇国寺万佛殿、开化寺大雄殿和崇明寺中佛殿0.5寸）三类情况（文献［7］［12］［13］［29］）。

大略而言，假想"分°值"取简单寸（尾数非0.25、0.5、0.75）时，意味着材栔关系自由，遗构处于尺寸控制阶段的可能较大；取四分寸时，或已存在向固定材广厚比例靠拢的意识，且利于"使材厚值与朵当、开间之间产生易于控制的比例构成关系，从而成为材模数设计方法的重要基础"（文献［18］）；畸零寸则很可能是希图兼顾材广取整寸和广厚取整比的折中结果，意味着此类匠门即将进入到"以五厘为级差定分°（四、五等材除外，推测两者析出自6.75×4.5寸材）、广厚比固化"的《法式》分°制阶段。

关于材、栔、份的辩证关系，温玉清认为"'份'的意义和价值更多地体现在工程量的'估工算料'之中，对于设计及其营造的核心问题'尺度'，'份'的意义就远不及'材'与真实尺度精确和便捷了"（文献［9］），这是就"前《法式》"时期而言；刘畅在比较西溪二仙庙寝殿和龙岩寺中佛殿后，提出了"非分°猜想"，"斗栱设计可能更加依赖于单体构件尺度的组合……其间结构关系尺寸并不一定非常简洁、清晰……它也冲击着以往学者们对于材份制度的认识——完美的精确到分°的模数制度的影响力到了金代可能根本就没有渗透到偏远的乡村……"（文献［30］），这是对"《法式》后"现实的观察。

学者们对于遗构中"分°制"的认定普遍持谨慎态度，如刘畅针对龙门寺大殿材广厚以半寸调节的现象，认为"似乎暗示着……营造尺度占据上风，而材份设计并未取得统领地位"（文献［17］）；张十庆谈及保国寺大殿时，也强调"所谓'以材而定份'（进新修《营造法式》序）可以理解为以3：2之材，定15份之制……"，而大殿"单材7寸和足材1尺的数值关系简洁，是整套尺寸设定的基点，较之材广厚比例的设定，应更为优先"，因其不满足3：2的广厚比，故未可断言"分°制"存否（文献［5］）；姜铮将材截面设定规律归纳为"简单数值、简洁比例以及材份构成"，其中"尤以份值控制最为复杂精细，只有当取值与比例的设定均满足特定条件时，方可同时满足第三者，就此而言《营造法式》所谓'因材而定份'的设计方法，或应视为一个发展过程的最终结果"（文献［18］）。

正如钟晓青指出的，作为构造方式的"材（栔）"、反映建筑规格的"材等"和用于设计计算的"材份"间不能简单画上等号（文献［11］）。本质上，材、栔互为主从，而材、分°互为分总，材份制度将材、栔间的关系，由"构造相补"丰富为"构成相似"，这是李诫的创新所在，而栔概念的二维化、规范化，需藉由"分°格"单元对原有材栔组合的全面下渗来实现。

回应本节开头提出的两个问题：

（1）材份模数成立与否，应考察材、栔、足材截面受下级单元控制的程度，它们应可彼此分割，且皆由若干"分°格"组成的基准单元（如《法式》分°制中的3×2分°网格，即四分栔）增扩得到，此时体现材广厚比例的份数关系无疑是固定且简洁的（如1.6倍"黄金比"、1.4倍"白银比"、1.5倍"《法式》比"）。相应的，栔的类型则难以统一，即便其构成方式迥异于《法式》，也同样可能符合分°制的某些特征（如材截面呈14×10比例，栔面为7×5）。因此，唐宋之际的一些实例或许已经具有了材份制的雏形，但存在以其他细分模度（如材的若干次对分数）代替"分°"的可能，其形成的基本单元大于"分°格"而小于"栔面"，与分°处于同一量级上，亦足以满足卷杀栱端、挖凿栱眼之类修饰加工的需要，但无论比例控制的彻底程度，还是单元格网的齐整程度，均较材份制为粗疏。

（2）栔在材份模数确立的过程中，起到了催化与示踪的作用。模数制从"简单寸数"向"简洁比例"的转化过程，也可表述为从"足材减单材得栔"到"单材与栔凑出整洁尾数足材"的过渡[1]。前者是足材优先思维的结果，体现了工匠对枓、栱纵叠构造关系的顺应，依就简原则定下足材广后，再按枓型分配单材、栔高，被动地接受枓件的耳、平、欹占比；后者是由单元优先思维造成的，体现了设计行为步入抽象化、前瞻化的新阶段，将统一的单元网格按固定比例排列，自然得到富规律性的材栔"制度"，藉由寻求"以同一类几何设计在不同大小规格上推广"（文献［30］）的可能性，获取普适的模数方法。不妨将栔被实化为二维面积模度、栔与材比例趋同且公约数趋小的过程，视作由材栔组合转向材份制度的过程。或许，当工匠认识到变动无常的栔无助于整个材系统的有序化，当栔不再被用于度量、分割乃至组合单、足材时，也就标志着这一进程关键转折的到来。

第二节　微观考察：唐宋木构建筑材栔构成的数理原型与操作方法探赜

一、引言

《营造法式》"材份制度"是传统模数方法之集大成者，其特征在于：将基本模度"材"的

1　到底是材加栔得足材，还是足材减材为栔？加、减思维的差别势必导致对于份值来源的不同解释。《说文》释"栔，刻也"，《广雅·释言》谓"栔，缺也"，栔的字义虽依从"减法"思维，李诫编修《法式》时却可能已采用了"加法"逻辑。

高、宽两向最小公约数规定为细分模数"分°"，以之度量构件的看面与截面（并用于权衡建筑空间，加工样式细节），同时将3∶2的比例渗透至扩展模度"栔"中[1]，使其由表示上下层栱、方间空隙的长度模度，二维化为与单、足材相同的面积模度，在促使材、栔由"相补线段"进化至"相似图形"的同时，保证了截面受力性能的最优化[2]。在此简比关系支配之下，形成逐级间每分°以5厘为度递相增减的若干材等[3]，以之约束不同规模等第"屋宇之高深，名物之短长，曲直举折之势，规矩绳墨之宜"。

然而，材份制并非一蹴而成，从枓栱广泛运用于建筑的两汉算起[4]，经铺作趋于定型的隋唐，一直晚至李诫藉"治三官之精识"以"新一代之成规"的北宋末年，遗构中的材广厚比例与材栔长度分配方式仍呈现出纷繁多元的特征，分°制是否先验地存在于材栔组合中，尚未可遽做定论，而材、栔复杂的组合类别及其不同亚型间的演化脉络，亦成为勾勒材分制发展历程的重要镜鉴。

二、多样性的材广厚表记形式与比例分配方案

前辈学者早已关注到实例中材栔分配与材比例构成关系的复杂性，并由此衍出多种不同解释，其中关键问题有二：

（1）材广厚比例不符合3∶2时，表述应以谁为准？

陈明达在解析从南禅寺大殿到隆兴寺慈氏阁的27个早期案例后，发现"实例中材的广厚比，是在比较不一致中又存在着15∶10的趋向"[5]，这是先假设材广恒为15分°，再以之约度材厚份数，徐怡涛在解读稷王庙正殿、温玉清在分析奉国寺大殿时均持同样观点。实际上，单据《法式》"凡构屋之制皆以材为祖……各以其材之广分为十五分°，以十分°为其厚"的论述，尚无从判断材之广、厚孰为先后，若按"仓廒库屋功限"条"其名件以七寸五分材为祖计之"句引申出"以广定厚"的推论（此时只提三等材广而未及材厚），证据似仍嫌薄弱，且同卷"营

---

1 文献［6］将材、分°定义为"基本模度"，将栔与足材定义为"扩展模度"，而将枓长定义为"隐性模度"。其中，分°是相对长度单位模量，材、栔与足材则兼有面积和长度单位模度的含义。

2 文献［31］在讨论圆中取方的最大截得面积时，测算出能够获取的具有最大抗弯强度截面的方案（设圆直径为d，矩形高h、宽b）应符合$b^2+h^2=d^2$，解得$b=d/\sqrt{3}$，$h=\sqrt{2}/3d$，$h/b=\sqrt{2}∶1$，截面模量$W=1/6bh^2=0.06415d^3$，但"白银比"为无理数，难以量取操作。若将h/b取整为3∶2，$W=0.0640d^3$，抗弯承载力仅下降0.2%。由此推知3∶2是据从圆木中锯出最强矩形截面的理论算值后约整取得。

3 文献［32］提出《法式》四、五等材或许是自6.75×4.5寸的原型分化得来，如此则七种用材构成逐级间以0.75×0.5寸增减的等差数列，消除了三四、四五、五六等材间差值参差的问题。又文献［20］亦提出四、五等材的功等（8.8A和9.6A）应系自原型9A析分而成。

4 如文献［4］引《史记·货殖列传》"山居千章之材"句，认为训"章"为"材"义犯重复，当释作"方正"。方正之材即为"方桁"，连续纵叠则为井干，以枓垫托则产生空隙"栔"。由此以"材栔"之名描述枓栱交叠、秩序井然之貌（故《法式·总释》"材"条小字旁注："今语，以人举止失措者，谓之失章失栔"）。

5 文献［15］"材广厚比恰为15∶10的有八例，15∶9.5到15∶10.5等接近15∶10的有十三例。还有五例从15∶10.6到15∶10.2略大于15∶10。仅华林寺大殿15∶7.7，三清殿副阶15∶7.1接近2∶1……"

屋功限"条"其名件以五寸材<u>为祖</u>计之"句意亦颇含混（《法式》无五寸材广，相近者是七等材广5.25寸，5寸对应于三等材厚）。因此亦存在相反意见，如刘畅在分析保国寺大殿、钟晓青在总结华北实例用材情况时所阐述的[1]。

由于材截面脱离3∶2理想比例后，"以广定厚"将导致材厚畸零，反之则两者皆可取整，故我们认同十进制前提下应优先以10分° 定材厚的观点，即或无法确证实例中是否已存有分°制，亦可用"N倍材"（以材厚为1约出材广）简要描述其比例构成[2]。

（2）栔的定值原则为何？

作为一种辅助性的"扩展模度"，栔高取值是因变于单、足材变化的结果，故波动幅度较大。早期建筑中单、足材广皆取简单寸数，因此栔高亦整，大概存在："A.取单材广之半或简单分数[3]、B.取单材广厚之差、C.凑出足材广简单寸数、D.凑齐足材广厚简洁比例、E.经过调整导致原始关系隐匿"等不同情况（图7）。综合分析既有数据，罗列实例组合方式见表1：

唐宋重要遗构的材栔比例关系分类（以材厚为a）   表1

类型 （材广+栔高）	案例	年代	数据（材广×厚+ 栔高，单位：cm）	出处	推测材栔尺寸及复原尺长
1.3a + 0.65a	晋祠圣母殿（副阶）	1023—1032 年	21×16 + 10.5	文献[14]	单材 2/3×0.5 尺、栔高 1/3 尺（1 尺=31.5cm），A、C、D
1.35a + 0.75a	龙门寺大雄殿	1098 年	20×14.8 + 11	文献[17]	单材 0.65×0.48 尺、栔高 0.35 尺（1 尺=30.8cm），C
1.4a + 0.7a	镇国寺万佛殿	963 年	21.41×15.57 + 10.23	文献[16]	单材 0.7×0.5 尺、栔高 0.35 尺（1 尺=30.6cm），A
	南村二仙庙正殿第二跳	1107 年	18.75×13.4 + 9.49	文献[18]	单材 0.6×0.42 尺、栔高 0.3 尺（1 尺=31.3cm），A
1.4a + 2/3a	隆兴寺摩尼殿（下檐）	1052 年	21×15 + 10	文献[36]	单材 0.7×0.5 尺、栔高 1/3 尺（1 尺=30cm），E
	华严寺海会殿	11C	23.5×16.5 + 11	文献[7]	单材 0.75×0.54 尺、栔高 0.35 尺（1 尺=31.3cm），C、D
1.4a + 0.65a	佛光寺东大殿	857 年	30×21 + 13.1	文献[35]	单材 1×0.7 尺、栔高 0.45 尺（1 尺=29.7cm），C
	奉国寺大殿	1020 年	28×20 + 13	文献[37]	单材 0.95×0.7 尺、栔高 0.45 尺（1 尺=29.3cm），C、D

1　文献[11]："11世纪前后，河北、山西一带实际工程的大木用材……以材厚的1/10为分值，足材高度保持在21分左右，材高减小，栔高加大。"又文献[33]亦指出："确定材的截面尺寸时，却基于材宽……否则材高定10份为基本量，按3∶2比例确定出的材宽，则为2/3×10份，约为0.667份，不圆整，不精确。这一点也体现了《法式》原则性与适用性相结合的工程技术思想。"

2　文献[34]认为："在工程实践中，量度材与名件尺度时，最方便的办法是用现成名件为标准，以其十分之若干作为其他件的长度。例如，在《营造法式》中常常出现的'其名件广厚，皆取每间一尺之广，积而为法'。即各尺度可表示为某一标准长度的份数。"

3　此时足材=3栔高=1.5单材广，且三者均需取整寸，意味着若足材优先，单材只能取到2、4、6、8、0寸尾数，足材为3寸公倍数；若单材优先即随宜取整寸数，足材间隔出现半寸尾数。

类型 （材广＋栔高）	案例	年代	数据（材广×厚＋ 栔高，单位：cm）	出处	推测材栔尺寸及复原尺长
1.4a＋0.6a	晋祠圣母殿（殿身）	1023— 1032年	22.3×16＋9.2	文献[14]	单材0.7×0.5尺、栔高0.3尺（1尺＝31.5cm），C、D
	开善寺大殿	1033年	23.5×16.5＋10.5	文献[37]	单材0.8×0.57尺、栔高0.35尺（1尺＝29.4cm），D
	华严寺薄伽教藏殿	1038年	23.5×17＋10.5	文献[37]	单材0.8×0.575尺、栔高0.35尺（1尺＝29.4cm），D
	资圣寺毗卢殿	1082年	20.05×14.38＋8.03	文献[13]	单材0.65×0.47（约简为40/6×28/6）、栔高0.25尺（1尺＝30.8cm），C、D
	崇福寺弥陀殿	1143年	26×18＋10.5	文献[38]	单材0.85×0.6尺、栔高0.35尺（1尺＝31cm），C、D
1.5a＋0.8a	阁院寺文殊殿	11C	26×17＋14	文献[39]	单材0.85×0.55尺、栔高0.45尺（1尺＝30.6cm），C
1.5a＋0.75a	永寿寺雨花宫	1008年	24×16＋12	文献[15]	莫宗江《山西榆次永寿寺雨花宫》文中载录数据多为范围，推测存在栔高取单材广之半的情况，尺长复原依据不足
	广济寺三大士殿	1025年	23.5×16＋12	文献[37]	单材0.8×0.55尺、栔高0.4尺（1尺＝29.8cm），A、C
	独乐寺山门	984年	24×16.5＋11.5	文献[40]	同上（1尺＝29.8cm），A、C
	独乐寺观音阁平坐		23.5×16＋11		同上（1尺＝29.4cm）；相同模式还有佛宫寺释迦塔（25.5×17＋12cm，1尺＝31.9cm）、善化寺山门，A、C
	独乐寺观音阁上下檐		26×17.5＋12.5		单材0.9×0.6尺、栔高0.4尺（1尺＝29.4cm），C
1.5a＋0.7a	南禅寺大殿	782年	26×17＋11	文献[7]	同上（1尺＝29cm），C
	南村二仙庙正殿第一跳	1107年	19.88×13.4＋9.31	文献[18]	单材0.63×0.42尺、栔高0.3尺（1尺＝31.3cm），E
	西溪二仙庙寝殿	1134年	20.9×13.9＋9.4	文献[30]	单材0.675×0.45尺、栔高0.325尺（1尺＝30.9cm），C
	华严寺大雄殿	1140年	30×20＋14	文献[37]	单材1×2/3尺、栔高0.47尺（1尺＝30cm），E
	善化寺大殿、三圣殿	11C	26×17＋11.5	文献[37]	单材0.85×0.55尺、栔高0.35尺（1尺＝30.6cm），C
	保国寺大殿	1013年	21.6×14.4＋9	文献[41]	单材0.7×0.47尺、栔高0.3尺（1尺＝30.5cm），D
1.5a＋0.6a	青莲寺大雄殿	1089年	足材31.4×15.1	文献[42]	单材0.72×0.48尺、栔高0.28尺（1尺＝31.4cm），C
	玄妙观三清殿	1179年	24×16＋9.5	文献[15]	单材0.75×0.5尺、栔高0.3尺（1尺＝32cm），A
1.65a＋0.65a	稷王庙大殿	1023年	20.6×12.6＋8.5	文献[8]	单材0.66×0.4尺、栔高0.26尺（1尺＝31.4cm），B
1.6a＋0.6a	初祖庵大殿	1125年	18.5×11.5＋6.5	文献[7]	单材0.6×3/8尺、栔高9/40尺（1尺＝30.8cm），B
	虎丘二山门	宋元风格	20.5×13.3＋8	文献[43]	单材0.7×0.44尺、栔高0.26尺（1尺＝29.5cm），B
1.6a＋0.4a	开化寺大雄殿	1092年	足材30.5×15.3，昂垂高23.9	文献[44]	单材0.8×0.5尺、栔高0.2尺（1尺＝30.6cm），A、C、D
2a＋0.75a	华林寺大殿	964年	足材44.8×16.4，单材高取厚2倍	文献[7]	单材1.1×0.55尺、栔高0.4尺（1尺＝29.9cm），C

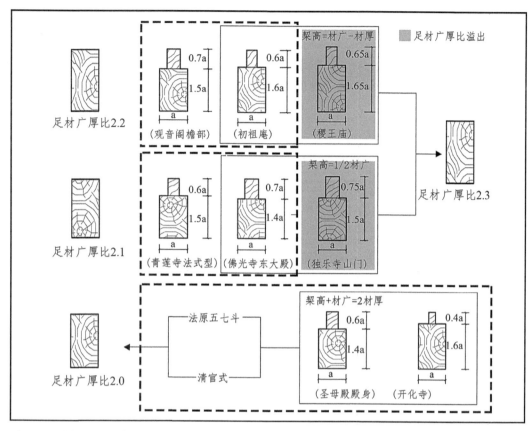

图7 不同材栔分配方案发展脉络示意
（图片来源：自绘）

营造尺与分° 值复原需综合考虑尺制史及间广、架深、柱高、朵当、跳距、砖瓦规格等多重因素，上表推测寸数势必存在诸多纰漏，但无碍于揭示测值自身比例关系，故仍可从中总结如下规律：

（1）单材广厚比取1.4、1.5、1.6倍者占绝对多数。

（2）栔高取材广厚之差的情况在1.6倍材（及其变体，如稷王庙大殿）中集中出现，这种以差值定长广的做法还可进一步渗透到料件上，如文献［16］记镇国寺万佛殿小科耳、平、欹高按4∶2.5∶4.5分配，总高11分° 正是足材广（31.64cm合21分°）、厚（15.57cm合10分°）之差。

（3）栔高取单材广之半时，较易与之凑成整寸数足材，而较难兼顾足材广厚比值取整，这种定值方法亦可理解成以"白银比"连续控制栔高、材厚、材广（5∶7∶10）的结果，即"方五斜七"与"方七斜十"在份数关系中的具象化。

（4）1.4倍材较易同时凑成足材广整数寸和足材广厚整洁比。

（5）在辽构独乐寺观音阁与山门、佛宫寺释迦塔、华严寺海会殿、广济寺三大士殿等处集中出现单材0.8×0.55尺、栔高0.4尺的做法，推测系将介一尺材（1×0.7尺）和七寸材（0.7×0.5尺）间的八寸材（0.8×0.6尺）略微削减材厚（以节省木料）得来。

（6）栔高与材厚比值尾数不整时，应仍处在整数尺优先于模数尺的阶段。由于部分资料未直接给出单材广与栔高均值，只能以其足材广减去昂、华栱等构件垂高拟定相关数据，故存在误读可能（如佛光寺东大殿的理想用材形式应为1.4a＋0.7a，即足材1.5尺、单材1×0.7尺）。

（7）足材中栔高占比越晚越小，但与单材凑成整寸的动机始终强烈，直到材份制度彻底反转"简单寸"与"简洁比"的支配关系。

由此需要质疑：既然材的表记形式经历了从相邻寸数到额定等级的演化过程，且期间广泛存在过广厚比6∶5（和样）、6.5∶5、7∶5、7.5∶5、8∶5等不同类别，那么它们相互间是继起还是并进关系？是否存在某条嬗变线索？这些亚型各自的取值依据为何？特定的截面比例能否通过几何作图求得？以下试以1.4、1.5、1.6倍材为例说明。

三、三种常见比例材的几何原型解析

在《法式》赋予"某等材"约定俗成的尺度前，直接以寸数表记材广、厚是经久流传的办法（一直延续到《营造法原》，其标记料型的长、高数据同时也是单材截面的广、厚，即以材下料），且大致存在以材广为度迭相增减的数组（如佛光寺大殿1尺材、奉国寺大殿9寸材、独乐寺山门8寸材、保国寺大殿7寸材之类）。然而，其递变规律并不固定，它既可以仅凭大小划分，也可以表现为级差数列（如后世以0.5寸递进的斗口制）、等比数列（如江浙从寸半到双五七的十等料规格）或多段等比数的集合（如《法式》以三个区段分成的八等用材）[1]，且数列取值应同时满足施工便利（尾数整洁）和形式优美（如比诸三分损益法所得十二律）的要求。

由于唐代实物遗存较少，亦缺乏直接文献，故有学者利用瓦石构件反推用材序列，如徐怡涛提出的唐材十六等说[2]、王天航的十五等说之类[3]。唐代是否存在分°制，目前看还需审慎对待，但早期单材广厚比值取整的趋势仍是明显的。无论章材是从圆料中剖得，还是从熟材方木中下得，其截面均应便于曲尺作图，以利弹墨锯解，这或许有助于解释8/5和7/5类材一度盛行的原因（图8）。实际上，加斜制成的原则同样适用于料件看面[4]，《法式》三小料各面的宽高比分别为1.4（近似白银比）、1.6（近似黄金比）、1.8（近似白金比即√3）[5]，这三种截面的单材相互套叠即可下

---

1 等外材1.8×1.2寸和0.6×0.4寸可折为一等材的1/5和1/15，后者同时与四到六等材间级差数相等。

2 文献［45］据长安、洛阳宫观出土筒瓦、瓦当，推算唐代用瓦分成十级，各级自0.3至0.6寸区间内以0.02或0.04寸为率增减份值，并将此区间上限拓展至0.8寸后，提出唐材分作十六等的假说。

3 文献［46］参照辽宋实例显示的柱子高径比关系与《法式》以材栔定柱径制度，提出"径材系数"概念，基于出土础石数据，将唐代材份等级分作0.3-1尺范围内、以0.05为率增减的十五个等级。

4 如文献［24］所述："足材为单材方形的斜长（宋式）、单材为斗口方形的斜长（清式）、斗长为斗高方形的斜长（宋清式）、面阔为进深方形的斜长、心间为次间方形的斜长、檐高为柱高方形的斜长。在建筑尺度比例设计上，中国古代以数字比例方法为特点，区别于西方几何作图法的方式。中国传统设计思维倾向于图形数值化、几何代数化，注重数字比例形式，且便利和实用的目的是贯穿始终而不变的。"

5 按斐波那契数列推得的贵金属比例公式为1∶（n＋√(n²＋4)）/2，当n取1、2、3时分别为黄金比、白银比、青铜比（2.3）……

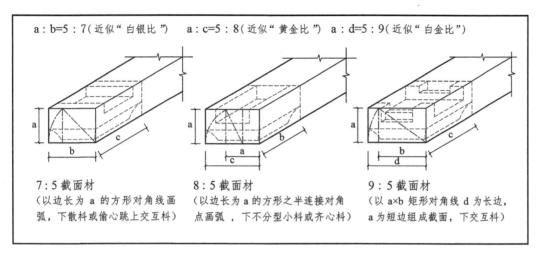

图8 1.4、1.6、1.8倍材截面画线操作及下料方法示意
（图片来源：自绘）

出诸科。与之相比，1.5倍材可视为比值趋于极简、材栔构成沉浸到分°制层面的自然结果。

基于古代中国擅长以勾股关系解析几何问题、并将之转译为简洁比例的数学传统，可推导上述用材的权衡方法如下：

1.6可约略表述为黄金比的倒数，选勾a＝1、股b＝2、弦c＝$\sqrt{5}$的直角三角形，以C为原点，以勾高为半径作弧交弦c于点D，分弦长为AD、DB；再以A为圆心、以AD为半径作弧，交股b于点E，分股长为AE、EC，点E即其黄金分割点。自该点以线段AE为半径作圆，再引垂线至弧上，得到以线段AE为短边、以股长b为长边的8×5材截面[1]。

1.4可视作$\sqrt{2}$的约简结果，即据方五斜七等腰直角三角形求出的矩形，画法为：以勾a或股b＝5为半径在弦上作弧，交弦c于点D，分弦长为AD、DB两段，其中AD：DB≈5：2；再自点A以弦长c为半径作圆，自点D引长7的垂线破径7之圆，自线段外侧端点引长5之垂线交圆于E点，得7×5的材截面。

1.5则是自勾3、股4、弦5的直角三角形上两次作弧切边而成：以点B为圆心，以勾a为半径作圆交弦c于点D，AD：DB＝3：2；再自点A以AD为半径作圆，交股b于点E，AE＝EC＝2；沿点E作勾高平行线段得3×2矩形即材截面（图9）。

三者的足材广厚比值区间高度重合，在栔高取单材广1/2时分别为2.1、2.25、2.4，在取单材广2/5时为1.96、2.1、2.25——1.4与1.5倍材共有数值2.1，1.5与1.6倍材共有数值2.25，这或许是不同匠门间长期交流的结果。显然，足材广厚比的合理取值应在该段中位数2.14上下浮动，这是由单、足材间"方七斜十"的比例生成关系决定的（以材厚10分°生成材广14分°，取栔高7分°，再按单材的1/1.4增出相似形横置后合为足材，实物则表现为耳、平、欹按3—3—4分段的高科腰型小科）（图10）。

---

1 黄金比0.618的数学表达式为（$\sqrt{5}-1$）/2，其倒数（1÷0.618）＝1.618≈1.6。

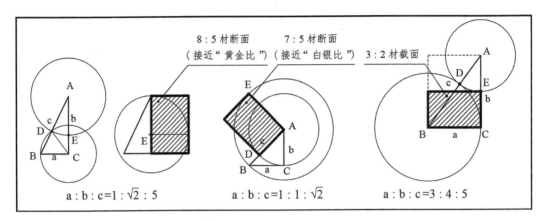

图 9　三种广厚比单材截面生成过程示意
（图片来源：自绘）

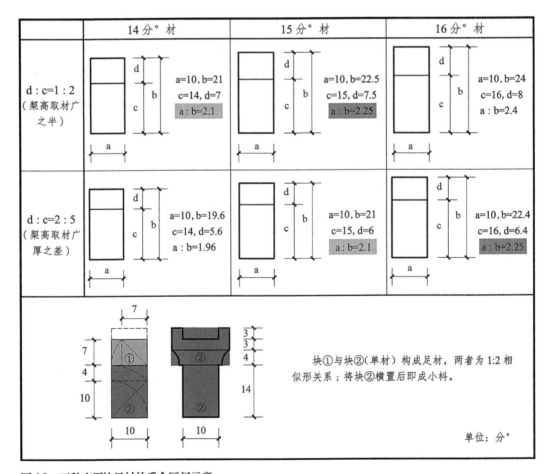

图 10　三种广厚比足材的重合区间示意
（图片来源：自绘）

四、三种常见比例材的操作过程模拟

先看1.6倍材。在《法式》语境下，将用于解算八棱的直角三角形（25×60×65）[1]简化为勾a＝10（单、足材厚）、股b＝24、弦c＝26后，利用《九章算术》所载勾股容圆算法[2]，求得其内接圆直径R＝2ab/（a+b+c）＝8，以股长24减去8后余得16，即表示10×24的长方形（足材）三等分为10×8和10×16两部分，较大者即1.6倍材截面，较小者剖半后可生成对应的栔截面。它可能和自圆中取方的出材工艺有关，也可能仅是利用解算八棱的三角形几何作图后，产生的一种值得注意的数理巧合。

沿此原始模型继续发展，向着削减栔高、使足材广厚比趋于2:1的方向进化。具体方法是改用勾股求方公式[3]，在前述10×24×26三角形中作内接正方形，其边长d＝（a×b）/（a+b）＝7.058823……（取整为7），它和三角形底边构成一对$\sqrt{2}$数，也就意味着16分° 单材广取7分° 栔高，应是一种较初步的调整结果。在此基础上，将勾股求方的对象从基于足材的原始三角形（10×24×26），替换为基于单材的求得三角形（10×16×18.86796……），此时内接方形边长（即栔高）d＝6.15384……（取整为6），相当于将之进一步降低为单材广厚之差。16分° 材取6分° 栔高的实例较多，如初祖庵大殿、虎丘二山门等，它们的样式细节已具备了较多的《法式》因素，与材份模数制间仅有一步之隔（图11）。

实际上，1.6倍关系也可藉由"黄金割方"的几何作图求得，它表现为一个8×13的长方格网，其长短边比值（0.615）可换算为9.846/16或9.231/15，简化后略等于10×16（吻合率98.46%）或9×15（吻合率97.50%），后者在斐波那契数列（1、1、2、3、5、8、13、21……）中正位于3:2与8:5之间（即5:3），或许暗示了"《法式》比"与"黄金比"间的衍化渊源（图12）。

再看1.4倍材。"白银比"源自早期的一尺材（厚七寸）、七寸材（厚五寸），但在北宋实例中也不乏变体[4]，变化的材厚反映其处于自"简单寸"向"简洁比"转型的关键节点上，亦预示着分° 制的即将到来。举保国寺大殿与崇庆寺千佛殿为例，两者单材广与栔高分别为7＋3寸和6.6＋3.3寸（足材视作1尺），材厚均为4.67寸（亦可表述为3.3×$\sqrt{2}$），据之可得下述模型：

---

1 《法式》总例："诸径围斜长依下项：……八棱径六十，每面二十有五，其斜六十有五；六棱径八十有七，每面五十，其斜一百；圆径内取方，一百中得七十一；方内取圆，径一得一，八棱六棱取圆准此。"

2 《九章算术》"勾股容圆"法为："……三位并之为法，以勾乘股，倍之为实，实如法得径一步"，但其所附例题用的是8×15×17的直角三角形，"今有勾八步，股一十五步，问：勾中容圆径几何？"算得的容圆直径为6步。

3 《九章算术》"勾股容方"法为："并勾、股为法，勾股相乘为实，实如法而一，得方一步"，其例题选用5×12×13的直角三角形，"今有勾五步，股一十二步。问：勾中容方几何？"算得容方边长3.5步（实为3又9/17），与股长为$\sqrt{2}$关系。

4 如文献［41］提到保国寺大殿用材（7×4$^{2/3}$寸）位居唐七寸材（7×5寸）和《法式》三等材（7.5×5寸）之间，为同时满足单、足材广取整寸（7寸、1尺）和材广厚取整比（3:2），牺牲了材厚整洁性，是典型的过渡期做法。

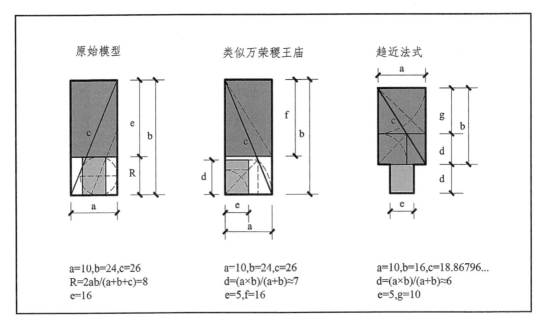

原始模型

类似万荣稷王庙

趋近法式

a=10,b=24,c=26
R=2ab/(a+b+c)=8
e=16

a=10,b=24,c=26
d=(a×b)/(a+b)≈7
e=5,f=16

a=10,b=16,c=18.86796…
d=(a×b)/(a+b)≈6
e=5,g=10

图11 "黄金比"材截面的生成过程模拟
（图片来源：自绘）

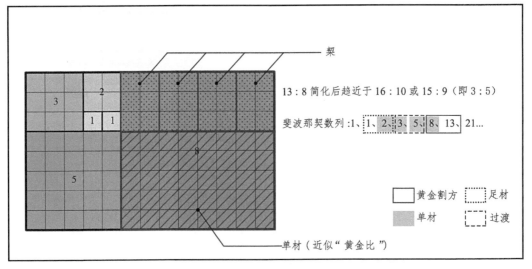

13：8简化后趋近于16：10或15：9（即3：5）

斐波那契数列：1、1、2、3、5、8、13、21…

黄金割方 足材

单材 过渡

单材（近似"黄金比"）

图12 材截面原型与黄金割方、斐波那契数列间关系示意
（图片来源：自绘）

　　设崇庆寺千佛殿栔高3.3寸为a，则其单材广、厚分别为2a与$\sqrt{2}$a，此截面可进一步切成边长$\sqrt{2}$a的方形和$\sqrt{2}$a×（2−$\sqrt{2}$）a的长方形，足材则释作3a×$\sqrt{2}$a，在单材用白银比的前提下，足材广厚比（2.12640……）已极为接近《法式》规定，这再次证明了2.1的比例是先行的，材份制度中5：2的材、栔高度设计，更可能是为了凑足此数而有意为之。于保国寺大殿而言，其单材广、厚可释作7寸与$3.3×\sqrt{2}$寸，若将$\sqrt{2}$按疏率约简为1.4，则广厚比进一步化整为5/3.3（即1.51515……），此时已无限近似于《法式》的15分°材体系，但并不能据以认定其符合材份制度，原因在于足材广厚比为2.1645，考虑到木材干缩、受压等因素，只能将初始设计值视作2.2倍，亦即材广自1.4倍增进至1.5倍的同时，㭾高取值尚停留在前阶段的材广之半即0.7倍材厚上，显然，它仍是一种向材份制进化至半程的过渡性产物。

类似的情况在南村二仙庙中亦有所见，其大殿铺作中上、下层华栱的材广取值存在微差（第一杪广6寸、第二杪广6.3寸，材厚均为$3×\sqrt{2}$寸，㭾高均为3寸），导致下层足材广厚比趋向2.1，而上层则近似早期的2.2，这或许反映了技术变革过程中工匠的彷徨[1]。

五、《营造法式》常用份数溯源

《法式》既系"考阅旧章，稽参众智"得来，自然吸纳了众多匠门经验，受到多重传统影响，文本中蛛丝马迹甚多，稍举一二佐证如下。

材份制中，理论上以半㭾长3分°和半材厚5分°相互组合即可生成（或解释）绝大多数定值（如㭾高6分°、栱眼深3分°、栱端上留6分°下杀9分°、角栌枓径36分°、交栿斗24×18分°、隔口包耳与斗耳宽3分°之类）。然而在涉及枓、栱看面时，4分°却作为基本单元高频出现，如枓的细节加工（枓顶基准长16分°、枓底减枓顶4分°、枓耳枓欹与隔口包耳高4分°）、栱端加工（除慢栱外均以4分°长为一瓣卷杀，但每瓣高不整；慢栱每瓣长3分°，高取9/4分°与华栱、瓜子栱同）之类，似乎存在着以1.6倍材控制看面，而以1.5倍材解决截面的倾向，两套数据并用当然导致了数理关系驳杂。

若将文本中大量出现、貌似"随机"的份数视作3、4、5分°的组合，或许有助于解释其意义。它们分别来自1.5倍材（3×5）、1.4倍材（5+5+4或3+4+4+3）和1.6倍材（4×4）。这种控制深入到从枓栱到梁额、从跳距到架深的各个环节，要言之，《法式》构件加工的逻辑是一致的，但代入的数据则有不同源头，它们被长期混用，以致面目漫漶。

（1）替木。卷五"栿"条记："造替木之制，其厚十分、高一十二分。单枓上用者，其长九十六分；令栱上用者，其长一百四分；重栱上用者，其长一百二十六分。凡替木两头，各下杀四分、上留八分，以三瓣卷杀，每瓣长四分……"其卷杀方式虽与慢栱有别（上留多而下杀少），但为与后者保持相同瓣数，放弃了每瓣高取整的可能（若分四瓣则每瓣长4分°、高1分°）。从它的三种长度构成看，单枓所配"只替"恰为其看面宽16分°的6倍，尚停留在"倍斗取长"阶段；令栱上用者104分°（近似五倍足材广）较令栱长出32

1　按文献［18］数据，南村二仙庙两层单材广的均值分别为198.8mm、187.5mm，对应位置的足材广均值为291.9mm和282.4mm，材厚则稳定在134mm，两组材、㭾高度比值分别为2.16和1.98，材截面则复原为第一跳0.63×0.42寸、第二跳0.6×0.42寸，可分别释作1.4倍材+0.7倍㭾和1.5倍材+0.7倍㭾，㭾高稳定为3寸，这或许是枓型归一的结果。

分°，是小科看面的2倍（若自令栱上散科畔算起则向外各增出14分°，等于小科深长），令栱自身为16分°的4.5倍；用于重栱上者长126分°（合六倍足材广），较慢栱多出的34分°略大于2倍小科长（若自两侧散科外畔算起则为30分°），慢栱自身长92分°，虽然本意是为了自其下的泥道栱/瓜子栱向外再增出两材，但加上两侧散科后科畔间距96分°，仍可并列六科。因此，替木身长的厘定体现出以小科宽为基准的特点，它显然是1.6倍材模数的孑遗（图13）。此外，材栔堆叠后的纵向余量，也由4分°调节，如替木广12分°、栌科平欹高12分°等。

（2）跳距。《法式》中常用的减跳长度计有四种，系在标准跳距基础上减去2分°、4分°、5分°、7分°得来[1]（上昂则另有22分°、27分°、15分°、35分°、16分°等心长），其定值依据始终不明，推测直接动因是为了在节省材耗、凸显平棊的同时，令构件边缘或中线对齐。事实上，无论调整的是栱、昂的身长或心长，折减单元都应以科件计量，故而以3分°、4分°、5分°任意组合或单独受减于标准跳距30分°后，已足够解释所有减跳情况〔如下昂造

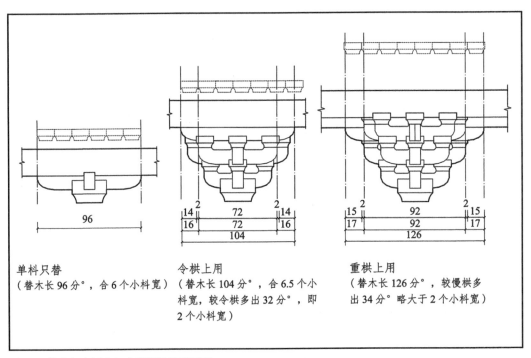

单科只替
（替木长96分°，合6个小科宽）

令栱上用
（替木长104分°，合6.5个小科宽，较令栱多出32分°，即2个小科宽）

重栱上用
（替木长126分°，较慢栱多出34分°略大于2个小科宽）

图13 替木长度厘定与小科倍数关系示意
（图片来源：自绘）

1 《法式》卷七"殿阁外檐转角铺作用栱科等数"条记各条交角昂长165分°、140分°、115分°，100分°和75分°，即逐跳以25分°为率增减，较标准跳距减少5分°。同卷"殿阁身内转角铺作用栱科等数"条记角内各秒华栱分别长77分°、147分°和217分°，即逐级以70分°递相增减，合每一跳较标准跳距加长5分°。在"楼阁平坐转角铺作用栱科等数"中则出现了以足材广整倍数表记华栱长的做法，分别长42分°、63分°、84分°、168分°不等。

减跳份数中23分° ＝15×2-（3+4）或15+4×2，25分° ＝15×2-5或15+5×2，24分° ＝15×2-3×2或15+3×3，26分° ＝15×2-4或15+4×2+3，28分° ＝15×2-4÷2或（3+4）×4等]。

（3）梁额樽串。3分°、4分°、5分° 在审度大木作杆件时被广泛用作调节单元，月梁以份数表记后，大体上虽仍可如直梁般折成若干材栔的组合，但同时也并行着尾数取5分°、10分°（基于材厚）的一套定值系统[1]，这意味着处理雕饰细节时需三者并用。如梁肩卷杀："梁首不以大小，从下高二十一分°，其上余材自枓里平之上，随其高匀分作六份，其上以六瓣卷杀，每瓣长十分°，其梁下当中顱六分°。……斜项外……第六瓣尽处下顱五分°。……若平梁四椽、六椽上用者……背上下顱者以四瓣卷杀，两头并同，其下第四瓣尽处顱四分°。……"。又阑额"两肩各以四瓣卷杀，每瓣长八分°。"、柱"凡杀柱之法……至上径，比栌斗底四周各出四分°，又量柱头四分°，紧杀如覆盆样……"、阳马"大角梁其广二十八分°……子角梁……头杀四分°、上折深七分°；隐角梁上下广十四分° 至十六分°。……"、顺脊串"广厚如材或加三分° 至四分°。"、博风版"厚三分° 至四分°。"、飞子"如椽径十分°则广八分°、厚七分°……皆以三瓣卷杀，上一瓣长五分°、次二瓣各长四分°。"上述数字多由3分°、4分°、5分°、7（3+4）分° 构成，4分° 在1.5倍材中并无特殊含义，它的普及反向证明了1.6倍材传统潜在且持续的影响。

《法式》材份制度的进步之处主要有二：一是"逐级等比变造"，二是定值逻辑由简单的"对折/四分制"传统进入到较复杂的"十进制"阶段，"分°"的概念也因之转移，从《周易》一分合半寸[2]，演变至十分之一寸，进而发展成固有材等序列中的可变度量单元。

从上述条目看，似乎存在着以枓长的多次对折数度量构件边缘连续折线段的习惯，即使在《法式》中，各类构件的截面与装饰线脚数值也主要通过3分°、4分°、5分° 的重复组合实现（仅极细微处用到1分°、2分° 乃至0.5分°）。3分°、4分°、5分° 本身即构成最简勾股数——5分° 为材厚之半或15分° 材之广厚差；4分° 是1.6倍材的两次对折数或1.4倍材的广厚差；3分° 是1.6倍材广厚差（同时也是其常用栔高）之半或15分° 材广的1/5。1.4、1.5、1.6倍材虽先后盛行，但只有15分° 材能以同一比例统率、融贯各套数组关系，因而在北宋末成为官方选择。即或如此，经久沿袭的工匠传统仍无法轻易抹杀，因此《法式》在枓件权衡、梁额制备、跳距增减等内容中普遍涵化了1.4、1.6倍材的内容，大量衍生的"随机"数据，正可证明其不同祖源（图14）。

1　如《法式》卷五"梁"条："造梁之制有五……造月梁之制，明栿其广四十二分°，如彻上明造其乳栿、三椽栿各广四十二分°，四椽栿广五十分°、五椽栿广五十五分°、六椽栿以上，其广并至六十分° 止……"
2　文献 [47] 提到，周汉时一分合0.5寸而非0.1寸，即《说文解字》解释的"分，别也，从八刀，刀以分别物也"之意。

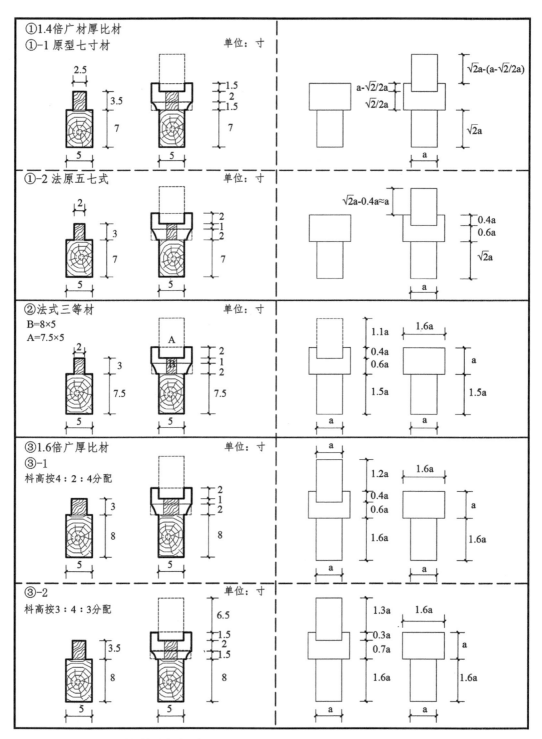

图14 三种广厚比用材的料型关系示意

（图片来源：自绘）

六、小结

通过作图推导三种材的截面生成机制，前文大致勾勒了材份模数发展历程中多种技术系谱间的相互关系。简要来说，"白银比"的传统影响最为广泛、深远，它本身即具备数理"原型"的意义，在实际工程中因便于折算成整寸，且利于套合生成关键单元，故流传最广[1]。江浙传统中十等科的宽高比都固定为1.4，自寸半式（1×1.4寸）起，按其整倍数扩出二三式（2×2.8寸）、三四式（3×4.2寸）、四六式（4×5.6寸）、五七式（5×7寸）、八六式（6×8.4寸）、一七式（7×9.8寸）、双四六式（8×11.2寸）、九十三式（9×12.6寸）、双五七式（10×14寸），此种等比渐进的方法与清官式相似，但不同于后者的斗口优先，是以科高取整作为先决条件，且大料看面四等分后即得升科（散科）看面与单材截面，三等分后得足材截面，其单元比例控制的意识非常明确，应是材份制盛行之前的替代性做法。

相较而言，1.6倍材更便于三小科的分型加工（可按材厚1.4、1.6、1.8倍定料长后截割该方桁，一次即可下出三种料型），遗存实物年代亦更集中，似是与15分°材平行共生的产物。三者或可描述为：1.4倍材发展出两套栔高分配方案（分别取0.7、0.6倍材广），各自对应于材栔之比简洁和材栔之合整齐两个目标，当其分别被1.5、1.6倍材借用后，即出现较高耸的2.2倍足材，此时为适度修正料型（使之回归4∶2∶4的三段配高），栔高统一选用0.6倍材广，从而诱发了《法式》15分°材的产生。

除比例关系外，表1所列数据似乎还暗示了一种早期的材广厚取值规律：以简单寸数自大而小排列时，实例用材大致可分为两段、三列，10×7寸、9×6寸、8×5寸材属高等级，各自的材广厚均相差3寸，逐级间则以1寸为率递减；7×5寸、6×4寸、5×3寸材属较低等级，各自材广厚相差2寸，逐级间差值亦为1寸，它们的广厚比率分别是1.4、1.5和1.6，各序列间亦不乏非整数寸的实例填充空白，这或许是一种兼顾寸法与比率、较为简单的用材模型（图15）。

总之，若将《法式》15分°材视作一种多源妥协与拼凑的结果，那么不妨认为，在算法单纯和操作便捷之间，李诚与工匠各自做出了不同抉择，这是管理者与劳动者的立场差异决定的，前者希求其所倡导的"一代新规"在比例形式和数理逻辑上尽量简洁，后者则更在乎加工过程中度量画线与锯解安勘的一步到位。

1　如文献［5］所言："10与7是中国古代喜用的数字比例关系，实际上，宋《营造法式》和清《工程做法》的单、足材比例的设定，也都建立在这一数字比例之上。宋式单、足材的15份与21份，为方五斜七之数字比；清式单、足材的14份与20份，为方七斜十之数字比。"

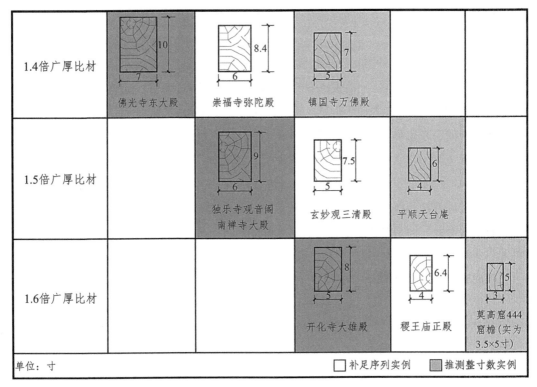

图15 唐宋"整寸法"材等序列推想

（图片来源：自绘）

第三节 中观考察：华北实例的下昂斜角表达方法归类

一、引言

铺作中下昂的安放角度涉及榫卯制备在内的诸多问题，其定值规则有待深入探讨。按刘畅在《算法基因》系列文章中提出的观点，这一倾角或可化简为一组勾股比率，在某一跨度（如一跳）内，观察其勾高构成（如若干材、栔之和或特定份数），折算相应比率即可描述昂的倾侧程度。

由于以度数量取下昂斜角时常出现畸零值，以份数描述勾股比例又较为隐晦（需借用无理数 $\sqrt{2}$、$\sqrt{5}$ 之类与常量1、2相互加减来表达数理关系）。因此，我们尝试引入"基准量"的概念，观察在简单勾股构成（如长、高各若干材栔）基础上，以材、栔的公约数或对分数为调节单元，能否增减出符合实测数据的表述方案，这或许有助于揭示下昂斜率的生成机制，其构成方式亦便于工匠认知和记忆。

在这组比率中，勾高反映了材、栔叠加关系，股长显示了跳距构成原则。唐辽时期的下昂往往因与檐椽平行而显得和缓[1]，宋金以降则趋于峻急，时代差异是显而易见的。同时，《营造法式》对于该问题表述得较为含混，铺作中下昂、上昂乃至昂形耍头各自的斜率如何确定？它们在取值上是否相互制约？屋架与下昂之间、下昂与栱方之间在定斜时又是怎样彼此影响的？

基于近来公布的精测数据，我们对上述问题提出简单猜想，并尝试描述算法本身的演化轨迹，归纳约束条件的不同类型。

二、下昂斜率的计算依据及其表述方式

如前节所述，在《法式》规定的15分° 单材广之外，存在着大量采用1.6倍单材广厚比、栔高取单材广厚之差的早期实例，此时材、栔断面比例不能趋同，两者并非相似形的关系。它在数理自洽性方面虽弱于"《法式》型"的15分° 材，但却利于自方上直接下料。

在承认8：5材截面亦属常见的前提下，我们暂且以分° 制来表述所得数据，当然，这并不意味着相关案例都已进入到材份模数阶段，附会概念只是为了更加直观、快捷地表达材的广厚比例关系。

此时必须解决广、厚孰先孰后的问题。由于材截面广厚比的折算前提是十进制，那么最合理的方式就是将其中一个数字表示为"10"，另一个成其倍数或约数——若材广优先，则本来简洁的广取厚1.4、1.5、1.6倍关系将被表达为厚取广0.714、0.667、0.625的复杂形式，序列亦不复存在，显然不便于记忆和度量。

实际上，单纯考察公测数据折成广厚份数后的吻合度，并不能作为判定广、厚各自优先级的证据，只有充分考虑材质退化和结构变形等因素造成的数据偏移趋势，划定数值取信区间，才能避免罔顾真实建造逻辑、陷入数字游戏陷阱的危险。单论数据可靠性，足材广无疑居于首位（因其直接关涉结构安全，也直接决定着整个铺作的层数、高度及与架道、柱高等数值的换算关系），相较而言，单材广与栔高则可灵活进退，一方面减小材广（横栱）能有效节省木料，另一方面增加栔高也利于规避枓腰压劈，遑论材广测值本就存在受挤压变形的影响，离散率往往较大。相对的，虽也存在刻意折减材厚的情况，但至少出跳构件的厚度取值受枓件开口与榫卯加工的双重制约，栱方横向亦不受外力过多影响，干缩与受潮交替循环也使其形变得到一定弥补，这些都是利于减小其测值偏差的外在因素。另外，材厚面的加工手续（如开栱眼、刨削小枓接面等）往往留有实底，材广面（隐刻或卷杀栱端折线）则不尽然，更为彻底地切削加工也意味着材广真值更难测得，其量取误差当较材厚为大，据之复原初始设计分° 值的风险也更高。综上，我们认为材厚测值或许更能反映原貌。

1　结合文献［35］中对佛光寺东大殿的分析，推及华林寺大殿、陈太尉宫正殿等南方案例，可知唐宋时期极有可能存在着将昂下三角放大整数倍后得到檐步架三角的做法。

三、华北遗构的昂制原型与亚类考察

下昂倾角可被定义为其首、尾端间高差与水平投影长度的勾股比值，即以"率"代"度"表达斜势，且只要昂身不发生弯折，在此区段内的任一局部（两跳之间）均可代表整体的倾侧情况。从构造约束角度出发，考察下昂造每向外伸出一跳后其上层栱方的抬高值（连线即为下昂下皮），以此构成描述下昂斜率变化的三角，可将实例分作五类情况：

（1）平出一大跳（两跳）、抬升一足材。现存唐辽殿阁基本属于此类，因其偷心、计心相间使用，故不宜逐跳计算，而应将相邻的两个计心造跳头间视作一个完整单元。其特点在于，同一单元的相邻两小跳间可自由调节跳距（偷心造无栱方约束），但总跳距不变，相应的总抬升值也不变（每两铺一足材）。佛光寺大殿、崇明寺雷音殿、镇国寺万佛殿、奉国寺大殿、独乐寺观音阁、佛宫寺释迦塔下檐、净土寺大殿藻井、华严寺薄伽教藏殿壁藏等均是如此。

（2）平出一跳（大约合两单材）、抬升一单材。在组织形式更加规范的逐跳计心造铺作上，更常见到此类做法，实例有永寿寺雨花宫——其前廊开敞且身内梁架明显水平分层，样式细节亦传承唐风[1]，外檐仅柱头施五铺作单杪单昂（配昂形耍头），下昂垫于明栿端头而非以草栿压跳，应是随动于屋架设计的结果。昂尾搭于扶壁素方上棱而非支垫在交互枓处，这有别于唐辽建筑中以枓件控制昂件的强约束逻辑，或许代表了五代宋初低等级铺作设计的新趋势。相似做法迟至金构新绛白台寺正殿上仍还存在，其外檐四铺作单昂虽相间杂用平出假昂及插昂，但假昂上隐刻线仍直抵泥道栱外侧上棱，向上延展后可与挑斡边线重合，可见此"原型"流传时段之久。

（3）平出若干材份（大于一跳）、抬升一足材。典型案例是素来被认为与《营造法式》最具技术亲缘性的登封初祖庵大殿[2]，其昂身前后端节点与雨花宫有着显著的差异——昂头搭在外伸的华头子上，从而彻底摆脱了交互枓，整体起算分位亦随之升高，昂尾下皮则与扶壁素方外侧下棱相合（符合唐辽传统）。它的斜率表述机制远不如前者简洁，而是在其基础上将自昂身往上的全部构件整体拉高，以确保昂过柱缝时与素方对齐，这有利于保持扶壁露明部分的视觉秩序（禁止昂、方错缝）。我们或许可以将其看作雨花宫的衍化类型，它们的算法大体相似，分歧只体现在昂、方相交的节点处理上——雨花宫维系的是自唐辽以来昂身前段从交互枓口内伸出的传统，对于后段与扶壁部分的对位关系较为放松；初祖庵则刚好相反，更加侧重昂身后部与扶壁栱方边缘对齐，而赋予前端更多选择（以华头子垫托昂身，接触面的位置与长度均较自交互枓内伸出时自由）。昂头自交互枓口内吐出是唐辽的固有做法，一旦在五代北宋被新的技术体系（华头子伸出托昂）突破，昂的斜率设计和调节方式也就趋于多元。上述两例始建时

1　如存在内柱缝上叠垒大量素方形成兜圈井干壁，梁栿间以栌枓、驼峰而非蜀柱垫托，逐椽下施托脚且顶在令栱而非槫条两侧，转角处用隐衬角栿且大角梁斜置，梁架存在明、草栿分层等现象。

2　初祖庵大殿的"《法式》化"倾向大多停留在样式层面，从诸如地盘设计中存在移柱与间椽错位，内柱逐段续接乃至材份模数的构成形式突破《法式》规定（单材广厚比不取3∶2）等方面看，文献［48］总结的"北构南相"特征背后，或许是不同匠系间一时的交融杂糅，而非真正涵化了李诫主张的全套技术手段。

间相距约百年，正体现了技术积累导致的思路分化。

（4）平出一跳（跳距较大且与单材广脱钩）、抬升一足材。同样建于北宋中晚期的高平开化寺大殿，整体规模和科栱配置均与雨花宫近似，其昂身上皮与扶壁素方下棱相合，前端则仍卡入交互枓口内。它的特殊之处在于两跳相距悬殊（36分°和24分°），头跳讹长或许是为了防止华头子露明承昂导致的。有趣的是，不唯邻近的资圣寺大殿在科栱形象上与之雷同、数据间存在折算关系（文献［44］），同样的操作方式在遥远的泉州文庙上檐及敦煌壁画图像中也有所反映。

（5）平出一跳、抬升一单材，其后继续以（一次或多次）对折材广所得份数为单元，增减调节水平长度。实例有天圣元年（1023年）始建的万荣稷王庙正殿，其昂制同样建立在每跳合两单材广前提下，股长调节方式也与前述几例类似，但昂的构造细节却自成一系——其露明华头子将下昂起算分位推高了一单材整（若用计心造则正对瓜子栱上缘），中段也被推高至扶壁素方中缝处，这说明工匠赋予昂身首、尾两端完全的自由，不再刻意约束其中任何一点，以此灵活调节下昂斜率，因而较前述各种做法更加激进。

上述五种模式均是以五举三角形为原型、横向以单材广（实例以取1.6倍材厚者居多）为基准、以单材广之半或四分之一调节而来的（图16）。

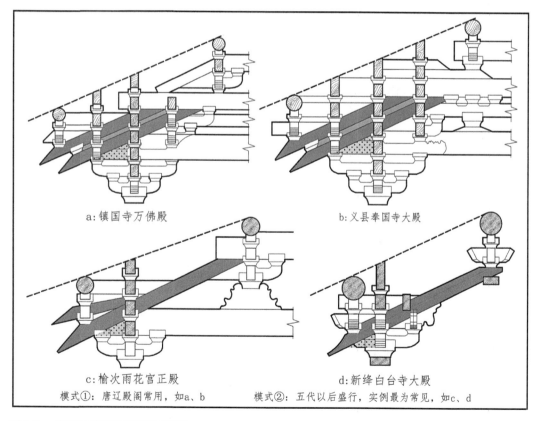

a：镇国寺万佛殿

b：义县奉国寺大殿

c：榆次雨花宫正殿

d：新绛白台寺大殿

模式①：唐辽殿阁常用，如a、b　　模式②：五代以后盛行，实例最为常见，如c、d

图16a　唐宋五种下昂定斜模式示意

（图片来源：底图改绘自文献［8］［44］［49］［50］［51］［52］［53］［54］［55］）

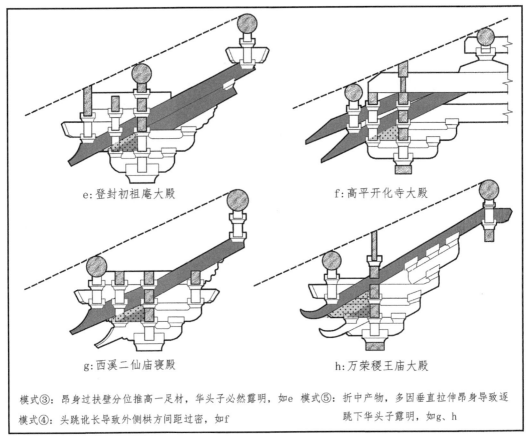

e:登封初祖庵大殿   f:高平开化寺大殿

g:西溪二仙庙寝殿   h:万荣稷王庙大殿

模式③：昂身过扶壁分位推高一足材，华头子必然露明，如e   模式⑤：折中产物，多因垂直拉伸昂身导致逐
模式④：头跳讹长导致外侧栱方间距过密，如f   跳下华头子露明，如g、h

图16b 唐宋五种下昂定斜模式示意
（图片来源：底图改绘自文献［8］［44］［49］［50］［51］［52］［53］［54］［55］）

四、三种常见比例材的下昂斜率调节模式

（一）1.6倍材的情况

华北宋金实例中单材广厚比值取1.6者为数不少，栔高则多取材厚0.6倍或半个材广，材广厚比例的多样性深刻影响着昂下勾股关系中基准量与调节量的选择，最终诱发了不同的斜率生成模式。

1.6倍材实例包括永寿寺雨花宫、初祖庵大殿、开化寺大殿[1]、稷王庙大殿、龙岩寺中殿、西溪二仙庙寝殿与王报二郎庙戏台等。

---

1 据文献［44］所示数据，知开化寺大殿下昂五举、昂形耍头四举，足材20分°，头跳伸出36分°、二跳24分°，交互枓枓耳长4分°，单材广15分°余。推测该构原型仍为"单材广16分°、栔高4分°，头跳设计值长32分°、二跳28分°"，为了保持昂自交互枓口内伸出，不得不极度拉长头跳华栱，并减小二跳长，调节量正是1/4材广或作为栔高的4分°。

从实测数据可知，永寿寺雨花宫单材厚10分°、广16分°，栔高6分°，头跳32分°、二跳16分°，因此下昂斜率为16/32＝0.5。

初祖庵大殿单材广16分°、栔高6分°，足材22分°，头跳出32分°、二跳30分°，两跳间的差值2分°恰为三小科的科平高度，这也许是微调时可以用到的最小单元（单材广对折三次）（图17）。

西溪二仙庙寝殿[1]采用折下式假昂，单材广16分°、足材广22分°，头跳长32分°、二跳长28分°，下昂首尾构造关系与初祖庵相似，都是在入柱缝处令昂身下皮与素方外侧下棱相合，华头子露明并在扶壁缝上隐出齐心科，并在昂身凿出"鼻子"以令契合。以1/4材广为率调节

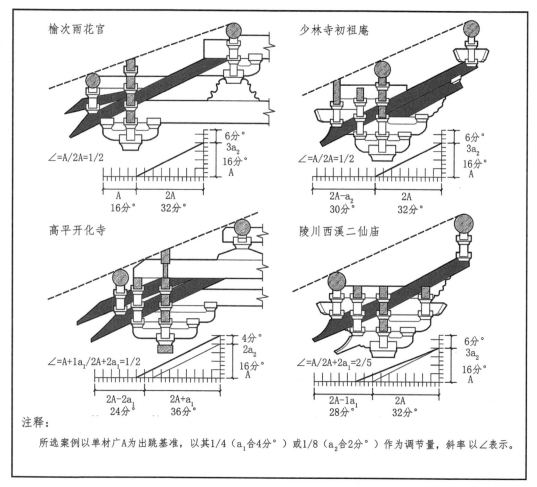

注释：

所选案例以单材广A为出跳基准，以其1/4（a₁合4分°）或1/8（a₂合2分°）作为调节量，斜率以∠表示。

图17 1.6倍材案例下昂抬升方式示意之一

（图片来源：底图改绘自文献［30］［44］［52］［54］）

---

1 据文献［30］［55］对西溪二仙庙的分析可知，由于实测材广数据均值大于15.6分°，考虑到设计值不可能小于该数，而维持足材广不变的前提下微调单材、栔高比例的做法并不少见，尤其是它的跳距设置与营造尺长与初祖庵、雨花宫等案例极度近似，故而我们认为其单材广的初始设计值应为16分°。

后的下昂斜率为16/（32＋4＋4），即四举。此时将上道昂及以上构件整体推抬一个栔高（6分°），可使其后尾与扶壁素方上缘对齐。其里转折线的生成方式则有所不同：系以单材广16分°加料平2分°为勾高，以头跳32分°为股长算得，斜率亦加剧至五五举。同样的情况也出现在梁泉村龙岩寺中佛殿[1]和北马村玉皇庙正殿[2]上。

另一个类似的案例是万荣稷王庙大殿[3]，勘察报告虽未给出昂身角度的具体测值，但就华头子尺寸推算，昂的斜率应在四二举上下。设若我们仍以单材广的1/4（即4分°）为调节量A，以其与栔高之差值（即3分°）为调节量B，加减操作后发现所有铺作构件与空间尺寸均可藉之获得解释——下昂斜率0.42为4A/（10B＋2A），补间铺坐里转第二跳长54分°＝4A×3＋2B、令栱和第四层泥道栱长70分°＝4A×4＋2B、第一层泥道栱长74分°＝4A×4＋B、泥道慢栱长120分°＝4A×7＋2A、耍头长32分°＝4A×2。可知上述构件及空间尺寸均是由单材广、厚及组成栔高的调节量A和B（同时是小料平、㪷）套和组成，这或许是处于材栔组合阶段的一种较为粗放的构件定长方法。

小木作则可以举南村二仙庙帐龛为例[4]。其单材广16分°、厚10分°，栔高7分°，报告未说明下昂斜角，若在测绘图上过扶壁素方外侧上棱作下昂的平行线，则该辅助线约略交于第二跳交互料里侧料平，此处距第二跳中线约0.5寸（即材厚），因此其下昂斜率亦可表述为：抬升单材广0.8寸、平出2.7-0.5（材厚）＝2.2寸（与北马村玉皇庙平出22寸、抬高8寸的做法完全相同）。调整后头两跳总长44分°，第三跳长36分°，差值8分°为总跳距的十分之一，同时合两个基准长或半材广，由此折得下昂斜率为16/（32＋4＋4＋4）＝4/11（图18）。

1.6倍材的传统在晋南甚至延续至元代，如高平古中庙戏楼。其五铺作双昂中，头跳为折下式假昂，二跳真昂配合昂形耍头挑斡下平槫，因内设斗八藻井一座，故对于下昂斜率设计提出了更为精细的要求。测绘数据显示其单材广接近16分°、厚9分°，栔高6分°（但下昂垂高突破足材达24分°，取1.5倍单材广），昂下华头子平伸出52分°，昂下皮与扶壁素方外侧下棱相合，斜率可表述为（16＋6）/52即四二举，与稷王庙正殿相同。昂形耍头的定斜方式则符合"平

---

1 据文献［56］数据，知龙岩寺中佛殿除首跳出华栱及昂尾折率放缓至五举外，其他构造细节和复原分°值都与西溪二仙庙寝殿相似，且两者各部分丈尺间呈严格的5：6关系，复原尺长亦相等（与初祖庵大殿营造尺仅相差1mm）。龙岩寺和初祖庵的分°值均取0.375寸，显然仍受到折半思维控制，二仙庙则是合其1.2倍的0.45寸。三者建造时段与空间距离相近，样式选择均受到《法式》影响（诸如角间以补间铺作承槫、多段蜀柱接续以取代驼峰承梁栿等节点做法也高度相似），它们或许具有极为紧密的技术亲缘性。

2 文献［57］中指出北马玉皇庙4/11的下昂斜率可以转译为16/（32＋4＋4＋4）分°，同样是以1/4单材广为单元在五举基础上调节得来。

3 文献［8］按所测数据推定万荣稷王庙正殿复原营造尺长314mm，料栱头跳长28分°、二跳24分°、单材广15分°、厚9.1分°，分°值合0.44寸且与其推定的唐材恰相对应。我们以材厚取10分°为前提，推得分°值合0.4寸（它同样存在于"唐材"或者《法式》八等材序列中），此时单材广16分°、栔高7分°，头跳长30分°、二跳26分°。

4 据文献［58］知该处用六铺作双杪单昂，头跳偷心导致下两杪共出一大跳，华头子露明外伸后抬高昂身，使其上交互料逐层归平，昂与扶壁素方错交也表明它完全脱离了齐心料的控制。应注意的是初祖庵和保国寺大殿的下昂平出值也都是44分°，只是各自的抬高份数不同。

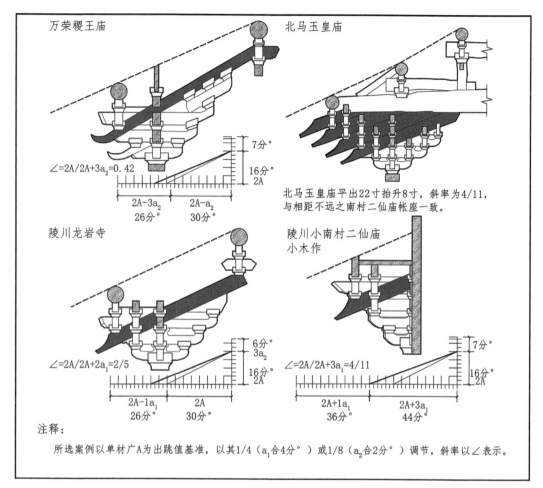

图18 1.6倍材案例下昂抬升方式示意之二
（图片来源：底图改绘自文献 [8] [56] [57] [58] ）

出若干材份抬高一单材"的原则，斜率为16/40即四举，正是晋南早期案例的习惯取值[1]。

　　上述几例或许揭示了一种广泛存在并持久流行于河东、泽潞地区的铺作设计传统：下昂、昂形耍头等斜向构件遵奉"每平出若干距离抬升一单材"的基本原则，在两倍单材广基础上，以8分°、4分°乃至2分°反复增减微调出跳值[2]，最终导向整数斜率。1.6倍材截面也是三小科分型后的基本看面，因此究其实，这仍是一种"倍斗取长"的模度方法。

<hr />

（二）1.4、1.5 倍材的情况

1.5倍材的实例包括青莲寺释迦殿、慈相寺大殿等。

青莲寺释迦殿始建于宋元祐四年（1089年），五铺作单杪单昂配昂形耍头，下昂构造细节与前述西溪二仙庙寝殿等例一致，均是昂身前端压在露明华头子上而后端插入扶壁处，以下皮对齐素方下棱。其分° 值折合0.48寸，单材广15分°、栔高6分°，头跳长29分°、二跳34分°，推测原始设计值[1]应分别为30分° 和33分°。以构成材广的因数A（5分°）和B（3分°）度量，前者是6A而后者是11B，A和B又分别相当于一、二跳的实际测值（34–29＝5分°）与推测设计值（33–30＝3分°）之差。其下昂斜率因此可表述为"在两跳共63分° 长度内下降了一材两栔"即3/7，若逐跳表记则可转述为15/（30＋5），即在五举三角形基础上，将股长再增加一个单元A（5分°）得到；其昂形耍头斜率也可藉由相同折算方法表述为15/（30＋5＋5＋5）即3/10。以同一原则推算同一铺作中的不同构件，结果均能吻合，从侧面印证了推算逻辑较为可信。循此思路，在慈相寺大殿中甚至能看到使用半分° 尾数的现象[2]。

1.4倍材的案例较为少见，著名者有平顺龙门寺大雄殿。该构分° 值（0.48寸）、材厚与足材广取值都与青莲寺释迦殿相同，但材栔分配是按照2：1而非5：2执行，即单材广14分°、栔高7分°，头跳28分° 恰合两倍材广（合2.7尺，吻合率99.56%），二跳29分° 则意味不明，多出的1分° 或许是昂身下垂翻转所致。勘测数据表明其下昂定为四二举，与稷王庙正殿相同，但其枓栱扭转变形较为剧烈，从加设擎檐柱的情况即可见一斑，或许存在檐头荷载作用下华头子向内侧挤压缩短，进而带动下昂外翻导致斜率趋于陡峻的可能，我们猜测它的实际斜率可能采用了晋南早期建筑中更为常见的四举，而0.4＝14/（28＋7），即直接以栔高7分° 调节。

从大的构造关系看，晋南三构开化寺、青莲寺和龙门寺的下昂定斜方法并无本质区别，但数值权衡存在细微差异，即各以自身材广（16分°、15分°、14分°）的最简公约数4分°、5分° 和3分°、7分° 为率调节，出跳设置亦各自不同（二跳分别等于、大于、小于头跳），这或许反映了不同匠门的细微区别（图19）。

1　青莲寺释迦殿铺作实测跳距折出份数显得较无规律，推测是两跳分别减、增了1分°，但未改变总跳距所致。这样做的目的是取得更整的寸数（头跳30分° 时长14.4寸，29分° 时长13.92寸 ≈14寸，吻合率更高；二跳按33分° 算合15.84寸 ≈16寸，调增1分° 后合16.32寸，吻合率虽略低于前者，但保障了总出跳值取63分° 即3尺，以此满足椽平长取整尺的需要）。

2　据文献［60］公示数据，慈相寺大殿存在大规模改造重建的可能（用材简省，构件纤细，推测分° 值取0.44寸，单材合15分°、栔高6分°，头跳长33分°（合1.45尺，吻合率99.86%）、二跳长30分°（合1.3尺，吻合率98.48%），与前述青莲寺释迦殿的复原跳距取值刚好相反，下昂斜率经测算为四举。我们认为它的生成机制可以表述为0.4＝15/（30＋5＋2.5），即以1/6材广或1/4材厚的2.5分° 为单元A调节股长（增长3A）。需要注意的是，其下昂后尾抬升位置超过了柱缝上齐心枓分位，直接交在上层素方上，总计抬升了22.7分°。考虑到沉降、变形的影响，原始高值必然更大，可能是足材广加A即23.5分°。

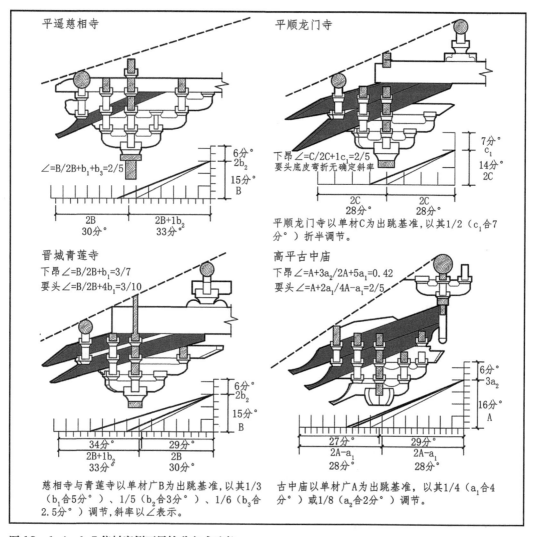

图19 1.4、1.5倍材案例下昂抬升方式示意

（图片来源：底图改绘自文献［17］［42］［59］［60］）

五、小结

从下昂定斜规则的发展脉络看，大致存在着一个自唐代从属于屋架设计、到五代宋初形成惯用整数取值的过程，且零星出现了诸如四二、四五举等多种亚类。然而，无论工匠使用的是1.4、1.5或是1.6倍材，其下昂斜率的折算原则与操作方法都高度趋同：先以平出两材广、抬升一材广所成的五举三角形为起算基础，进而加减作为分母的股长，调节量A则一般选单材广的最简公因数（15分°时取5分°或3分°、16分时取4分°、14分°时取7分°），当出现0.5A尾数时，调节方式亦变得更加细腻［如慈相寺大殿的15/（30＋5＋2.5）即2/5和稷王庙大殿的16/（32＋4＋2）即0.42］。《法式》将标准跳距定为30分°当然也是基于此种传统，进步之处在于分°制的引进赋予其更加精密的调控能力，但只要原始的算法原则不变，就会持久影响后世的工程实践。随着精测数据的不断发表，相信会有更多潜藏的规律被逐渐揭示出来。

第四节　宏观考察：唐宋殿阁不同祖源溯踪

一、引言

殿阁与厅堂的结构差异主要体现为水平分层和竖直分架，殿阁自身的特征则被描述为沿柱缝方向若干规格化方材的重复堆叠。然而考察现存实例即知唐、宋殿阁对于使用大型梁方的立场极其不同，宋以后"非标准"构件的盛行实际上打破了殿阁自身以章材为基准的构成原则，使其节点设计从"箱板式"层垒迈向"框架式"插接，逐渐向直观简洁的方向靠拢。追溯源头，该趋势早在隋以前的文献与图案中已有先兆。形象上类似"平行弦桁架"的构件分型与组织方式本就是中国固有的传统，它与"一材造"的规格料叠合思路并行发展，分别催生了宋、唐两种建构逻辑各异的殿阁类型。

在较早版本的《弗莱彻建筑史》中，东亚建筑一度被贴上"非历史风格"的标签，并被视作建筑之树的旁枝末节。受此偏见刺激，梁思成、林徽因等建筑史学肇基者主动借用现代结构理性原则来阐释中国固有的营建智慧，并藉由注释《营造法式》和调研测绘确立了一套以样式观察和技术诠释为主的研究方法（文献［61］）。建筑史界在继承、传扬前贤学术观点的过程中，持续深化着对于中国传统木构体系特征、分类与源流关系的认识。其中，等级崇高的"殿阁"无疑是一个核心话题，受实例稀缺所限，过往研究多重复聚焦于少数"典型"案例，且倾向于将唐、辽、宋的实践视作单线演化，而鲜少着意于不同殿阁间技术系谱的区别。

基于建构逻辑差异的结构分型方法自21世纪初被广泛采用，目前殿阁与厅堂的特征已基本厘清[1]，但较之"厅堂"[2]，殿阁的溯源与分类工作明显滞后。为此，需尝试借助间接资料探索唐辽实例与《法式》所载殿阁间的本质区别，廓清其传承脉络。

二、唐宋殿阁建构思维差异分析

既有研究关于殿阁的特征总结大多集中在各局部"构造性状"上，强调其水平分层与单元

---

[1]　目前已逐步形成"殿阁与厅堂更倾向于结构而非类型概念"的共识（由"厅堂等间缝内用梁架"中的"等"字推知，亦存在借鉴厅堂结构以营造殿阁的可能），两者的评判指标已得到充分探讨（如文献［62］［63］）。

[2]　厅堂构架存余实例较多，研究成果也更充分，涉及区期分布、匠作谱系、样式原型等不一而足（如文献［64］［65］［66］）。

重复的倾向，这在"一材造"的法隆寺堂、塔中表现得尤其明显，但并不能据以认定殿阁"原型"是唯一的。

比对唐及奈良遗构和《法式》殿阁图样，不难发现两者在表象上已存在诸多差异（如后者①角缝不用明栿，②使用特异规格的檐栿、压槽方，③槽型多样，④槫、柱不必对缝）。唐、宋殿阁是否全然是前后承启的关系？凭借"双层梁栿、草架天花、内外柱圈等高"之类的指标，我们仅能初步区分殿阁与厅堂，却不足以讨论殿阁自身的亚型和演化脉络，而藉由求索唐、宋间之变革，或有助于窥测匠门的多重源头。

迄今为止，陈明达、傅熹年、钟晓青关于殿阁构造特征的研究最具开创意义。陈明达提出了殿阁的"纵架"受力模型与"水平分层"的组织模式[1]；傅熹年继而明确了"铺作层"的概念[2]，并参考石窟、壁画中的建筑形象，提炼出北魏迁洛前后的殿阁采用近似"平行弦桁架"的纵向构架组成前檐的观点；钟晓青梳理了"科栱、铺作、铺作层"三者间与时俱进的衍化关系[3]。本节在前贤成果上大胆推衍，以期补阙拾遗于万一。

首先辨析"纵架"与"平行弦桁架"这组概念：两者是并列还是衍生关系？标志性构件科栱在其间的呈现方式又有何异同？

檐下"纵架"的表现形式存在历时性区别，大体而言，北魏中期以前，柱头以巨大的通长跨间"横楣"垫托一斗三升与人字栱（形同叉手），其上压覆以檐槫/檐方。迁洛后横楣下移至柱头，逐间分段续接，成为阑额，这也为补间铺作持续发育，直至与柱头铺作趋同埋下了伏笔，此后纵架逐渐化简为竖立的扶壁栱。对于云冈、龙门的窟内屋形龛室而言，其"科栱"尚未成型，并不出跳，仅零星支垫在檐方与横楣间。由于平行放置的上、下杆件远较散布其间的腹杆粗壮，显然不能目之为"刚架"；若将其与"桁架"比较，则性质上虽不可等量齐观（桁架是杆件构成几何不变体单元的组合，各杆件受轴向力；而槫、额间的槽上组合并非几何不变体，更近似空腹梁），但形态上却极为近似（檐方与横楣较为巨硕，不可视作"上下弦杆"，受力特点等同于现代意义上的梁。人字栱、耙头栱的刚度远不如前者，因此以受拉、压为主，更接近桁架中"腹杆"的受力状态）。因此，我们姑且借用"桁架"的外观特征（而非套用其结构定义来以今律古），来描述将铺作垫塞于额、方等特型构件间的纵架做法，以此区别于遗构中习见的以栱方单元堆叠井干壁的传统。

"纵架"可藉由"叠方"与"桁架"两种形式实现，前者强调标准单元在竖向上重复组合，大量方桁牵拉多组铺作，使得檐下形象均齐划一，强调的是"同"；后者则维持不同构件间的

---

1 陈明达在文献［67］第四章详述了汉魏建筑以栌科承托方木递传荷载的结构模型，并明确将之定义为"纵架"。又在结构形式一节中提到佛光寺式的三个特点：①单层建筑按水平方向划分为柱网、铺作与屋架三个构造层；②每个构造层都是一个整体；③每个构造层的中心都可做成空筒。

2 傅熹年在文献［68］［69］中借佛光寺东大殿抽象出"殿堂"的基本构架特征，并将其与《法式》文本挂钩。

3 钟晓青在文献［71］中指出，科栱、铺作与铺作层不应视作彼此分离的几个概念，其相互间含义有所交叉，但层次有别：科栱与结构类型无关，仅是构件；铺作意味着各自独立的科、栱融入同一系统，但尚无从影响结构分型；铺作层则已具备绝对的排他性，拥有完善铺作者一定是殿堂。

分型倾向，人字栱等"腹杆"与檐方、横楣等"上、下弦杆"截面大小悬殊，强调的是"异"。两者的组织逻辑在唐宋实例中或可具象为"双重梁栿"和"井干壁"，它们分别体现了纵架构成的"规格化"与"差别化"特征。

三、类似"平行弦桁架"的殿阁传统

傅熹年复原的五种北朝屋宇中，前廊大多开敞，这和魏晋时以夯土墙围合堂、室，并南向设置两楹的传统吻合，此时需满足面阔方向的较大跨度，"平行弦桁架"恰可胜任。

麦积山石窟多处窟檐上均以柱头栌枓承托巨硕的檐额，额上所刻枓栱虽无成法（甚至全然不予表现），但椽下的檐方却从不缺席，两者水平叠合后犹如古希腊神庙的檐壁，强有力地擎举出檐（图20）。檐额与檐方构成的"平行弦桁架"间夹持着刻凿出的梁头（如黄伞溪汉代崖墓架在挑檐方上，或如麦积山北周第四、五窟自栌枓口内伸出），通长的"下弦杆"（横楣）打断了柱、梁间的联系，使得檐柱得以在楣下自由移动，灵活调节各间比例。

赋文中也零星反映着"桁架式"纵架一度盛行的情况。如何宴《景福殿赋》中"飞枊鸟踊，双辕是荷。赴险凌虚，捷猎相加"句常被学者引用，以形容枓栱出檐深远、骈列整齐之貌，但"辕"字本指车前并列之直木，此处荷载飞昂者并非唐以后的阑额与由额，而是由檐方与檐额组成的"上下弦杆"。其后缀以"双枚乃修，重栟乃饰"句，"枚"指主干[1]，引申为梁；"栟"则指檩条。景福殿"茄蓉倒植，吐披芙蕖。缲以藻井，编以绰疏"，室内遍设天花，檩条并不露明，因此"双枚""重栟"应属互文，用于指代上下叠置、纵列于檐下的额、方构件。类似文句还有左思《魏都赋》中的"丹梁虹伸以并亘，朱角森布而支离。绮井列疏以悬蒂，华莲重葩而倒披"，"丹梁"前后延展谓之"虹伸"，左右骈列谓之"并亘"。其后又接"旅楹闲列，晖鉴柍桭"句，"柍

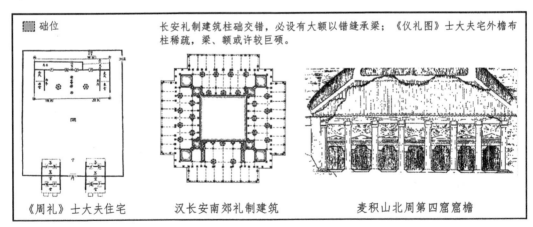

图20 隋以前土木混合构架檐额承重示意

（图片来源：底图改绘自文献［70］108—123页）

1　如《说文》注"枚"："干也，可为杖，从木从攴；《诗·周南》：伐其条枚；《传》：枝曰条，干曰枚。"

桄"指屋檐，檐口既可映鉴，殿外檐柱自然是既"旅"且"闲"，排列稀疏的，这也符合其采用"桁架"大幅移、减柱位的推测。更早的例子则有王延寿《鲁灵光殿赋》，所谓"飞梁偃蹇以虹指，揭蘧蘧而腾凑。层栌磥垯以岌峨，曲枅要绍而环勾。芝栭横罗以戢香，枝掌权枒而斜据"，按《营造法式》释名称："栭谓之槷，即栌也"，斜据之"枝掌"与栌枓对偶，应是形态或位置与之相近的构件，即人字栱或类似佛光寺文殊殿与崇福寺弥陀殿双内额间的斜撑，推想王延寿描述的是大量斜置"腹杆"连续排布，支擎于"上下弦杆"间的状貌。

不同于衍生出唐辽"叠方式"殿阁的"一材造"做法，"桁架式"殿阁自初始便存在分型明晰且极为粗巨的跨空杆件。举雅安高颐阙为例，其子、母阙身上均浮雕有枓栱，母阙自栌枓口上共设三层交圈方木形成两个架空层，下端以梁栿出头垫塞，上端则以枓栱及檐壁浮雕装饰，从而形成两组"桁架"。同期画像砖石上常巨细靡遗地表达以多道纤木贯穿阙身的做法，多层交圈方木及其间人字栱叠成几组"桁架"单元，相邻两阙间也依赖此种结构实现大跨悬空（图21）。诸多图像资料都暗示了汉魏以来应用巨材构成"平行弦桁架"负载屋面的可能，此时前廊露明檐柱与墙内暗柱均被"桁架"下弦杆截断，人字栱、耙头栱等腹杆散布在"两弦"间，上部屋架与承重柱、墙被"弦架"隔开。《法式》的构件配置实际上延续了这一思路，殿阁中大量使用的特型构材，如压槽方、檐额、檐栿、柱脚方等，均尺寸巨硕，远非铺作素方可比。按卷五"梁"条称："平棊之上又施草栿，乳栿之上亦施草乳栿，并在压槽方之上，压槽方在柱头方之上"，特别强调了压槽方的空间分位——顺身的压槽方和檐额夹持铺作后组成面

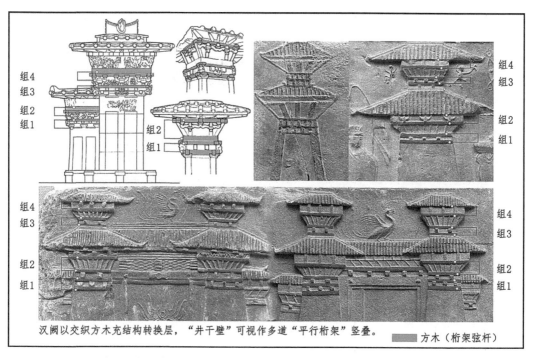

图21　汉代门阙形象中纵架示意

（图片来源：底图改绘自文献［72］、三峡博物馆藏画像砖）

阔方向的"桁架"，与进深方向的"明栿＋草栿"组合交相叠压[1]（图22），正与前述汉阙与北朝

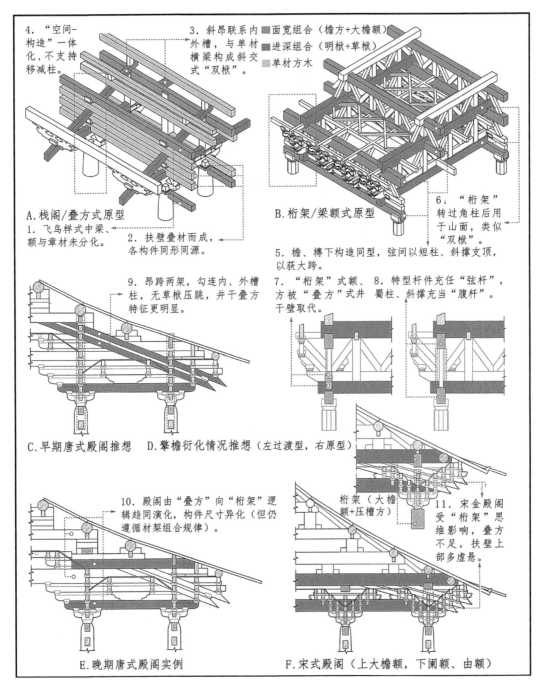

图22 "叠方式"与"桁架式"殿阁构造示意

（图片来源：自绘）

---

1 《法式》规定草栿在压槽方上且两者紧贴，卷五"梁"条记"其草栿长同下梁，直至撩檐方止，若在两面则安丁栿，丁栿之上别安抹角栿，与草栿相交。"

窟檐类似，不同之处在于科栱已然成层，不再零散孤立。

《法式》中的若干名物信息同样折射出宋代殿阁的"桁架式"渊源。

（1）"压槽方"。卷二十六"大木作料例"规定："松方，长二丈八尺至二丈三尺，广两二至一尺四寸，厚一尺二寸至九寸，充四架椽至三架椽栿、大角梁、檐额、压槽方……"，压槽方用于殿阁，以架深七尺计合三至四椽，单补间时可跨间使用，联系因槫底虚悬而较松散的各组铺作。

（2）"檐栿"。卷五"梁"条记："一曰檐栿，如四椽及五椽栿，若四铺作以上至八铺作，并广两材两栔；草栿广三材。如六椽至八椽以上栿，若四铺作至八铺作，广四材，草栿同。"檐栿是区分唐、宋两种殿阁的关键构件。唐代殿阁梁栿固定为两椽、四椽等标准长度，截面也未经刻意放大，以两椽长为基准，不断兜转、延展后生成地盘。平面叠合等大方格的结果，是梁、槫、柱必然交于一点，屋架与柱网设计相互统一。与之相反，宋代殿阁檐栿尺度巨大，分跨自由，槫、柱不必对缝，间、架也无需挂钩，甚至不应以"某椽"来定义梁栿规格。此时山面开间随柱不随椽，仅需内槽柱与山面某朵科栱对齐即可安放丁栿（如平棊低，省去丁明栿，则丁栿与铺作甚至无需对位，只以压槽方跨空承托丁草栿即可），此时内槽柱的定位更加自由，任意数值的分椽方案均可实现（图23）。如永乐宫三清殿八架椽屋，被内柱近似分成4：2.3：1.7倍椽长的前后三段；类似的还有纯阳殿的3.4：2.9：1.7分椽，以及北岳庙德宁殿的

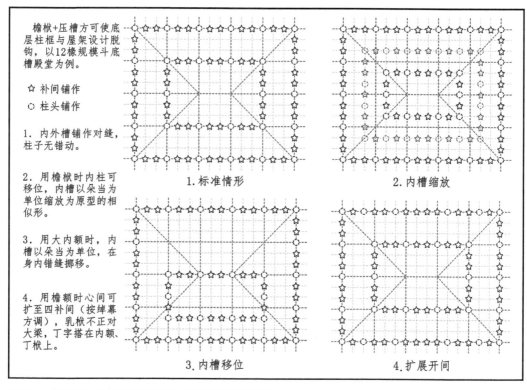

图 23 《营造法式》殿堂平面诸种"变槽"情形示意
（图片来源：自绘）

4.2：3.3：2.5分椽（文献［74］）。正是檐栿为这三例元官式殿阁带来了变换"槽型"的可能[1]（图24）。或许三椽以上、至少一端缴入外檐铺作的梁栿均可称作"檐栿"，其本意在于打破"一间对应两椽"的单元化空间构成模式，即先行架起整体，再按需分割局部。

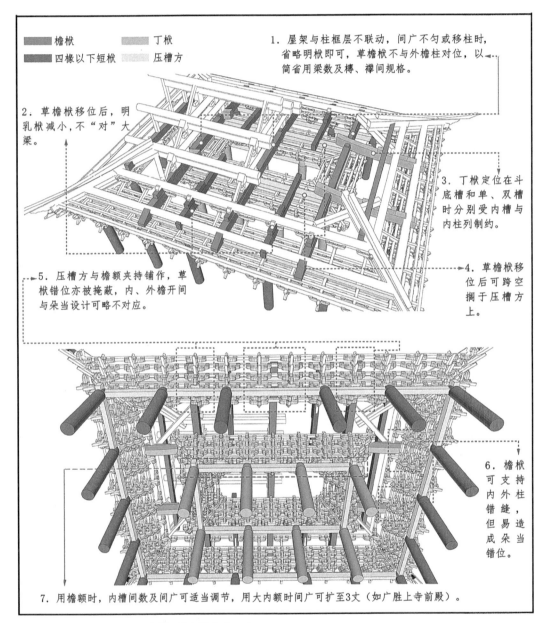

图24　《营造法式》殿阁草作梁栿安搭方式示意
（图片来源：自绘）

1　过往研究多认为《法式》槽型不可变动（由图样中明栿拉结横、纵架推断柱网均齐，进而将移、减柱现象归为民间草率做法，如文献［67］），但本书认为图样作为"范本"并不具备排他性，仅是罗列部分情形而非穷举一切可能，因此可供实际工程选用的槽型并不限于示例的四种。

（3）"檐额"。卷五"阑额"条记："凡檐额，两头并出柱口，其广两材一栔至三材，如殿阁即广三材一栔或加至三材三栔。"彩画制度中亦有若干处表现檐额构图的细节，且自丹粉刷饰至五彩遍装皆可，足见其应用范围普遍且等级不低。檐额尺度巨硕，大木作料例中记载"广厚方，长六十尺至五十尺，广三尺至二尺，厚二尺至一尺八寸，充八架椽栿并檐栿、绰幕、大檐额"，六丈净长甚至可以直接横跨五间，而用于方三间平面、逐间双补间时，可满足安设最高等级铺作的需求（八铺作用三等材，椽架长6.25尺，通面阔约56尺）。当同时使用"檐额"与"压槽方"时，两者构成的"桁架"甚至可以允许金厢斗底槽的内、外槽间发生错缝，使内槽自由收放至非整数间（只需令内槽角柱与外圈的某朵补间铺作对齐，即可承托两重丁栿或乳栿，且因一端压在檐额之上，更无须担心跨中弯矩过大的问题）。懿德太子墓壁画城楼中已出现大型内额，金元以降，使用大额的实例更是层出不穷，檐额与内额组合方式多样，令得平面布置更趋自由。又"梁"条有"二曰乳栿，若对大梁用者与大梁广同"句，其小字旁注"若对大梁"，反过来也说明乳栿不与檐栿相对布设亦属寻常，殿阁允许内、外槽柱错位，且乳栿和檐栿截面可不一致，这时需在内槽上架设大额，令内柱向两侧移动以增扩心间广才可实现，而主动缩小乳栿断面以减轻内额荷载也是理智的。也正因此，图样中凡厅堂皆以"间缝内用梁柱"定名，殿堂则仅称"草架侧样"，并不详细描述铺作层和柱网信息，或许正是考虑到变槽的可能较多，敷设承重额、方将使得明、草栿未必完全投影重合，才无需为殿堂精密标注剖面配置（图25）。总之，因屋架与柱框间的联系被梁、额打断，《法式》所录殿阁并不存在稳定的"间缝"配合模式，更没有先验的"间架"概念可言。

最后，择取《法式》中几则相关条目作为两宋时大量应用檐额等巨型构件的旁证。

壕寨制度"定平"条记水平真尺长一丈八尺，这是常用的极限间广取值，但按大木作料例"用方木"的记载，"充七间八架椽以上殿副阶柱"的松柱可长达二丈八尺。依照大木作制度二"柱"条"若副阶廊舍下檐柱，虽长，不越间之广"的规定，则殿阁当心间广应可拓展至接近三丈（也即"充五间八架椽以上殿柱"的朴柱长度），这已超越了真尺范围，须得借助檐额等特型构件在顺身方向调整柱位才能实现。

又小木作制度一记"造屋垂前版引檐之制，广一丈至一丈四尺，如间太广者，每间分作两段"。版引檐以长为广，两段接续后长二丈八尺，正与松柱、松方相等，所谓"如间太广者"应是利用檐额移柱后增广开间的结果，此时柱子向两侧各移动一朵当[1]，令檐额上的柱头铺作变为补间铺作，但仍绞梁栿（故文献［75］亦称其为栿头铺作），绰幕方穿过柱身后也伸展至该缝下，以增强檐额承载能力。

又小木作制度六记"（转轮经藏）共高两丈，径一丈六尺，八棱，每棱面广六尺六寸六分……斗槽径一丈五尺八寸四分，斗槽及出檐在外，内外并六铺作重栱，用一寸材，厚六分六

---

1 用三等材时最大椽长6.2尺，假设山面间、椽对位且用双补间，各间等宽，则移柱前心间广19尺，约合每朵当6.3尺；移柱后心间通面阔若按两段版引檐长28尺计，每朵当5.6尺，不匀值可控制在一尺范围内。

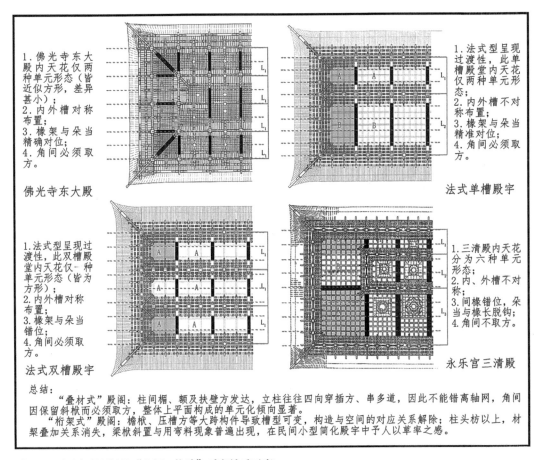

图中文字：

1. 佛光寺东大殿内天花仅两种单元形态（皆近似方形，差异甚小）；
2. 内外槽对称布置；
3. 椽架与朵当精确对位；
4. 角间必须取方。

佛光寺东大殿

1. 法式型呈现过渡性，此单槽殿堂内天花仅两种单元形态；
2. 内外槽不对称布置；
3. 椽架与朵当精准对位；
4. 角间必须取方。

法式单槽殿宇

1. 法式型呈现过渡性，此双槽殿堂内天花仅一种单元形态（皆为方形）；
2. 内外槽对称布置；
3. 椽架与朵当错位；
4. 角间必须取方。

法式双槽殿宇

1. 三清殿内天花分为六种单元形态；
2. 内、外槽不对称；
3. 间椽错位，朵当与椽长脱钩；
4. 角间不取方。

永乐宫三清殿

总结：
"叠材式"殿阁：柱间楣、额及扶壁方发达，立柱往往四向穿插方、串多道，因此不能错离轴网，角间因保留斜栿而必须取方，整体上平面构成的单元化倾向显著。
"桁架式"殿阁：檐栿、压槽方等大跨构件导致槽型可变，构造与空间的对应关系解除；柱头枋以上，材栔叠加关系消失，梁栿斜置与用弯料现象普遍出现，在民间小型简化殿宇中予人以草率之感。

图25　不同类型殿阁的"空间-构造"对应关系示意
（图片来源：底图改绘自文献［35］［74］）

厘。"按《法式》八棱比率，算得对径大于一丈七尺，而枓槽径接近一丈六尺，故此处的"径"应指直径，且未计铺作在内。六铺作出跳90分°合九寸，椽子伸出144分°合一尺四寸四分，加和后总直径长二丈七寸，再计入翼角冲出，应可达到二丈二尺。因须在一间内同时容纳轮藏与通道（按一侧五尺计），故间广可骤增至三丈上下，此时必须辅以大额，才能满足移柱导致的大跨。

又砖作制度"铺地面"条载"殿堂等地面，每柱心内方一丈者，令当心高两分，方三丈者高三分"，显然，只有在使用檐栿、檐额的前提下，殿阁才能自由变槽，继而获得柱心内"方三丈"的极限开间取值。

四、"叠方式"殿阁传统

《法式》中少数几处提及"方俗语滞"的内容，牵涉的匠门多集中在朔方、南中、齐魏等处[1]，而不涉及关陇。汴京殿阁大量采用特型构件，也更接近前述"桁架式"的魏晋传统，而区别于唐辽堆叠规格材的习惯，两套技术当各有源头。

佛光寺大殿的压槽方与草乳栿正交，但较为纤细，与素方几无差别，已基本融入铺作层内，不复有"上弦杆"之功效；其阑额及内、外槽的明、草栿也大量套用单、足材，与方桁差相仿佛，同样无法作为"下弦杆"使用。承托屋架的是"叠方式"井干壁，而非夹载铺作的"桁架"，这有别于《法式》之殿阁[2]。

实际上，单元化的构成思路深刻影响着唐辽殿阁的角间设计和层间节点对位关系，这种"空间"与"构造"相互映衬的一体化倾向正是其本质特征。它的平、立面多由方形单元重复组合得来，而槫、柱严格对位的结果，是一间两架的"基准"不断延展，直至构成"回"字形地盘。这导致两个后果：一是角间须取方且必四柱齐备，继而在45°缝安设梁栿以拉通内外柱圈（这也影响着五代北宋的华北小型殿宇，在减柱或通檐无内柱时仍不舍弃递角栿，如永寿寺雨花宫、镇国寺万佛殿、崇明寺雷音殿等，但它们均非"《法式》化"影响下的产物）；二是空间极度规整化，内在地否定了移、减柱等调节开间的可能。从奈良遗构看，循着这种思路发展，是无法产生《法式》图样中槫柱错缝且几何不对称（单、双槽）的分槽形式的。

纵架的呈现方式在"桁架"与"叠方"间摇摆，最初应是源自工匠尝试摆脱夯土墙承重的努力，而单元化的营建思路或许最早着落在"阁"之类的构筑物上。

"阁、栈、棚"均系"编木为之"，本身即富于规格材攒织的内涵，其基本单元体量小、构造简单，既可以竖向堆叠形成多层的通高台阁，也可以重复骈接形成更大规模的阁道，甚或延展、折转后急遽地增扩体量形成殿阁。"阁道"凌空架设，柱子基本等高，且延展的方向、长度均无成法，以随形就势为便，无需采用通长大料。因仅需满足通行需要，"阁道"的进深规模限于"一间两椽"；若遇转折，则需增设斜缝梁架一榀以使屋面合坡。上述特征在"阁道单元"连续兜转形成"殿阁"时得以保留，这或许可以解释唐辽殿阁不能省略角缝梁栿、必须遵循间架对位的原因。同样的，盛唐后兴起的多层大阁也应源自"复道"兜圈后的逐层累加，汉赋中多有"连阁承宫，驰道周环""长途广庑，涂阁云蔓""飞阁神行，莫我能行"之类的修饰，可知高台建筑环绕廊阁的做法早已盛行。

南朝土地卑湿，夯土墙不如北方发达，难以承载沉重且跨度巨大的"平行弦桁架"，故借鉴阁道按单元分配荷载的做法是合理的。同样，柱缝上呈"I"字形壁立的纵架形式在北朝也不常见，虽不乏阑额插入柱身的壁画图像，但多保有斜撑（类似于"下弦杆"被逐段拆散的状

1　如《法式》卷四"总铺作次序"条载"凡出一跳南中谓之出一枝，计心谓之转叶，偷心谓之不转叶，其实一也"；卷二"举折"条载"今造屋有曲折者，谓之塘峻，齐魏间，以人有仪矩可喜者，谓之塘峭，盖塘峻也，今谓之举折"；卷一"爵头"条载"今谓之耍头，又谓之猢狲头，朔方人谓之勒踪头"。

2　《法式》标记"檐额""阑额""檐栿""压槽方"等名件规格时均以材栔或尺寸为单位，而不采用分°制，即将其视作特殊的梁栿而非章材。同时，其扶壁栱叠垒数量不足，难以直抵槫下，需要另安压槽方或任由椽腹虚悬，相较唐辽殿阁，井干壁"叠方"的意向要薄弱得多。

态），且不见叠方的表现。单栱素方交叠本质上与斜撑、人字栱垫塞檐下的做法相抵牾，后者意在支撑而前者重在拉结，因此，采取"叠方"纵架逻辑的唐官式或是源自南朝，随着隋营建东都的契机而反哺关陇。

当然，唐代建筑中仍不同程度地保留了"桁架式"纵架的遗韵，如檐下令栱素方交叠与人字栱并列的情形，以及杂用檐额、内额导致的殿身与外廊开间数取同现象（如敦煌壁画第61窟殿阁，内檐五间，外檐经减柱后分作三间，正是元明时期黄河晋陕沿线大额式建筑"明三暗五"做法的源头），部分画作如榆林第三窟中檐额形象也较为粗壮（图26）。另外如青龙寺灌顶堂遗址按内、外阵分槽，横跨外阵的梁栿势必甚为巨硕，而对应的丁栿下部也无内柱支撑，理论上只能省略丁明栿，而令丁草栿斜搭于草檐栿上，这几根构件规格巨大，应该更接近"桁架"传统。

另外，尽管《法式》并未完全接受"叠方"逻辑，但在延续和改造金箱斗底槽、部分保留角缝隐衬角栿、槽型尽量对称（但不平分）等方面仍可视为对唐技术的批判性继承。

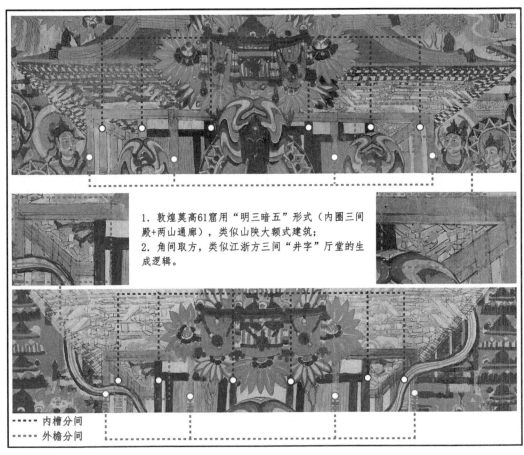

1. 敦煌莫高61窟用"明三暗五"形式（内圈三间殿+两山通廊），类似山陕大额式建筑；
2. 角间取方，类似江浙方三间"井字"厅堂的生成逻辑。

----- 内槽分间
----- 外檐分间

图26 敦煌壁画大檐额用法举例

（图片来源：底图引自文献［76］）

五、辽金元殿阁的衍化方向

前节概括梳理了唐、宋殿阁的生成逻辑，从纵架构成模式看，大致可分作"叠方"与"桁架"两途，其间区别可归纳为构件组合的"规格化"与"特异化"、空间构成的"单元化"与"差别化"，其各自的原型则分别对应于木构栈阁和土木混合阙台。随着五代以降地域性建造技术的交流与混融加剧，新的折中形式层出不穷，以下略为爬梳辽、金、元的代表性案例，以简要勾勒两类殿阁的后续发展情状。

先看辽构。一般认为辽承唐之余绪，河北因强藩割据而阻绝了中原新生事物的传入，久之导致了营造工艺的滞后与泥古（如偏好卷头造）。但通观辽代遗存，仍不乏结构上的创新，这同样可从实现纵架的不同途径予以解释。"奉国寺型"的特征往往被归纳为厅堂要素地融入，如内柱升高整材絜数、局部出现柱梁插接、室内不封天花等[1]，这属于表象描述，本文倾向于通过考察是否具备"变槽"能力来区分辽式（含金初）殿阁在唐、宋两端间的确切技术定位。就善化寺大殿、华严寺大殿、奉国寺大殿和广济寺三大士殿的情况看，其地盘构成仍呈现出"构造与空间相一致"的单元化倾向（外槽维持两椽规模，内槽亦保留"一间对应两椽"的固有关系，角间取方且以角缝梁栿沟通内外），虽亦尝试移柱，但限于梢间缝之外，且间椽仍严格对位。实际上只是将当中几间的内槽柱整体后移两椽，将乳栿延展为四椽栿而已（井干壁亦随之移动而未遭削弱），内槽仍保持完整。这种利用两椽单元围绕特定空间（内槽）延伸兜转进而形成主体构架的传统，先天地不适于"变槽"，若想在进深方向仅移动内柱以增扩礼拜空间，必将导致内槽井干壁上素方与明栿相犯，而若欲整体移动内槽，又将拉扁角间，使得衬角栿尾无法入柱。此时唯有打破水平分层，提升内柱高度，使井干素方避让外槽梁栿并搭于其上，且未经移位的内柱也需一并抬高以保证内槽井干壁交圈。如此一来，"奉国寺型"自然应运而生。从运用特型构件与否的角度观察，辽代诸构都更接近唐代传统，其内、外槽上均不见类似压槽方的大跨构件，而是将所有枓栱都组织进同一套材絜格网内，"叠方"的意图极为明显。当然，善化寺与奉国寺大殿的梁栿断面相应唐时有所增大，并加设了衬梁，但这都是为了因应殿身规模急剧扩张的现实，相较"单元重复"与"构件分型"的底层逻辑，仍居于矛盾的次要方面。

金代建筑吸纳辽、宋技术，折中倾向明显。以崇福寺弥陀殿为例，其平面构成模式仍沿袭唐辽故智（如外槽井干壁体发达、间椽对位、角间取方且设角栿、双层梁栿兼备且均为足材、不用压槽方等），但也杂有些许宋代风格（如内槽井干壁退化、内柱升高插梁且移位以增扩间广、前排减柱并叠用两根内额等），"槽型"有所改变。与之相似，晋中、忻定一带的建筑也在宋金鼎革之际呈现出明显变化，如太谷真圣寺、阳泉关王庙、忻州金洞寺、昔阳离相寺、荆庄大云寺等处殿宇，虽规模窄小却仍保有唐风（维持角栿、不用特型构件且柱头"纵架"发

---

1 文献［67］将早期遗构分为纯粹殿堂的"佛光寺型"、纯粹厅堂的"海会殿型"以及两者混融的"奉国寺型"，后者完整的铺作层开始瓦解，并局部出现内柱升高冲槫现象。

达），入金后大内额迅速普及（如佛光寺与岩山寺文殊殿、定襄关王庙、繁峙公主寺），参考汴洛周边的情况（如济渎庙龙亭、奉仙观三清殿等处用额情况），不难推想宋官式技术持续外扩的图景。

最后，华北元构多以用料粗犷、大量移减柱甚至采用斜置梁栿为主要特征，过往常将此类"技术退化"现象归因于战乱频仍和民生凋敝，但细查永乐宫、北岳庙、广胜寺等官营祠庙，不难发现大量革新都建立在宋官式传统基础之上。举重修时段较为集中的洪洞广胜寺为例，水神庙明应王殿的地盘可归类为单槽殿阁（只省略了明栿），毗卢殿、弥陀殿则接近双槽殿阁，因内槽铺作过于简略才导致压槽方露明[1]，柱子在其下顺身移动以扩展心间像设与礼拜空间。无论承托梁架的是内额还是压槽方，形式上都与"平行弦桁架"类似，其脱胎于宋式殿阁无疑。此类以大型杆件阻断柱、梁联系的遗构在晋陕豫黄河沿岸颇为常见，且普遍不用内柱，应是殿阁简化和小型化后的一种主要形态。

六、小结

通过考察纵、横架中特殊杆件的使用情况，我们得以从另一角度认识唐、宋殿阁，比较其各自"原型"间的区别。质言之，前者的空间生成与构件权衡方式均深受规格化思维的控制，发生异变的可能性远低于大量使用特型杆件的后者；唐式殿阁"求同"的底层逻辑引发了建筑形式的繁复、组合方式的固化，"存异"的宋式殿阁反而擅长于灵活调节空间，形态构成也更简约自由。唐宋之际木结构技术的发展趋势，既体现在殿阁对厅堂做法的吸纳与靠拢，也反映在殿阁不同祖源间的竞争与混融。

---

1 以往多将该构件视作大内额（如文献［15］141–142页），但《法式》记"凡屋内额广一材三分至一材一栔，厚取广三分之一，长随间广，两头至柱心或驼峰心"，其截面及跨度均较小，且应施用于厅堂"屋内"，故该构件是否就是内额，似可商榷。殿阁草架梁栿下用楂墩而非驼峰，且内槽柱间自有阑额、由额连接，并无逐间架设"屋内额"的必要，则所谓"屋内"或指屋架之内而非立柱之间，额在此处与支撑槏架防止歪闪的"串"更类似。至于崇福寺弥陀殿、开元寺毗卢殿中承托梁架的"内额"，均断面粗大且在铺作之上，因此已远离《法式》之本义，而更接近露明的压槽方。

第二章

《营造法式》与唐宋
实例的『算法』关联：
以昂制为线索

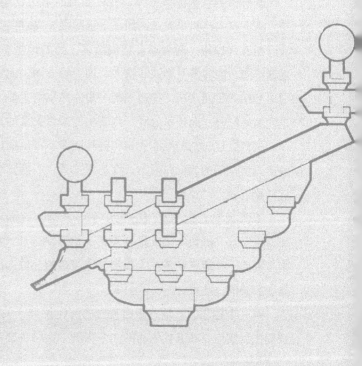

第一节 "唐辽型"铺作下昂的周期性归平特征

一、引言

下昂的放置逻辑直接决定着整朵铺作的安装方式，与之关联的栱方对齐原则、榫卯加工思路与勾股比例算法均深刻影响着营造过程中的诸多环节，故而研判实例昂制的差异化表现，正是甄别其所属技术谱系的关键锁钥。本节通过比照唐辽遗构与敦煌壁画，围绕井干交叠纯粹与否（即铺作的自律性）和跳头交互枓归平与否（即横、斜构件的优先级）两条指标展开考察，分析唐、辽、宋匠门间的技术边界与衍化关系。

二、"唐辽型"铺作中控制下昂斜率的关键点位

既有研究认为纵贯壁体、杠杆受力的下昂发端自斜柱、斜撑（文献［77］），且据赋文可知，其在汉末已相当发达，如《景福殿赋》"欂栌相承""飞梁鸟踊"之类词句皆可旁证[1]。

至五代以降，随着遗存实例渐多，昂的地域特征也备受关注，不同用昂体系的技术边界逐渐清晰，内容涉及样式、受力、加工等方面。大致来说，昂的长度、斜率计量方法（算法规则）和榫卯骈接逻辑（构造规则）构成昂制的主要内容，能够作为"工法基因"长久沿袭，亦是廓清不同匠门间技术分野、判断实例亲缘关系的重要抓手与评判指标。

围绕唐辽时期的殿阁遗构和壁画图像，可以探讨铺作中的下昂斜率生成机制，分析该时段内不同案例间的族群归属与亲缘衍化关系，以期归纳出诸匠系间的技术边界与判别指标，最终逐渐接近核心"算法"。

下昂为单元化的材栔格网带来不甚确定的斜向要素，进而赋予工匠逐铺调节跳距之自由，由于该"线段"前后端均用枓、栱压跳形成"杠杆"，故关于下昂的设计、制备与安勘原则主要受下列因素影响：①昂身首尾两端的分位选择及其截断栱、方后造成的榫卯关系；②勾高、股长的比例设计与计算公式。

第一个控制因素涉及斜昂自身的起讫位置，关键点位有二，一是昂头下支点，二是昂身过扶壁栱处支点。在五代宋初的北方实例中，昂自交互枓口内伸出的"古制"仍被遵循，几何制

---

1 赋以翔实描摹事物为宗旨而区别于其他文体，具有一定的可信度，如《文心雕龙·诠赋篇》称："《诗》有六义，其二曰赋。赋者，铺也，铺采摛文，体物写志也……夫京殿苑猎，述行序志，并体国经野，义尚光大……赞曰，赋自诗出，分歧异派。写物图貌，蔚似雕画。抑滞必扬，言旷无隘。风归丽则，辞翦荑稗。"

约条件表现为：头跳下昂下皮卡在其下交互枓内横栱外皮下棱或交互枓平外沿处[1]。两者基本等效，即或将昂从枓平外沿内移至横栱外皮下棱处，在4分° 枓耳区间内也不足以垫高昂身到引发交互枓分位变化的程度，此时华头子缩在枓槽内，并未实际抬升下昂端头，也不存在驱动头跳昂上交互枓与里跳枓归平的有效措施。至于下昂穿过柱缝的位置。这里同样有两种选择（在实例中分别联动于前述两类做法），一是令下昂下皮延长线与泥道素方下棱相合[2]，二是略高于素方下棱[3]。

然而，唐辽至五代宋初案例中多有采用七铺作者，此时头跳或下两跳偷心造，这赋予了工匠重新分配跳距的自由，使得下道昂的起算位置不再重要——在双昂斜率大致确定的前提下（便于估算卯口位置与章材实长，同时因应屋架举折变化），既可以维系昂端位置不变来调节昂身穿入扶壁位置（此时卯口深浅即昂、方卡接高度需要随宜调整），也可以在优先保障昂身与扶壁栱边棱直交的前提下微调昂端自交互枓口内伸出距离（甚至更改跳距或更改交互枓大小亦可灵活消解微差），两种做法都能凑出所需的"斜势"。正因为调节余地大、途径多，使得我们必须怀疑，在唐辽殿阁铺作中，下道昂头的起始位置对于控制昂身斜率是否具有决定性意义？

反之，上道昂下的交互枓却总与施于里跳者归平，且耍头上皮与第二跳上慢栱外侧上棱重合。这意味着以该枓为界，其上两跳恒升高一足材，即跳距相同时，每道昂上的交互枓分位均较卷头造时下降半足材，这一特征几乎涵括了北方所有金以前的七铺作双下昂实例（平遥文庙大成殿除外）。正如学者们提出的，唐辽建筑中的下昂斜率可以利用勾股比例表述（文献［51］），而最关键的几何约束条件即隐藏在上道昂与其上栱方的组合关系中，控制的目的在于：使用单材下昂（便于其上下缘与扶壁或跳头栱方齐缝正交）时确保昂上交互枓隔跳归平，以此排除各跳头横栱前后错缝、相互遮蔽的可能。

至于第二个控制因素，则以刘畅结合宋金实例精测数据撰写的"算法基因"系列文章最为经典。前节已经提到，个案虽然千差万别，却也存在着一种控制昂斜生成的基本范式（以勾长两材广、股高一材广的五举三角形为基础，以材广厚最简公因数为折变单元，增减勾股长度得到类似四举、四二举、四五举之类的简洁比例）。

三、"唐辽型"铺作中昂端交互枓隔跳归平原因分析

（一）形式动因

交互枓隔跳归平是唐辽殿阁铺作中的一个普遍构造现象，它直接导致跳头横栱与扶壁素方的边缘对齐，由此维系井干壁体（呈"I"字形露明排布）与出跳栱方间的简明视线关系。

1　如文献［49］［78］提到镇国寺万佛殿与崇明寺中佛殿的情况。

2　实例有唐大中十一年（857年）建佛光寺东大殿、辽开泰九年（1020年）建奉国寺大殿等。

3　实例有宋开宝年间（968—971年）建成的崇明寺中佛殿（雷音殿）、北汉天会七年（963年）建镇国寺万佛殿、辽统合二年（984年）重建独乐寺观音阁等。

而对于《法式》来说，情况是截然相反的——其昂上交互枓下降份数不一，必然引发各跳横栱间相互遮掩，昂身穿过扶壁的位置更是随意，并无与素方边缘或中线取齐的意图。显然，重栱计心造在北宋中后期发展成为主流，既有木作工具日益精密、施工技术不断提升的客观条件支撑[1]，也有装饰趣味倾向增繁弄巧、崇尚构件前后遮掩造成复杂层次（此时按V字形布列的遮椽版掩盖了扶壁部分，减轻了错缝导致的视觉紊乱）的主观审美诱导，并且适应于外檐补间铺作趋于繁密、发达的现实。

若殿宇不设出跳补间，则仅需确保各柱头下昂斜率一致，无论逐跳上横栱边缘对缝与否，均无碍素方贯通兜圈，跳头交互枓归平与否也就无关紧要。然而，中晚唐的官造殿阁中早已普及了补间铺作，它有两个特征：①只用卷头造（以稳定抬升跳高，排除斜昂带来的不确定性）；②至多出两跳，且起算分位高过柱头一层，即减铺而不减跳（以造成节律变化）。

以佛光寺大殿为例（文献［35］），其补间铺作外跳令栱与柱头铺作第二跳上重栱共同承托罗汉方，交互枓隔跳归平的匠心在这里得以清晰呈现：平行望去，柱头昂端令栱、二跳上慢栱、扶壁隐刻慢栱与补间跳头令栱彼此上下缘取齐，望之整饬如一；单组铺作的投影关系中，长栱（柱头慢栱）与短栱（补间令栱）、短栱（柱头瓜子栱）与异形栱（补间翼形栱），以及素方上隐出的长栱（柱头慢栱）与短栱（补间泥道栱）、短栱（柱头令栱）与长栱（补间慢栱）间节奏互补，富于韵律。

唐辽殿阁在外檐采用不同形态的柱头与补间铺作间隔排列，主从明确、变化生动，这一传统符合魏晋以来"多样化枓栱体系"的美学原则（文献［81］），甚至未必局限于下昂造[2]。反观《法式》，因优先追求柱头和补间外跳形式的均一，也就无需考虑柱头用下昂造而补间用卷头造导致栱方无法贯通（华栱、下昂起算高度不一）的问题，进而失去了驱使交互枓隔跳或逐跳归平的内在动力。

质言之，唐辽建筑尚未发育成熟的补间形态及完全露明的扶壁结构构成了交互枓内外归平的形式动因。较之柱头，补间的形式与构造都欠发达，这导致前者（下昂造）必须迁就后者（卷头造），为了契合华栱逐层伸出产生的材栔格网，昂头分位亦随之固定，即或调整也只能按一足材（如肇庆梅庵大殿）或半足材（如佛光寺大殿）的幅度有序升降。体现在外观上，便是交互枓隔跳归平（或逐跳归平，但铺作总高不再增加）。

（二）构造动因

唐辽殿阁中，单材昂身的摆放方式同时受到跳头交互枓与扶壁齐心枓严格对位的约束，昂、栱、方均需边线对齐，因此斜置的下昂同样符合栱、方单元层叠的组织逻辑。仍以佛光寺大殿为例，若分别连接其第二跳瓜子栱与柱头第三道素方（投影相差一足材）的外侧棱线，所

1　《法式》规定交互枓下降范围在2—5分°之间，若产生榫卯，则每根昂、方上开槽位置、深浅均不尽相同，这种复杂的微调只有在精密的材份制度下才能实现。

2　如华严寺大雄殿及薄伽教藏殿柱头与补间均用五铺作双杪，更极端的情况则如崇福寺弥陀殿补间连出四杪承托橑檐方。

得轮廓线即是下道昂身边缘（跳头重栱恰居外跳中线，使得昂上交互枓内外归平）。

井干的本质是周期性重复，表现为逐层节点的自相似性。卷头造诸多分件在榫卯形态上的重复周期为一足材，下昂造同样如此。交互枓隔跳归平正是这一周期性重复的结果，体现为平出两跳抬升一足材，这意味着昂身与所有栱、方间的交接关系以每两跳为一节次不断再现，即或单个周期内存在多种榫卯做法，若累铺数多亦会循环往复，便于成组制备，一定程度上避免了逐根开刻卯口带来的繁难与低效（图27）。

到了北宋末年，铺作的组织方式已发生质变——为了充分释放下昂"调节铺作总高、因应屋架举折"的能力，《法式》令华头子大幅外伸以替代交互枓承昂，这解除了昂身起算位置与材栔格网间的固定关联；同时，华栱减跳和交互枓下移使得情况更趋复杂，栱、方、昂的榫卯交点因此失去了周期性回归的可能，横、斜构件间自唐辽以来建立的约束关系彻底瓦解。

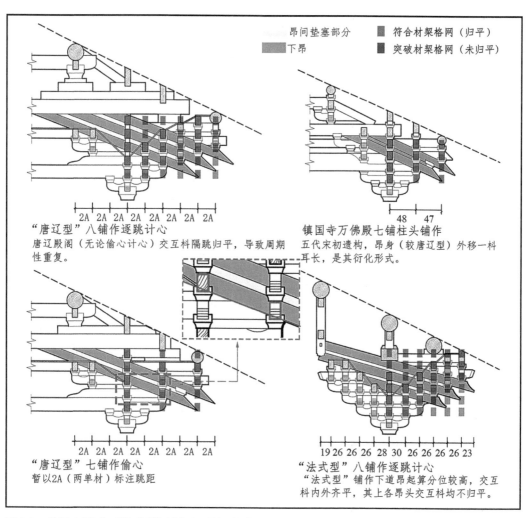

图 27 "唐辽型"与"法式型"铺作交互枓周期性归平特征比较
（图片来源：底图改绘自文献 [16] [79]）

总括来说，唐辽殿阁的下昂构造仍遵循井干逻辑，通过周期性重复的方式受容于铺作固有的材栔格网，表现为交互枓隔跳归平（空间特征）与榫卯做法归一（实体特征），与《法式》述录的匠作体系间存在本质差别，因此唐辽、宋金昂制或许分属于两个不同的技术体系。

四、"唐辽型"昂制溯源

（一）敦煌壁画建筑形象中的用昂情况

敦煌壁画中的高等级建筑多配用七铺作双杪双昂，栱、昂可分为两组，于组内酌情增减各自跳距。枓栱构造细节在诸如盛唐第172窟南北壁、中唐第201窟南壁、148窟东壁南、五代61窟南壁和100窟药师经变等图像中皆可详细观察（文献［83］），尤其在第172窟南、北面壁画殿阁图像中，展示了另一种交互枓归平的策略（图28）。

画面前方殿宇柱头用双杪双昂计心七铺作，下两跳重栱造、其上单栱造，扶壁为两组单栱素方交叠；补间较其减去两铺（第一、四跳），自下道素方上伸出后连出两杪承罗汉方。因逐跳计心做法突破了常规[1]，昂头交互枓不再归平，第三跳上"多出"的单栱投影至第二跳重栱上，势必彼此遮蔽，扰乱视觉秩序。所幸画师以细腻笔法记录了解决方案：南、北两壁图像中下道昂的垂高都显著讹大，它明显宽于栱、方与上道昂，这应当不是笔误（其他各处笔法高度精密）或强调（此处并非特殊位置）所致，其本意应是为了表现上道昂用单材（边缘与瓜子栱上下皮取齐）、下道昂用足材（上缘贯线越过了慢栱下皮）的变通做法[2]。这表明，在昂斜简易可控的前提下，通过增大下道昂垂高（并缩减第三跳跳距），可以令第三跳头的交互枓重新内外归平，进而将跳头令栱、第三跳上瓜子栱、第二跳上慢栱、补间跳头令栱等诸多分件重新调整至同一高度，以确保外观均齐。此时，虽然交互枓的归平次序较惯常情形发生了颠倒，但下昂造周期性重复的特征得以重现（七铺作时二昂归平、头昂下降半足材，八铺作时头昂及三昂归平、二昂下降半足材）。

显然，当控制栱、方下棱取齐且令交互枓底外侧下棱合于昂身上皮时，与首次归平处相差两跳之昂必然再次与里跳趋平，反之，额外的干预措施仅在欲使末跳交互枓不归平时才有必要施加（此时需改变上道昂垂高，或将交互枓调离昂嘴外缘）。这种天然的归平倾向是与唐代"减铺不减跳"的补间简配习惯相伴随的，因此，当补间形制逐渐向柱头看齐后，情况也就发生了变化。

以敦煌148窟药师净土变相图为例，其佛殿柱头七铺作双杪双昂（下两跳偷心、上两跳单栱计心），扶壁两重令栱素方交叠，补间则用六铺作单杪双昂（华栱直接自下道素方伸出，双

1　在诸如佛光寺大殿这样的遗构中，隔跳单栱计心是更常见的情况，此时七铺作三、四跳合计升高一足材，第三跳仅升高半足材。

2　双昂材广取值不一并非特例，在华北遗构中颇为常见，尤以独乐寺观音阁上下两昂之尺寸差异最大，与敦煌壁画所见情形相同。

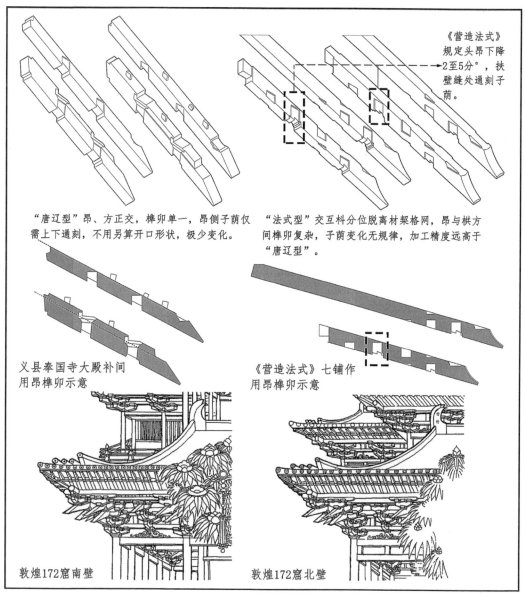

图28 莫高172窟壁画楼阁形象及交互枓分位影响昂身开卯方式示意
（图片来源：底图引自文献［82］）

昂与施于柱头上者齐平）。由于下两杪偷心，上道昂头交互枓归平后虽可与扶壁上齐心枓对位，但泥道令栱与下道昂头横栱的投影仍无法重合，意味着驱动交互枓归平的形式动因缺席。此时可适当缩短第三跳跳距并略微推抬头昂上交互枓分位，以避免两昂上横栱相互遮蔽，从而消解掉两者间半足材的高差，使得扶壁素方与跳头横栱由错缝半交重新变为边缘对齐（《法式》八铺作单栱造时录有相似做法，或是因循唐制的结果）。148窟图像既展现了唐辽铺作的多样性，又反映出补间与柱头趋同的倾向，似可视为《法式》铺作之雏形（图29）。

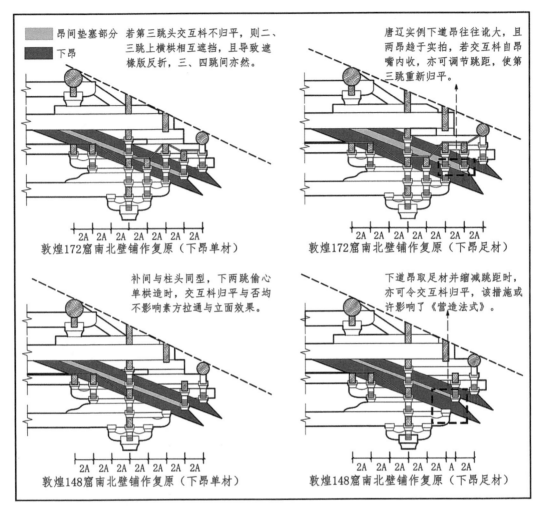

图29 莫高172、148窟壁画铺作形制复原

（图片来源：自绘）

（二）华南地区的用昂情况

与唐辽遗构与壁画图像相似，华南实例中也长期存在着限制下昂斜率、令其服从跳头与扶壁间材栔格网的倾向，表现形式则较为特殊，可概括为下述三种：

（1）柱缝遍用齐心枓。华南建筑的普遍特征是样式泥古（文献［84］），内、外柱列上（或柱身间）密布串、方，扶壁栱发达（文献［85］）。虽然昂身垂高不局限为单材广，其边棱也未必与栱方对齐，但尾端受齐心枓约束的特征却从未改变，齐心枓自身亦未曾退化为隐枓，反而存在愈晚近愈增大的趋势。

（2）出昂不出跳。这在散布于闽粤沿海的漳州文庙、漳浦文庙、漳州比干庙、潮州东山关帝庙等处遗构中是普遍存在的现象，即平出一跳后，其上各昂只在同一分位竖向堆叠而不再挑出，仅通过逐层增出昂头来造成逐铺出跳的假象，这种缩短檐出尺度、多重下昂在同一跳距上反复叠压以增强撩风槫稳定性的做法显然有助于防风，同时铺作深陷檐口之内也夸大了出檐距离。同样坚持昂、方对齐传统的广府地区则未曾采用此种做法（减跳不减铺），相反刻意加长了下昂跳距，令每跳下降一足材整，使得上部诸昂过度低垂以诱发交互枓归平（文献［86］）（图30）。

（3）栱昂相间配置。栱上置昂是被普遍遵行的"铺作次序"，但在闽浙沿海地区也存在打散分组、间隔安放栱、昂的情况。诸如景宁时思寺大殿与钟楼（文献［87］）、连江仙塔、福清瑞云塔、莆田广化寺塔、长乐三峰寺石塔等例的外檐铺作（图31），均被分作两组"栱＋昂"单元后相续使用，导致昂上续出卷头，出昂也较短促，这或许是为了避免单杪跳距过短以致下昂过度垂斜（如泉州文庙大成殿上檐）而做出的调整。此类遗构用昂虽多，却并未打乱材栔格网，栱、昂配置仍延续井干叠方思路，相较唐辽殿阁更加原始，实物年代却可晚至清初。

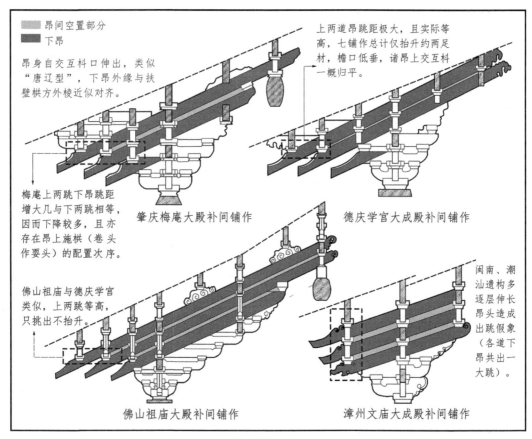

图30 华南实例中差异化的下昂出跳方式示意

（图片来源：底图改绘自文献［85］［86］）

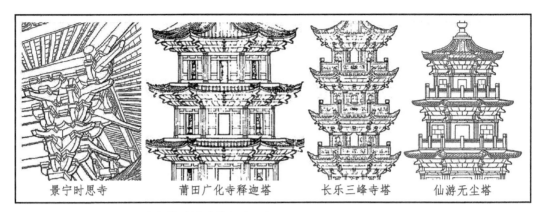

图31　闽浙实例中高等级铺作"昂栱相间"做法示意
（图片来源：底图改绘自文献［88］［89］［90］［91］）

五、"唐辽型"铺作下昂与屋架设计的联动方式

无需赘言，交互枓隔跳归平的现象反映了唐辽殿阁下昂造遵从井干逻辑的事实，水平堆叠枓、栱形成的材栔格网是矛盾的主要方面，倾斜的下昂则从动于前者。这一原则不但体现在扶壁与外跳跳头间，同样也发生在昂身插入室内的部分，即昂尾上彻内柱头铺作后，屋架的竖向构成关系仍需服从材栔单元组合。

现存唐辽遗构多位于华北，下昂往往内伸不过一椽即被压在草栿之下，因此较少参与屋架的生成。反观日本通用六铺作双杪单昂的和样殿、塔，其下昂大多内伸两椽长后绞入内柱头上井干壁，下平槫上的荷载则通过墩添之矮柱传递至昂身中段——它仍然起着斜梁的作用。与之相似的是具备"殿阁装饰化"倾向的方三间江南厅堂，如保国寺、保圣寺等，其内柱升高并承托多道素方，随之压断径跨两椽的下昂后尾，使之完整地"厦"出两头——联络内外柱列上井干壁体的下昂因此成为界定空间属性的一个标识。

法隆寺金堂、五重塔及玉虫厨子的两折歇山屋面反映了南北朝以来的建造传统[1]，"缀屋根"的歇山生成方式与盛行于江浙的以四内柱为核心筒体向心旋转生成的"井字立架厅堂"类似，都是围绕两坡屋身的内筒空间向四面增出下檐副阶而成（文献［66］）。

两坡间陡峻的转折使得屋面在檐柱缝上发生断裂，为便于铺瓦，需令上架椽以较大折角压在下架椽上，再于窝角处横铺柴砻，或在外圈梁栿上另立草架以减缓折势（图32），这将大幅增加下架椽的荷载，导致斜昂不堪重负，中、日工匠的应对策略亦判然相别——在华北，自晚唐后草栿即不断降低高度（直到草栿与衬方头紧贴），截断并压缩下昂后尾，使之与屋面的举

1　见文献［26］44—58页，此外四川德阳汉代画像砖、牧马山崖墓明器、莫高窟第396窟北周壁画等案例中都可见到两折屋面的形象。

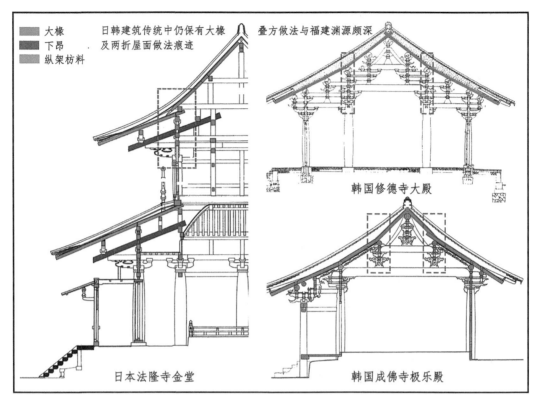

图 32 日韩木构建筑"两折屋面"做法举例
（图片来源：底图改绘自文献［92］［93］）

折设计脱钩（即或与屋架夹角甚大也不致穿透屋面），同时大量采用双昂以弥补单根昂身受力的不足；日本则继承了或许源自南朝的"大椽"传统[1]，最终藉由"桔木"倒挂椽子，使其不再受力，并以"小屋组"灵活调整屋面斜势，彻底消解斜昂的承重功能，使之仅限于牵拉内外柱列上井干壁，这样一来，制作双昂的动力自然消失无踪，和样六铺作配置固化为双杪单昂或许正源于此。

汉宝德与傅熹年均从大出檐与屋架急剧转折的需求出发，认定昂的产生应源自南方多雨地区，与北方基于井干思维的卷头造传统各有所本，通过南朝—百济的文化传播线路进入日本后所遗留的飞鸟、奈良建筑中，大量存在着两种要素初步交融的线索[2]，其涵化过程虽不尽明了，但至迟在敦煌盛唐壁画中已出现完美契合材栔格网的下昂形象，意味着斜率及构造设计受纵架强力干预、"他治性"突出的唐辽型昂制已步入成熟的阶段，其简明的组织原则与周期性归平的构成规律均彰显出井干思维造成的长期影响。与之相反，《法式》的昂制不再坚持交互科按一定节律归平，意味着放弃了栱方单元网格对下昂摆放方式的构造约束，体现出更为复杂、灵

---

1 如多层塔、殿在椽上横排柱盘以立上层檐柱，椽子断面增大、载荷加强。

2 昂身与栱方错缝嵌交的切入深度并无一定之规，从平安时期建筑中昂与栱、方边缘已然对齐的事实看，早期的随意应是磨合未成所致而非刻意为之。

活的定斜原则，呈现出鲜明的"自治性"特征。

六、小结

作为一个易于观测的样式线索，昂端交互枓的对内归平与否真实反映着铺作组织的基本逻辑，它在唐辽殿阁与受《法式》影响的诸多遗构间有着截然相反的表现，这当然深刻地指示出分化的逻辑思维导致的不同技术路线。

总的来说，唐辽遗构与壁画图像反映出的昂制相对简单，其下昂做法（包括榫卯开法、对齐原则等）调节余地甚小，不同铺数或许各有对应的"最佳"斜率。作为一种逻辑自律的体系，它的构造约束条件更为彻底，构件样式类别单一，技术边界也更明晰。反观《法式》对于下昂的记录，则更类似一种多元杂糅的产物。举华头子为例，李诫仅规定了露明部分份数的大致范围，具体取值却可以灵活调整，同样的情况也存在于诸如交互枓下降份数、昂身与扶壁交接位置等内容中。显然《法式》并不强调过于确定的构造关系，放宽选项有利于提升施工的灵活性，但能否实现还需依赖材份制度的精确协调。显然，在工具、算法都更为原始的唐辽技术体系下，严格限定构造节点是更适的必然选择。

在处理铺作下昂斜率时，唐辽殿阁体现出"构造"与"形式"的高度统一，"形式服从、追随及真切表现着构造需求"。通过交互枓的隔跳归平，材栔格网同时控制着整组铺作的正面造型与侧面结构。《法式》则恰好相反，它体现出显著的形式优先倾向，构造反过来迁就、服务于形式——为了实现柱头、补间铺作外观的均一并普及更具视觉感染力的重栱计心做法，放弃了昂、方边缘对齐的传统，又为了掩盖栱、方错缝的参差不齐而大量使用遮椽版，尽量遮蔽趋于无序的扶壁部分，正是在此过程中，各跳上交互枓受到有意识的调整而在2—5分°范围内轻微地上下错位（图33）。

最后，在塑造外檐形象方面，两者亦是泾渭分明。唐辽殿阁铺作中广泛存在的跳头与扶壁栱方周期性归平的现象，体现出单元重复的早期观念，这和扶壁栱更倾向于单栱素方交叠是同一回事；扶壁栱方与斗子蜀柱的组合内恰于整体材栔格线，辅以卷草驼峰与栱眼壁版彩画，形成素平的"饰带"，与突出于檐下的柱头铺作互补对偶，图底映衬、疏朗开阔的审美颇得魏晋遗韵。《法式》的檐下构图趣味则已明显转移，强调铺作本身绵密排布、整饬均衡，柱头与补间形态趋同后，分级跳跃的节奏感转变为均质单一的静定感。两相比较，前者更富平面"绘画性"，后者满含立体"雕塑感"，单组铺作内跳头与柱缝栱方齐平的需求已然让位于相邻各组铺作间同一高度分位上横栱间的均齐或长短有序搭配，初衷的丧失也催发了交互枓隔跳归平传统的消亡。

由此可见，唐、宋两代的营造传统虽有交叉传承的因素，但至少在下昂的安放逻辑方面，仍存在本质的区别。

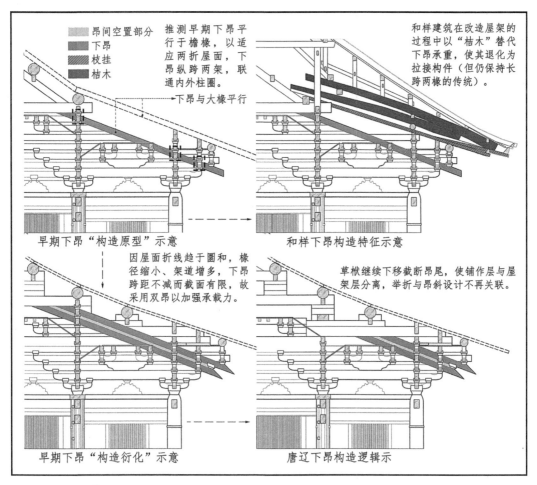

图33 "唐辽型"铺作昂制衍化脉络示意

（图片来源：自绘）

第二节 "榆林窟型"铺作复原及其流播图景

一、引言

铺作的形制演变是我们认识传统建筑区期特征的重要抓手，这其中尤以下昂最为关键，因其样式变异最为频繁，且与其他构件间的交接逻辑每有改动，都将导致整组铺作的安勘方式随之变化。本节围绕绘制于五代时期的榆林十六窟壁画楼阁图像，分析其下昂呈现的特殊细节，借助逻辑推导和实例佐证对其整体状貌进行复原。在此基础上探索促使其形成的构造和形式动因，并据之查证符合其本质特征的类似实例的分布与演变情况，探讨其与唐、宋官式为代表的

图34 榆林十六窟壁画佛殿线稿及复原模型

（图片来源：底图引自文献［82］，模型自建）

两大营造体系间的技术关联性，评述其在技术史发展中的独特地位。

榆林十六窟大约建成于公元936—940年，为曹元德执掌瓜、沙时为其父母所造功德窟，主室甬道南壁等身供养人像榜题"敕归义军节度使检校太师兼托西大王谯郡开国公曹议金一心供养"，北壁供养人像榜题"北方大回鹘国圣天公主陇西李氏一心供养"，前室甬道南壁为曹元德自身像，榜题"□□□归义军节度瓜沙等州□□谯郡开国侯曹元德……"，主室东壁与后壁图绘劳度叉斗圣变，南壁西侧绘药师经变，其上的楼阁形象早已广为人知（图34），且常为建筑史学者引用。

二、榆林第十六窟铺作形象复原设计

窟内南、北壁楼阁形象中涵括了六到八铺作的高等级枓栱，过往研究多引借该图论述晚唐五代建筑技术发达的事实，强调诸如驼峰、枓子的样式做法或阑额合角造、耍头不伸出等构造细节，而未关注其特殊的下昂组合方式。为此，本文首先解析其铺作形象，继而论述此"类"铺作独有的构造逻辑。我们从栱昂的配置方式、华头子是否露明、昂间垫托构件的种属、昂底抬升高度和昂栱交接关系五个方面分析复原方案，发现随着铺数增加，下昂接邻构件间的交接关系亦存在递变规律（表2）。

榆林第十六窟壁画铺作中昂、栱交接关系　　　　　　　　　　表2

铺作等级	栱昂配置	华头子露明与否	昂间垫托构件	昂底抬升	昂底皮与横栱交接情况
六铺作	单杪双昂	头昂下√	水平华头子	单材	合于跳头瓜子栱外皮上棱

续表

铺作等级	栱昂配置	华头子露明与否	昂间垫托构件	昂底抬升	昂底皮与横栱交接情况
六铺作	单杪双昂	二昂下√	水平华头子	单材	合于跳头瓜子栱外皮上棱
七铺作	双杪双昂	头昂下√	斜置华头子	—	偷心无法判断，或交里跳慢栱上齐心枓平
		二昂下√	水平华头子	单材	合于跳头瓜子栱外皮上棱
八铺作	双杪单昂＋单杪单昂	头昂下√	斜置华头子	—	偷心无法判断，或交里跳慢栱上齐心枓平
		二昂下√	斜置华头子	—	偷心无法判断，或交里跳慢栱上齐心枓平

十六窟壁画所示铺作具备不同于唐辽、宋金官式做法的明显特性（如昂底切平，以同型的随昂斜杆垫托并合成整体后直接自交互枓口内伸出，其出跳方式与华栱相同，完全符合扶壁上的材栔格线），为便于表记，我们姑且称之为"榆林窟型"枓栱，它相较于唐五代以来的传统存在如下革新，但又不同于《营造法式》的规定：

（1）昂身不再如"唐辽型"般直接自交互枓口内伸出，而是垫在伸出枓外的华头子上，此时昂的起算分位被抬高一材广（《法式》下道昂垫于华头子上，上道昂自交互枓内伸出，显然是"唐辽型"与"榆林窟型"的折中）。

（2）逐跳上里、外端交互枓均保持齐平，这既不同于"唐辽型"隔跳归平的传统（每跳下降半足材），也有别于《法式》的分级调节机制（六铺作以下头道昂端与里跳归平，六铺作以上各昂端下降份数不一，内外无法归平），反而令得昂的出跳原则趋近于华栱，从而简化了设计。

（3）昂身下遍置斜向补强构件，其与昂组合后共同向内挑斡平槫。

（4）昂及其下补强构件的下缘均作水平截割，并与华头子下缘齐平，共同斜垂向下后延展伸出[1]。

上述四点同时涉及构造约束条件与构件形式逻辑，与既存的"唐辽型"或"《法式》型"铺作间存在较大差异[2]，因此"榆林窟型"反映了一种独特且自成体系的设计思路，汇总其与唐、宋官式的差异如下（表3）。

"唐辽型""榆林窟型"及"《法式》型"铺作昂制异同一览　　　　表3

类别	昂下勾股权衡原则	华头子的处理方式	昂头与交互枓关系	昂尾与扶壁栱关系	交互枓的归平周期
唐辽型	隔一大跳（跨偷心缝，合两跳），抬高一足材	不露明；垫于昂下；不推高昂身起算分位	昂头自交互枓口内直接伸出	昂身与扶壁素方上下缘对齐	隔跳归平
	理想原型：样式为批竹昂（平直或起棱出锋）；算法为"每平出48分° 抬高21分°"；用材与《法式》制度相同				
	典型实例：佛光寺东大殿、奉国寺大殿、镇国寺万佛殿、崇明寺中佛殿、佛宫寺释迦塔等				

1　现存实例中忻州金洞寺转角殿昂嘴样式与十六窟壁画完全一致且隐刻棱线，晋祠圣母殿、献殿、盂县大王庙、万荣稷王庙、韩城庆善寺、平信武康王庙等与之近似，但昂嘴略微上翘。

2　基于各自样式、构造及算法的内在一致性（即技术边界），三种"昂制"类型得以界分，但在理想状况之外，尚存有不少居于过渡阶段的案例，在前述各方面彼此杂糅（如初祖庵大殿样式为"《法式》型"而构造、算法属"榆林窟型"，保国寺大殿样式与构造为"《法式》型"而算法属"榆林窟型"）。

类别	昂下勾股权衡原则	华头子的处理方式	昂头与交互枓关系	昂尾与扶壁栱关系	交互枓的归平周期
榆林窟型	理想原型：样式为批竹昂；算法为"每平出32分° 抬高16分°"；用材为"单材广16分°，栔高8分°"（倍枓模数制的残余）				
	典型实例：万荣稷王庙、杨方金界寺、沁水龙岩寺、新绛白台寺、曲沃大悲院、济源大明寺等，及榆林窟壁画、晋南砖雕仿木墓等间接形象				
	隔一跳（无论偷心计心，逐缝计），抬高一单材	露明；垫于昂下；推高昂身起算分位（一材）	各昂头均垫在华头子上，与交互枓脱钩	昂身与扶壁栱、方特征线（上下缘或中线）对齐	逐跳归平
《法式》型	理想原型：样式为琴面昂；算法为分级调节；用材为"单材广15分°，栔高6分°"				
	典型实例：隆兴寺小木作转轮藏、平遥文庙大成殿、华严寺海会殿、永乐宫三清殿等				
	抬升方式与跳距脱钩	仅头道昂下用华头子；以上诸昂自交互枓口伸出	头昂上交互枓可下降2—5分° 以作调节	与"榆林窟"型同	调节余地大，无确切归平原则

考察壁画中枓、栱线条的位置关系，可对其昂制作出如下假设：①外侧不减跳，平出一跳抬升一材广、跳距合两材广，头昂在第二跳交互枓口外棱处被华头子抬高一材广，总计出两跳、抬高两单材；②栔高为单材广之半[1]；③昂身垂高为一材广。

该假设的合理性、唯一性与现实存在性暂留待后节阐明，此处先据之设定模型，通过作图发现（图35）：

其一，昂身过扶壁处与素方上、下皮线或中线重合，便于操作和记忆。

其二，昂身与跳头横栱的交接关系同样简明。昂与斜置华头子均只在自身半高位置向上（或下）斜开子荫，此时完全可以削去横栱与华头子的上半部分，以便完整容纳昂身与剩余横栱，这导致昂的榫卯做法远较《法式》图样简易，各跳昂身的卯口开法只存在上、下朝向的区别；部分斜置华头子更是通高开子荫，这当然有利于提高构件的制备效率。

其三，枓栱各层构件间的关系发生了改变，由早期的材栔交叠趋向于密缝实拍，其昂身与扶壁素方/外跳横栱间既可如"唐辽型"一样对缝直交（上下棱线齐平），亦可错缝半交（上下棱线对平中线），因而正缝上原本支垫于昂、方间的齐心枓不再必需（表4）。实际上，昂与斜置华头子形成固定组合相当于放大了昂身垂高，令其得以跨过素方间的空隙，填补栔高空白，这就避免了柱缝上齐心枓损坏后波及井干壁整体稳定的风险，齐心枓自身亦可顺势退化为贴耳或隐刻线的形式以"放过昂身"。质言之，殿阁建筑栱、方堆垒的井干特征已遭到削弱，构件直交的倾向显示了厅堂思维的盛行（图36）。

1　早期遗构中普遍存在栔高取单材广之半的做法，此时昂、方交接最为简明，如非正交必是错半。当然，即或材、栔广不是二倍关系，在昂的斜率普遍采用四、五举等整数比的前提下，昂尾与扶壁栱方里、外侧的交接位置也是便于计算的。而若铺数高，则梁栿大概率将昂与其下斜置华头子截断于柱缝之外，也就不存在计算其后尾与扶壁栱交接关系的必要。

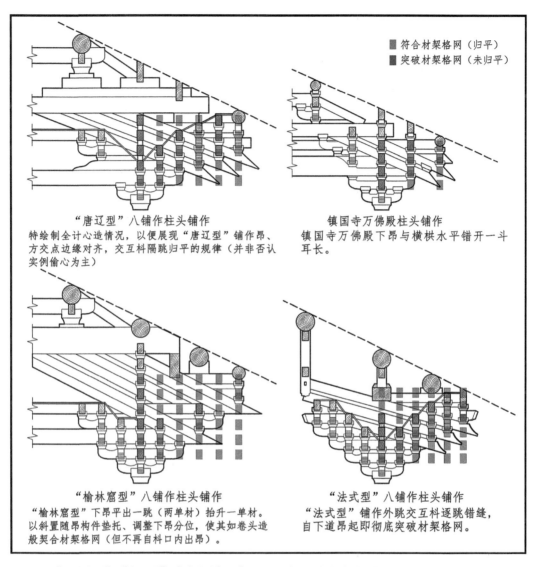

"唐辽型"八铺作柱头铺作
特绘制全计心造情况，以便展现"唐辽型"铺作昂、方交点边缘对齐，交互枓隔跳归平的规律（并非否认实例偷心为主）

镇国寺万佛殿柱头铺作
镇国寺万佛殿下昂与横栱水平错开一斗耳长。

■ 符合材栔格网（归平）
■ 突破材栔格网（未归平）

"榆林窟型"八铺作柱头铺作
"榆林窟型"下昂平出一跳（两单材）抬升一单材。以斜置随昂构件垫托、调整下昂分位，使其如卷头造般契合材栔格网（但不再自斗口内出昂）。

"法式型"八铺作柱头铺作
"法式型"铺作外跳交互枓逐跳错缝，自下道昂起即彻底突破材栔格网。

图35 "榆林窟型""唐辽型""《法式》型"下昂与栱、方交接关系示意

（图片来源：部分底图改自文献［16］）

榆林第十六窟壁画铺作昂、方交接位置比较　　　　　　　　　　　　　　表4

交接＼配置	六铺作单杪双昂	七铺作双杪双昂	八铺作双杪单昂续单杪单昂	八铺作双杪三昂（推测）
头昂下斜置华头子下皮	无	第四道素方中线	第四道素方中线	第四道素方中线
头昂下斜置华头子上皮	无	第五道素方外侧下棱	第五道素方外侧下棱	第五道素方外侧下棱线
头昂下皮	第三道素方中线	第五道素方外侧下棱	第五道素方外侧下棱	第五道素方外侧下棱
头昂上皮	第四道素方外侧下棱	第五道素方外侧上棱	第五道素方外侧上棱	第五道素方外侧上棱
二昂下斜置华头子下皮	无	第六道素方外侧下棱	第七道素方外侧上棱	第六道素方外侧下棱

续表

交接 \ 配置	六铺作单杪双昂	七铺作双杪双昂	八铺作双杪单昂续单杪单昂	八铺作双杪三昂（推测）
二昂下斜置华头子下皮	无	第六道素方外侧上棱	第八道素方外侧中线	第六道素方外侧上棱
二昂下皮	第五道素方外侧下棱	第六道素方外侧上棱	第八道素方外侧中线	第六道素方外侧上棱
二昂上皮	第五道素方外侧上棱	第七道素方外侧中线	第九道素方外侧下棱	第七道素方外侧中线
三昂下斜置华头子下皮	无	无	无	第七道素方外侧上棱
三昂下斜置华头子下皮	无	无	无	第八道素方外侧中线
三昂下皮	无	无	无	第八道素方外侧中线
三昂上皮	无	无	无	第九道素方外侧下棱

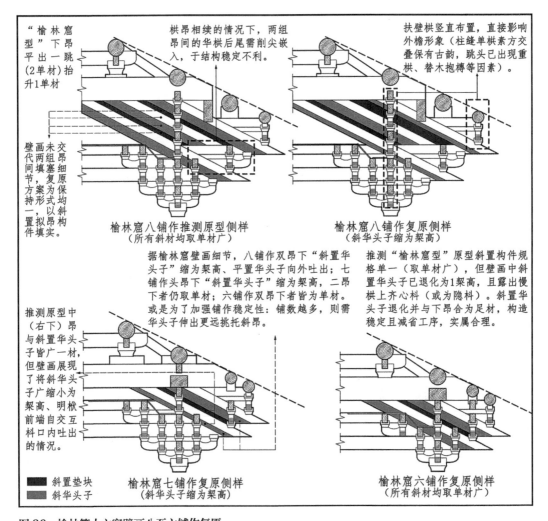

图36 榆林第十六窟壁画八至六铺作复原

（图片来源：自绘）

三、复原方案关键问题释疑

上节在对十六窟壁画料栱进行复原时提出了三个前提条件，这是从采用斜置华头子做法的存世遗构中总结出来的，其恰当与否仍需进一步的逻辑与旁例证明。

逻辑上，我们分别从铺作算法和构造节点两方面的约束条件着眼，对所谓"榆林窟型"的昂制成立前提进行考察。我们知道，在算法上，同等跳距下，昂身每经一跳升降值必定相等，此时计算各跳头交互料高度分位最为简便，进而出檐深浅、屋架峻缓也随之决定，因此《法式》虽有减跳做法，却也强调标准跳距恒为两材广。对于十六窟壁画而言，既然其表现的是昂下遍施斜置华头子的做法，昂身已被推高单材且交互料业已内外归平，此时跳距均等与否都不再改变逐跳抬升一足材的结果，那为何还要假设跳距不变？

这需要从构造关系中寻找答案——昂身过柱缝时与扶壁栱、方边棱或中线对齐是符合工匠思维的最简选项，在《法式》颁行前，这种处理方式在实例中占据绝对多数。唐以来的铺作安勘传统均需服从扶壁位置昂、方上下皮线对缝齐平的原则，五代以后虽略有调整（如奉国寺大殿之昂下皮与跳头横栱中线重合，镇国寺万佛殿之昂下皮与交互料口外棱重合），但仅限于在正交前提下作半材厚或斗耳厚的简单平移。直到李诚创新分°制，才有可能借助精确的模数控制实现因各跳头上交互料错位导致的昂、方错交，以及随之而来的榫卯做法的复杂化。从开凿及绘制年代看，"榆林窟型"铺作在设计和施工层面均达不到《法式》要求的精确度，其出跳方式应当更接近唐辽以来的传统，前述假设①应当是合理的。

实例中，一个普遍的现象是北宋末以前的昂制设计多采用整洁的四、五举勾股比，即每一跳伸出两材广、抬高一材广，或者取材广、厚的公约数或对分数为基准量继续微调。这一时期材的广厚比多取1.6，也就是料、栱、昂、方均从同一根章材上取得而未做分化。从日本中世禅宗样建筑跳距合两料长且料长等于材广、槊高取材广之半等情况看，李明仲所谓的"倍斗取长"可能也涵括了铺作的空间跳距设定。在五举的榆次雨花宫[1]、登封初祖庵[2]和四举的西溪二仙宫[3]等遗构上，都可以看到以单材广整倍数定出跳长、以对折后的1/4乃至1/8单材广作为出跳值增减基准量的现象。由于上述实例都采用低铺数单下昂做法，即或其昂身受华头子抬升的高度不一，后端仍能保持与扶壁素方对齐，这不同于高铺数多下昂的"榆林窟型"料栱。对于后者，逐昂下华头子必须恒取"平出一跳抬升一材"的定值，否则昂尾与素方的交接关系势必因畸零数字逐步累积终致无法控制，最后使得各道昂的榫卯位置、尺寸、形状各异，无法规格化制备。反之，假设①的出跳原则有大量北宋前中期实例支撑，其本身也便于求得昂尾准确分

---

1 据文献［52］，推测雨花宫可能为单材广16分°、头跳长32分°、二跳长16分°。

2 据文献［54］，推测初祖庵可能单材广16分°、头跳长32分°、二跳长30分°。

3 据文献［30］［55］，知西溪二仙宫后殿单材数据离散，但均值大于15.6分°，调整材、槊比例但保持足材广不变的做法在该时期较为常见，考虑到其与初祖庵、雨花宫等案例近似的跳距设置与营造尺长，倾向于认为其单材广的初始设计值为16分°，合得头跳长32分°、二跳长28分°。

位，应是曾被普遍运用的法则。

综上，为确保下昂与扶壁乃至跳头栱、方间交接节点的整齐，必须满足华头子外伸一跳且推高昂身一材广的基本要求，这导致了两个衍生现象：其一，昂的前端需搁置于跳头瓜子栱外皮上棱处，以保证昂身斜率控制点与其余构件的结构边线重合[1]，为制作、安勘相应构件带来便利；其二，因华头子伸出距离较大，昂尖若继续斜垂向下，在视觉上是不美观的，也突破了唐以来"只于交互枓口内出昂"的旧规，因而壁画中采用了顺势斩断昂尖、令昂底与华头子下皮取平的做法。

十六窟壁画所示的铺作形制完全满足算法原则与构造要求，本身亦符合建筑技术发展的大趋势，其存在的真实性当无疑义，但它能否反映晚唐五代以来官式技术的变革情况？它本身在建筑史的发展脉络中又曾扮演过怎样的角色？它是唐辽旧制与《法式》新规间的短暂过渡？抑或是一种曾广泛存在的另类选择？我们接下来从构造和样式逻辑两方面进行讨论。

四、"榆林窟型"昂制特征分析

（一）构造逻辑分析

首先考察"榆林窟型"枓栱在构件层面较之"唐辽型"的进展。从形象的突变看，它主要集中于两点：

一是下昂不再从交互枓口伸出，转而垫托在诸如斜置华头子的"类昂"构件上，其与下端出跳部件的连接方式从点转化为线，因而有效增大了节点面积，化解了剪切力作用下集中于交互枓处的应力突变点，避免了因其风化劈裂对整组铺作造成的潜在威胁。

二是华头子斜置后与昂实拍紧密并组合受力，加强了后尾的挑斡承重能力。"下昂＋类昂"构件的组合导致了昂自身概念的泛化，这或许是我们在元明建筑中看到的大量昂下斜杆（如溜金枓栱中的斜置撑头木、蚂蚱头等）的肇始。此时昂的制备大幅简化，其垂高设定不再局限于单、足材，而可藉由"类昂"构件的补足随宜调整（对于不够制作足材但相较单材又有冗余的生料而言，可以组合成材的整倍数后使用）；此外，昂的安放分位亦获得更大自由，可与扶壁栱、方错缝交于各自中线处，这打破了"唐辽型"出跳栱、昂必须与柱缝栱、方上下缘对齐的传统。横栱、素方可与组合后的昂或昂下斜置构件任意交接，使之在斜率设计上更加自由，便于其匹配屋架举折以挑斡平槫。最后，新的形制更利于处理榫卯："唐辽型"昂、栱、方间两两对齐正交，势必导致横向构件加大开口以放过出跳构件，"榆林窟型"改为错缝半交，减小了卯口尺寸，增加了节点强度；"唐辽型"的扶壁栱、方间以齐心枓填补空隙，但枓件本身无法有效约束昂、方交点，该处实际上只是借助重力压实，无法限制水平方向的歪闪失

1　符合该原则的实例很多，万荣稷王庙、曲沃大悲院、新绛白台寺、洪洞泰云寺、杨方金界寺、定兴慈云阁、东山轩辕宫等宋金元时期遗构上都存在平出一跳抬升单材、昂下皮与横栱外侧上棱完或接近相互重合的现象。

稳，"榆林窟型"则借助昂身填补栔高空隙，昂、方直接错缝咬合，无疑更为牢固。

显然，"唐辽型"铺作分件纵横间隔叠垒的井干式建构思维与组织原则在十六窟壁画中已被扬弃，代之以整体性的"片状"组合，横向与纵向构件的空间分位设计从相互制约[1]走向各自独立，铺作中以昂为代表、从属于横架体系的斜向构件逐步凌驾于从属于纵架体系的扶壁系统之上，这或许是枓栱技术转折的一个源头（图37）。

我们再从构造层面比较两者的异同。

第一个差别是各跳上交互枓归平的实现途径：因昂身垂高限于单/足材，"唐辽型"昂端的

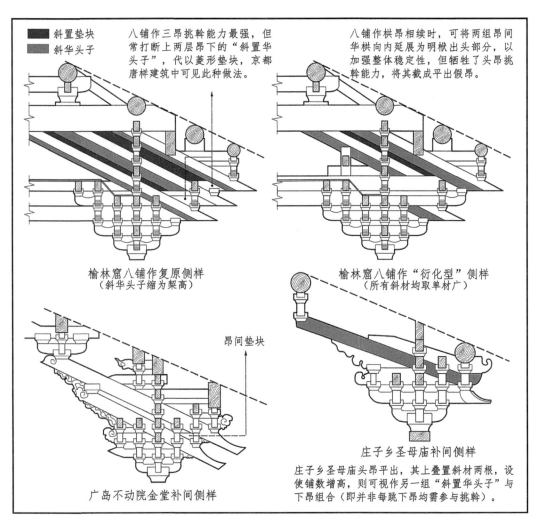

图37 榆林第十六窟壁画八铺作的推测原型

（图片来源：自绘）

---

1 标准唐辽殿阁的内、外柱圈上井干壁与铺作外跳横栱间依靠下昂穿串拉结，下昂的斜率设定受制于既有井干壁体的空间关系而不能随宜改易。

交互枓只能逐跳依次升降半足材，在低铺数、低材等前提下，较低的铺作总高和不能调节的跳高将带来低矮的屋檐；"榆林窟型"的昂身斜率基本不受横栱分位影响，其端头高度也可以在一材广范围内随宜调整，因而跳头交互枓的安放位置具有更多可能，檐口的调节也更加自由。

第二个差别可归结为华头子的处理方法：壁画图像显示，昂自交互枓口伸出的惯例已被打破，华头子逐跳伸出枓外托昂，低铺数时平出、斜切，高铺数时则在其上先安放斜置华头子一根后再承昂，造成平、斜华头子并用的组合形式，日本部分禅宗样建筑常在真昂间夹以小块斜垫木，或许原型就在于此。

第三个差别是出现了栱、昂间续配置的新形象：八铺作双杪单昂接单杪单昂的配置方式多见于闽浙建筑，十六窟壁画可能暗示了其祖源所在。实际上"榆林窟型"的独特构造（交互枓归平意味着昂出跳时不减跳高）也最为适合与华栱灵活搭配、反复组合。

第四个差别体现在转角铺作的构件选型上：正缝昂因不能穿过柱缝并斩断角昂，故只能采取合角下昂的形式，若铺数多，则累叠多重后易失稳外翻，为此，"唐辽型"在正缝多只出华栱，但这牺牲了铺作形象的均齐美观。"榆林窟型"基本解决了这个问题，一则其华头子吐出较远，可有效承托悬出的合角下昂；二则昂本身与扶壁素方半交，合角昂绞入扶壁中的榫头可适当延长，从而提升稳定性；三则跳头交互枓归平带来栱昂间续配置的可能，明栿获得更大的调节余地，正身缝构件可完全十字交搭（尤其当下跳用平出假昂时，所有构件均相互正交），仅最上一层昂身外悬，转角结构得到了极大的改良（图38）。

最后从构架层面考察"榆林窟型"较之"唐辽型"的优势。

其一在于梁栿得到了加强——唐辽殿阁中，明栿前端或出作华栱，或斫成不露明的华头子，因绞入枓栱后断面急剧缩小，其伸出距离势必受限，辅助承檐的能力亦较弱；反观"榆林窟型"，因昂身脱离交互枓口而抬升一材广，故梁栿端头可大幅伸出柱缝后直抵实拍后的多道昂下，梁头最终绞入跳头横栱而非卧于交互枓内，交接更加致密（若铺数低，则外伸梁头的搁置位置缺乏选择余地，即省略明栿而令草栿下降作衬枋头或耍头，以之直接承檐，从而开启桃尖梁之先河，同时导致了"插昂"的产生）。

其二则是内柱高度的设定更为自由——唐辽殿阁中的内、外柱因铺作高度趋同（至多减一跳）而天然地倾向于等高，唯如此方能确保在槽身内外均匀地安放平暗；"榆林窟型"则不然，因其逐跳出华头子托昂，故明栿可选择在任一跳高度分位上伸出并将端头斫成华头子形状，这意味着它的高度是不确定的，若分位低，则内柱头铺作亦随之缩减铺数，最多可较外檐减少两跳。

其三是角间设计的优化——"唐辽型"补间铺作不发达且仅出华栱，并不与构架发生联动；"榆林窟型"用六、七铺作的建筑形象中，补间明显更为成熟且通过真昂参与挑斡平槫。这当然符合五代北宋以来的新趋势——前者角梁需转过一间两椽，因衬角栿无法取缔，角间需恒取方；后者则得益于补间铺作承重能力的提升（昂类构件多道实拍），可以将角梁直接搭压其上并省略衬角栿，大角梁仅需转过半间一椽，结角方案灵活且不必取方（此时正、侧面补间不匀，后尾交点亦不必汇于一点），可以更加自由地适应场地对面阔、进深规模的不同要求。

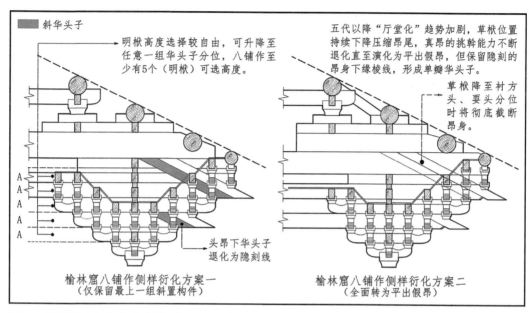

图38 榆林第十六窟壁画八铺作"后续衍化"方案示意
（图片来源：自绘）

（二）形式逻辑分析

从形式层面看，"榆林窟型"下昂的突出特质表现在两方面，其一是八铺作时反常规的栱昂相间配置方式，其二是逐昂下华头子露明的做法。

前者反映了铺作设置次序的进步。如所周知，《法式》默认的铺作次序建立在栱在下、昂在上，两者各自成组配设的基础上，但闽浙实例中却多有栱昂单元间杂出现的情况，且十六窟壁画八铺作殿宇中亦出现了类似现象。

我们知道，卷头造在中唐以前的建筑形象中占据着主导地位，在诸如慈恩寺塔门楣线刻佛殿、懿德太子墓壁画阙楼及大量同期敦煌壁画建筑图像中，五铺作双杪具有最高的出现频率，它的跳头与扶壁部分极度契合——纵列的"I"字式井干壁上，"令栱＋素方"单元不断重复堆叠，出跳华栱与柱缝栱、方十字正交，隔跳偷心的跳头令栱与扶壁令栱间完全正投影重合，同时单栱造保证了各缝上"令栱＋素方"的同构关系衡定且韵律感强烈，单元组合的反复叠加延续了井干构造的思维逻辑。随着入宋后重栱造逐渐盛行，长度发生分化的慢栱、瓜子栱及讹长的令栱必然导致单元构成的复杂化，进而引发单一栱、方组合模式的瓦解（图39）。

相较于重栱造带来的横栱长度分化，下昂的引入更为直接地破坏了卷头造次序下的稳定韵律。至迟自中唐起，七、八铺作中连续出跳的双昂、三昂已变得普及，此时昂上交互科隔跳归平，其中的一个或两个必然相较柱缝齐心科下降半足材，即头昂与三昂端部与扶壁部分错开半个材栔单元格子，跳头横栱与扶壁栱间的投影重合关系也被打破。与之相伴的是扶壁配置形式从"令栱素方交叠"转为"泥道栱＋多重素方"，通过在素方上隐刻重栱形象与跳头重栱取

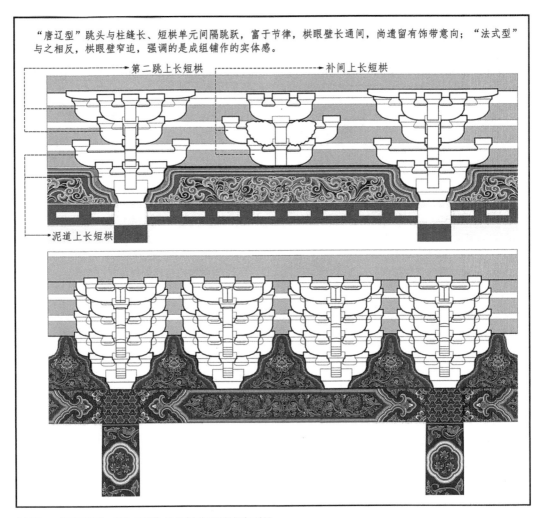

图 39 "唐辽型""法式型"外檐铺作设计意向对比
（图片来源：底图改自文献［80］［96］）

得呼应，组成新的形式单元，并辅以头昂偷心的手段，以期削弱跳头与扶壁错缝带来的视觉不适。

逐层华栱间天然存在的材栔秩序使得其跳头横栱与扶壁栱方单元间产生强烈的联动，下昂则削弱、破坏了该趋势。无疑，矛盾的焦点集中在同时配置栱、昂时能否在跳头上继续反映扶壁所固有的材栔格线关系，或者说能否避免在跳头与柱缝的栱、方单元间造成错缝。从闽浙实例看，解决方法主要有两种。

其一，保留昂的形象，但剥夺其出跳功能，令其如多层垫块般只在跳头抬升铺作层数而不伸远擎檐。这在铺数较少时易于实现，如漳州文庙、漳浦文庙、漳州比干庙等。在平出一大跳后，以上诸昂均只在竖向上叠加而不再挑出，仅通过昂头渐次延展造成逐层伸出的假象，这或许是为了适当缩短出檐以因应较为剧烈的台风天气（图40）。

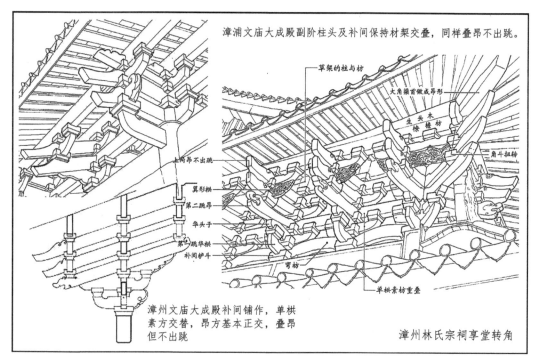

图40　闽南殿堂铺作出昂方式示意
（图片来源：底图引自文献［85］）

其二，相较于逐层原地抬升和轻微挑出造成视错觉，恢复出跳是更好的选择，但为了保持跳头与柱缝上栱方组合对位，需避免多道下昂连续出跳，此时重复配置"栱＋昂"单元，利用华栱而非下昂去调节跳距、跳高，典型实例有连江仙塔、福清瑞云塔、莆田广化寺塔、长乐三峰寺石塔等仿木石构。考虑到石材模仿斜垂下昂远较平出华栱困难，且其切割方式与受力机能相互违背，因此这种栱、昂相间配置的样式在同区期的木构中必定曾是广泛存在过的（更为复杂的八铺作双杪单昂续单杪单昂的形制则有景宁时思寺大殿与鼓山涌泉寺陶塔）（图41）。

较之在闽浙遗构中看到的栱、昂相间现象，榆林十六窟壁画反映的手法无疑更为彻底。前者在继承唐辽以来交互枓隔跳归平原则的同时，除了在昂上续接华栱外别无选择，否则就必须叠昂而不出跳，从而大幅缩小出檐距离；后者则通过伸出华头子以抬高昂身起始分位的方法，同时保障了昂的出跳功能和昂上交互枓的归平，此时的昂在组织原则上已与华栱无异，换言之两者间可无障碍地相互置换，各跳上随机出昂或出栱都无碍整个铺作的顺利安勘，栱、昂之间可以随意搭配，上下次序亦可颠倒。质言之，"榆林窟型"铺作所表达的特殊形制，应当源自彻底解决应用下昂时在扶壁与外跳栱方间产生错缝问题的努力，但矛盾之处在于，它从根本上消解了栱、昂在铺作组织次序上的差别，这反过来否定了系统应用栱、昂相续的特殊模式的必要性（它同样可以通过双杪三下昂的形式实现）。这种对于跳头横栱和扶壁栱方间对位关系的坚

仙游无尘塔　　　　　　莆田广化寺释迦塔　　　　　　长乐三峰寺塔

鼓山涌泉寺陶塔　　　　　　景宁时思寺　　　　　　泰顺某宗祠戏楼

图41　浙闽实例"栱昂相续"配置方式示意
（图片来源：自摄）

持，可藉由其隔跳偷心的做法一窥究竟。

　　再看"榆林窟型"铺作逐昂下遍置露明华头子所反映的迥异于"唐辽型"与《法式》型的檐下形象设计思路。对于唐辽殿阁而言，华头子在铺作中的作用是非常微弱的，它与下昂算法或构造规则间并无太多牵涉。对于《法式》来说情况则复杂得多，四、五铺作归平，昂下华头子略微露明但垫高昂身的幅度非常有限（不足单材），昂身在扶壁处仍需卡入齐心枓口外沿，其上诸昂则直接从交互枓口伸出而不用华头子；七、八铺作时，头昂下降2-5分°，此时华头子露出部分亦极小[1]。可知宋官式做法中的华头子外伸只是为了调节构件间的交接关系，并没有通过抬升昂身起算分位进而影响整个铺作组织的打算，且本身也未能普及至逐昂下遍用的程度。实际上李诫根本就无需过于在意外跳与扶壁栱、方间对位与否——因呈"V"字形布列的斜置遮椽版造成的视觉遮掩，扶壁部分基本是不可见的，他所追求的均齐外檐形象，完全可以依托跳头栱方自身的组织实现，而与扶壁部分无关。而对于十六窟壁画楼阁来说，无论六、七、八铺作在跳头配置方式上存在多么大的差异，其井干壁呈"I"字形竖直布列是相似的，遮椽版平置使得扶壁栱、方完全外露并深度参与了檐下形象的建立，此时其与跳头栱、方间是

1　仅在跳距取26分°时，作为调节区间边界值的2分°、5分°可恰使昂的上下缘与扶壁素方上下棱对齐（下降2分°时头昂下皮交于扶壁素方外侧下棱，下降5分°时约交于素方里侧下棱），李诫给出了调节范围，但没有进一步明确其间取值，一个可能的原因是特殊交接点（如素方边线、中线等处）在此区间内对应的下降份数取值较为畸零，故限定边界后随宜量取即可。

否对位，仍是需要慎重考虑的问题，交互枓逐跳归平的诱因依旧存在，而逐昂下遍置露明华头子以作微调正是最佳的途径。

华头子被赋予更为重要的角色，无疑体现了技术的进步，它彻底改变了昂自枓出的旧规，令其斜率设计与过柱缝处的榫卯加工变得灵活、简便而富有余地。随着华头子本身趋向多样化（如出现了随昂的斜置华头子，或斜置、平置华头子的组合），昂制也势必随之发生深刻改变。

五、"榆林窟型"铺作的传播脉络

十六窟壁画大量遗传了初唐以来的样式细节，如批竹昂嘴扁平无棱、华栱与横栱两端垂直截割不做卷杀、不用通长替木、横栱栱眼平直、阑额不出头、补间铺作发育不成熟且用卷草驼峰承垫、井干壁令栱素方交叠等。

其异于"唐辽型"铺作的诸要点，前文俱已述及，具体措施是将头昂改作垫块（斜置华头子）不令其伸出，其上再叠置真昂一根，如此即可保证跳头交互枓与柱缝上枓归平，此时上道真昂下降一契高，与下道斜置华头子实拍，其他各跳均准照此法施行，这就是画中昂下出双线所要表达的构造内涵。

完全符合其形象特征的木构实例虽已难觅影踪，但采用其昂方直交设计原则者却比比皆是，按近似程度可分作三类。

第一类基本继承了"榆林窟型"铺作下昂过柱缝交于素方半高位置，且其昂下皮在跳头横栱外皮处抬高近单材的传统，分布于包括万荣稷王庙、兴平文庙大成殿、济源大明寺中佛殿、晋中金界寺正殿、定兴慈云阁、正定阳和楼、广饶关帝庙正殿、曲阜颜庙杞国公殿、苏州轩辕宫正殿及文庙大成殿乃至明初多座官式建筑在内的诸多案例中。

第二类虽昂身前后节点与"榆林窟型"略有出入，但其首尾端抬高值相差恒为一材广，即昂身斜率仍保持为五举，实例有登封初祖庵、长子崇庆寺千佛殿、宁波保国寺大殿等，相似的还有曲沃大悲院、敦阳文庙戟门、定兴慈云阁、临县善庆寺大殿等（构造细节相近但具体斜度未知）。此外如西溪二仙庙、梁泉龙岩寺、平顺九天圣母庙等除了采用不同的昂身斜率（四举）外，其他差别不大。

第三类通过微调昂身两端以抬高份数，使其差值偏离单材广整倍数的理想模型，它的时空分布最广，也最能适应宋金以降屋架渐趋峻急的现实，此时灵活多变的下昂斜率设计有助于更有效地因应平槫分位的变化。上述几种衍生情况虽然未必都能如母本"榆林窟型"一般将昂身起算分位推高一材广，但在昂的安置原则上却都明显有别于《法式》的技术路线（图42）。

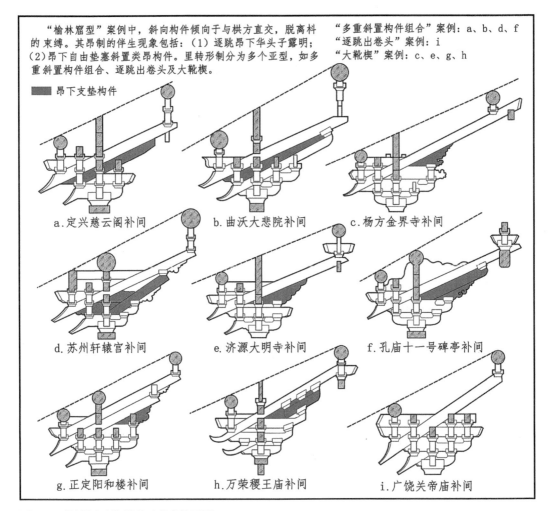

"榆林窟型"案例中，斜向构件倾向于与栱方直交，脱离斗的束缚。其昂制的伴生现象包括：（1）逐跳昂下华头子露明；（2）昂下自由垫塞斜置类昂构件。里转形制分为多个亚型，如多重斜置构件组合、逐跳出卷头及大靴楔。

"多重斜置构件组合"案例：a、b、d、f
"逐跳出卷头"案例：i
"大靴楔"案例：c、e、g、h

■ 昂下支垫构件

a.定兴慈云阁补间　　b.曲沃大悲院补间　　c.杨方金界寺补间

d.苏州轩辕宫补间　　e.济源大明寺补间　　f.孔庙十一号碑亭补间

g.正定阳和楼补间　　h.万荣稷王庙补间　　i.广饶关帝庙补间

图42　"榆林窟型"铺作及其变体示例
（图片来源：底图改自文献［39］［98］［99］［100］［101］）

六、小结

观察"榆林窟型"铺作用昂制度的流传情况时，尤需注意下述几个案例：

其一是万荣稷王庙大殿。其逐跳下出露明华头子，在里转昂下木楔上放置斜料三枚，里转第二、三跳华栱后尾抹斜而不分瓣，徐怡涛称之为华楔栱，其上同样放置斜料（典型的唐辽构件）。顺延此三者下皮发现：①最上之斜置垫木下皮约略与外第一跳横栱里侧下棱相合；②里转二跳下皮与头跳平出假昂之昂身隐刻弧棱线相重；③里转头跳下皮与泥道栱外侧下棱相合。它们的对位关系如此精准，绝非偶然所致，设若其间无横栱打断，它们将分别构成两组斜置华头子与真昂的组合，实际上与本文复原的"榆林窟型"并无二致，差别仅在于铺数较低。

其二是《五山十刹图》所载径山寺法堂底层副阶补间铺作侧样。按图示，该构两昂之间相距一材广而非一栔，这个空隙势必不能仅由料件填塞，由于头昂下明确存在另一斜置构件，故推断其欲表述的也是两组"斜置华头子＋下昂"，此外其昂身斜率的约束条件同样是平出一跳抬升一材广，这些都与"榆林窟型"相似。差别在于法堂铺作的头昂仍落在交互枓口内，且下昂垂高较小（似为一栔）。图样细致描绘了两昂与扶壁栱的交接关系，均是下皮与柱缝齐心枓底外棱相合、上皮与素方外侧下棱相合，昂上交互枓亦与里跳归平，但其实现途径与"榆林窟型"铺作不同——后者令跳头交互枓与昂身入柱缝处齐平，前者则整体下降一足材以与其下一铺归平，由此可知归平的方法是十分多样的（图43）。

其三是高平开化寺与榆次雨花宫。我们知道敦煌壁画中存在六铺作单杪双下昂的形象[1]，而它与七、八铺作中昂身斜率的算法应当是不同的——在唐辽建筑平出一大跳抬升一足材的昂制下，无法通过任意延展华栱长度来达到昂身斜率均一的目的，六铺作的昂身要么较七、

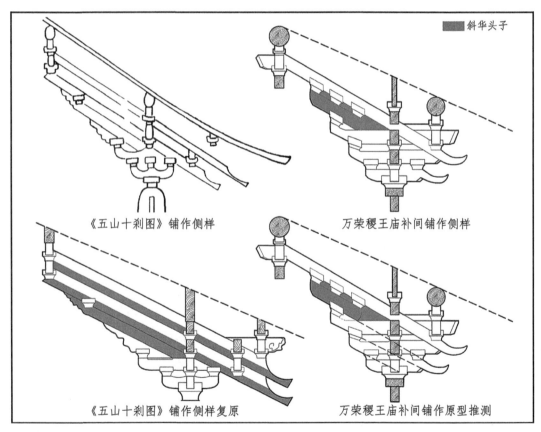

图43 "榆林窟型"特殊变体示例

（图片来源：底图引自文献［8］［102］）

---

1 如敦煌莫高窟第231窟，该窟系吐蕃统治时期（781—847年）由当地望族阴氏所开，除却其非北地传统的六铺单杪双昂形制外，心间双补间做法也颇为超前。类似意向的还有中唐第八窟水中平坐，五铺单杪单下昂配合昂形耍头形成双昂外观。以上两例皆为斜下式真昂，且华头子均不露明。

八铺作陡峻，要么在过柱缝处抬升高度较低，两种情形在实例中都有体现，开化寺与资圣寺接近前者，而雨花宫符合后者。这两者分歧的背后或许暗示着唐辽建筑发展的两个不同方向，一支固守传统，一支锐意革新，两者在五代辽宋之际并存，直到宋中叶起重栱计心造普及，传统做法逐渐拙于适应终被淘汰，而成功衍化为"榆林窟型"的那支则主宰了后世大量实例的发展方向。

总之，藉由与"《法式》型""唐辽型"的比对，"榆林窟型"的概念得以建立，它的技术边界可以被清晰地勾画，归纳其主要特征如下：

（1）下昂与扶壁栱的交接完全突破井干正交的传统思维，昂的首尾两端一并提高，脱离交互枓、齐心枓约束而得以自由调整，伴生出逐跳昂下华头子露明并伸出的现象。

（2）对于昂的杠杆支挑功能认识深刻，不再拘泥于逐跳华栱层叠带来的栱方组合对位关系，在真昂之外大胆增补各种"类昂"斜置构件，与下昂实拍紧密后共同受力，开启了溜金枓栱之先声。

（3）因其逐昂上交互枓归平的构造需求与卷头造枓栱的单元算法内在一致，故而可以实现栱、昂单元随意间续排列的特殊外观。

第三节 《营造法式》上、下昂"理想斜率"推算

一、引言

《营造法式》关于上、下昂的安放角度并未作出直接陈述，但在实例中却存在一定规律，由此对文本中是否潜含了相关信息产生疑问。本节提取《法式》"功限"部分记载的昂类构件尺寸进行作图推导，探析其斜率折算方法，同时从三个方面（①铺作内关联构件的恰合度，②椽架平长的限制，③昂尾挑斡构造的约束）加以验证，得出四点结论：①《营造法式》上、下昂设计存在确定的斜率取值（理想值）；②外檐铺作的形象设计是产生确定值的直接诱因；③取值的具体操作方法是以简单勾股比结合材模数基准量进行调整得来；④《法式》预设的上、下昂斜率生成机制与同期案例不尽相同，反映了独特的构造内涵。

关于《法式》用昂制度，既往研究成果非常丰富，但对于其角度的取定原则却尚无定论，亟须加以解决。

广义的"昂制"研究始于梁思成借助现代制图方法重释《法式》文本的努力；此后陈明达（文献［15］）、潘谷西（文献［22］）等的研究则利用斜昂份数旁证材份制度在屋宇设计中的作用；刘畅通过大量田野调查所获取的精确数据，梳理出宋代木构建筑下昂角度采用整数比的普遍规律；陈彤（文献［103］）则创造性地利用关联构件的尺寸信息反证出下昂的轮廓比例

关系，为启发后续讨论提供了可能。

一个显见的问题是，《法式》精确记载了转角诸昂的长度，若其所指是水平投影长，则与制度部分记载的出跳份数不符；若是指的实长，则必须存在确定的倾斜角，才能令其投影距离与制度规定相一致。那么这个角度如何求取呢？

本节主要以斜昂首尾位置的厘定为出发点，通过作图分析了①交互枓归平的约束条件、②昂尾挑斡平槫的欠高矛盾、③昂方交接的榫卯逻辑等关键问题，推导出《法式》不同等级铺作用昂斜率的理论算值，以期揭示出隐匿于文本中的斜昂倾角设计规律。

二、下昂"斜率设计"的基本类别与约束条件

考虑到中国古代工程营造中"几何问题代数化"的数学传统[1]，昂的角度或应采用契合于勾股比例的"率"而非切分圆弧的"度"来表达。影响下昂斜角设计的因素主要有三项：其一是昂势的峻缓权衡，体现为昂端与扶壁上的交互枓是否齐平；其二是昂身的榫卯处理，体现为昂过扶壁栱、方时两者上下缘是否对位；其三是昂尾的收止方式，体现为压跳或挑斡等操作措施与屋架设计间是否联动。正是对于这三项指标回应方案的差别，勾勒出了不同匠系间的技术边界。

如前文所述，元以前的遗构，若按照"昂制"逐条析分，对号入座，则大抵存在三类不同的做法，我们姑且称之为"唐辽型""榆林窟型"（因最早见于榆林16窟壁画楼阁）和"《法式》型"[2]，归结其主要差异为表5。

"唐辽型""榆林窟型"及"《法式》型"铺作昂制异同一览　　表5

类别	昂下勾股权衡原则	华头子的处理方式	昂头与交互枓关系	昂尾与扶壁栱关系	交互枓的归平周期
唐辽型	隔一大跳（跨偷心缝，合两跳），抬高一足材	不露明；垫于昂下；不推高昂身起算分位	昂头自交互枓口内直接伸出	昂身与扶壁素方上下缘对齐	隔跳归平
	理想原型：样式为批竹（平直或起棱出锋）；算法为"每平出48分° 抬高21分°"；用材与《法式》制度相同				
	典型实例：佛光寺东大殿、奉国寺大殿、镇国寺万佛殿、崇明寺中佛殿、佛宫寺释迦塔等				

1　所谓"几何问题代数化"仅系当代建筑史家对于古代工匠思维特征的粗略总结，并不意味着中国缺乏几何传统，只是在营造领域，古人更习惯于以数的比例来指代线条间的相互关系。自《周髀算经》阐述勾股法后，以数理思维解算工程测量问题即成为我国的固有传统，这在《九章算术》《缉古算经》乃至《营造法式》和近世的各类工匠口诀中均有所反映，而与欧式几何体系迥异其趣。

2　基于各自样式、构造及算法的内在一致性（即技术边界），三种"昂制"类型得以界分，但在理想状况之外，尚存有不少居于过渡阶段的案例，在前述各方面彼此杂糅（如晋南大量五铺作单昂实例，具体属于哪种类型取决于如何定义其昂式要头——它本身符合"唐辽型"的出跳原则，但下随构件分别采用真昂、假昂或华栱时，会导致不同的判断），因此只能大致定义其居于哪两型之间。

续表

类别	昂下勾股权衡原则	华头子的处理方式	昂头与交互科关系	昂尾与扶壁栱关系	交互科的归平周期
过渡型1	样式及构造接近"唐辽型"，算法改动（上道昂华头子不露明），仅用于五铺作				
	典型实例：开化寺、资圣寺、南村二仙庙等，敦煌壁画亦常见				
	隔特殊跳距（在30—60分°间），抬高一足材	唐辽型	唐辽型	仅确保昂底过扶壁素方外下棱，昂背交接位置视昂高而定	可逐跳归平（视昂高而定）
过渡型2	样式属于或趋近"《法式》型"，构造与算法为"唐辽型"，多用于七、八铺作				
	典型实例：保国寺、佛山祖庙、华林寺、布村玉皇庙等				
	《法式》型	榆林窟型	《法式》型	榆林窟型	不归平
榆林窟型	理想原型：样式为批竹昂；算法为"每平出32分° 抬高16分°"；用材为"单材广16分°分，栔高8分°"，即倍科模数制的残余				
	典型实例：力荣樱土庙及东岳庙午门、杨方金界寺、沁水龙岩寺、教阳文庙载门、新绛白台寺、曲沃大悲院、济源大明寺等（大量日本唐样建筑亦符合其标准），及榆林窟壁画、晋南砖雕仿木墓等				
	隔一跳（无论偷心计心，逐缝计），抬高一单材	露明；垫于昂下，推高昂身起算分位（一材）	各昂身均垫在华头子上，与交互科脱钩	昂身与扶壁栱，方特征线（上下缘或中线）对齐	逐跳归平
过渡型3	样式接近"唐辽型"，构造类似"榆林窟型"，算法改动（较少受倍科制影响），多用于五铺作				
	典型实例：青莲寺释迦殿、龙门寺正殿、隆兴寺转轮藏殿、南吉祥寺、游仙寺、小会岭二仙庙、崔府君庙等				
	《法式》型	榆林窟型	榆林窟型	过渡型1	过渡型1
过渡型4	样式属于"法式型"，构造与算法接近"榆林窟型"（头跳可用假昂，其上真昂过扶壁处与素方下棱相交即抬升足材）。常用于五铺作				
	典型实例：陵川龙岩寺、西溪二仙庙、初祖庵等				
	《法式》型	榆林窟型	榆林窟型	过渡型1	过渡型1
过渡型5	样式为华南地区特有，构造下道昂为"榆林窟型"、上道昂则接近"唐辽型"，算法不明，常用于七铺作				
	典型实例：肇庆梅庵、德庆文庙等华南遗构				
	每两跳抬高一单材（头跳极促狭）	唐辽型	唐辽型	交接错乱	不归平
过渡型6	基本属于"榆林窟型"，但华头子推高昂身不足一单材，常用于五铺作				
	典型实例：平定马齿岩寺、平遥慈相寺、济源奉仙观、永乐宫龙虎门等				
	《法式》型	近似榆林窟型	榆林窟型	榆林窟型	过渡型1
过渡型7	入金后大量出现逐跳用折下式假昂、隐刻华头子及昂底皮线的做法，其样式高度《法式》化，但从铺作次序及逐跳隐刻华头子的手法看，则更可能是"榆林窟型"的衍化结果				
《法式》型	理想原型：样式为琴面昂；算法为分级调节，"五、六铺作每平出56分°，七、八铺作每平出77分°，抬升一足材"（本文即以论证此推测数据而作）；用材为"单材广15分°分，栔高6分°"				
	典型实例：隆兴寺小木作转轮藏是少有的完全符合《法式》所载昂制的实例，此外平遥文庙大成殿、曲阜孔庙12号碑亭及华严寺海会殿、永乐宫三清殿、北岳庙德宁殿等均部分符合其定义（不相符处在于昂尾构造或施用假昂等方面）				
	抬升方式与跳距脱钩	仅头道昂下用华头子；以上诸昂自交互科口伸出。杂糅唐辽型与榆林窟型特征	头昂上交互科可下降2—5分° 以作调节	与榆林窟型同	调节余地大，无确切归平原则

总括而论，"唐辽型"流行时段最早，且多用于殿阁类建筑，本身也符合井干堆叠的原始逻辑，其下昂斜率遵循"每平出一大跳（当偷心造两跳之和）抬升一足材"的基本原则，昂仍从属于铺作自身的材栔格线，跳头上交互枓隔跳与施于正心缝上者归平。在此线性思维导引下，昂与扶壁栱、方边缘对齐，榫卯制备简单均一，后尾亦完全组织于联系屋架的内外柱列叠方之中。"榆林窟型"下昂的形象最早见于五代绘制的榆林十六窟壁画楼阁，符合其构成原则的宋金实例亦为数不少，它的进步在于以"每平出一跳抬升一单材"的原则因应计心造普及的事实，赋予外跳上交互枓按实际需要定高的优先权，以此克服"唐辽型"过于机械以致无法灵活调整檐口的缺陷——但其调节能力有限，最终仍需保持昂身与扶壁栱、方交接关系的相对简明（上下缘及中段可随意组合对齐，但不允许产生无序的错缝），至于后尾则通过在昂下放置诸如昂桯、挑斡之类的垫块，使之与屋架设计略微脱钩。总的来说，它对昂的首尾两端控制较为严格，而中段可稍作损益，适用性最好分布也最广泛。"《法式》型"则最为杂糅，缺乏如前两者般鲜明的下昂抬升原则，对于上述三个问题的解决都不甚彻底，也因而留下了大量调整余地，这是兼取百家之长的必然结果（图44）。

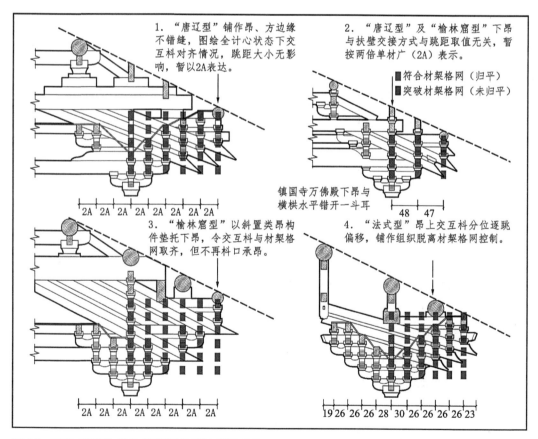

图44 三种"昂制"跳头交互枓归平倾向差异示意

（图片来源：自绘）

三、《营造法式》下昂斜率设计规律蠡测

按《法式》卷四"飞昂"条的记载，官式枓栱需坚持逐铺出跳（不能采用闽粤沿海一带常见的叠昂而不出跳做法），其头道昂上、下的交互枓与华头子均有严格的高度分位设定。同卷又引述了铺作里转的三种"经久可行之法"，总的原则是藉由承槫的需求令铺作与屋架在设计上产生联动，这样昂的斜角自然应当服从于举折之制，而问题也随之产生——与我们在佛光寺东大殿[1]上所见的不同，《法式》记录的下昂斜角明显缓于檐椽，以至于在殿阁和厅堂中分别需要借助上叉蜀柱，或用挑斡、昂桯挑一枓至一材两栔的方式去填平昂尾与平槫间的欠高。李诫为何不直接增大昂的斜角来消弭其后尾与槫位间的空隙，而是执意在槫下加塞杂件？这导致下昂两端的荷载传递都变得更为曲折，徒增失稳的风险。

若从外檐形象上寻求解释，则不难归因于宋以后补间铺作发达的事实：一方面，密集的昂尾共同斜升挑槫加强了构架的整体稳定性，但另一方面，对标柱头铺作的需要导致下昂折角与屋面的举折设计不相统属，产生的差值需借助蜀柱、昂桯等构件"随宜枝樘固济"。或许在北宋官式建筑的营造中，维持外立面"檐牙高啄""整饬如一"的需求是居于首位的，其他不如意处只能暂时隐忍。这种内、外檐形象的割裂，根源在于唐辽以来铺作设计中"构造优先"传统的没落[2]，而跳距的增减、昂上交互枓的升降等调节措施，则都是为了形成固定的下昂斜率，从而保持立面形象均齐的变通手段。

（一）五、六铺作下昂的斜率生成规律

昂身的斜率可以藉由耍头实长、耍头与昂间高差这组勾股数逆推得到。陈彤引述法式卷十八"殿阁外檐转角铺作用栱枓等数"中记载的耍头数据，在假设其下交互枓外棱刚好与昂嘴后缘接缝时，算得该处空隙在71分°（耍头长65分°＋交互枓底半长6分°）的平出距离内抬高了27分°（一材两栔），故下昂斜率应为27/71（文献［103］）。这一推论所得数据略显畸零，与实例测值中经常出现的四、五举整数比并不符合。

实际上，《法式》在处理横栱与出跳栱、昂节点时，总会预留出过渡部分，以令接触面尽量自然。设使交互枓自昂上皮外缘稍稍内移，一则可令昂面内颛曲线起势和缓，减轻交互枓坐于斜面边缘的不稳定感，二则降低了因鹊台糟朽连带牵扯交互枓歪闪的风险。卷二十九"绞割铺作栱昂枓等所用卯口第五"所录下昂分件图样中即明确表达了这一突出于枓底外缘的平台（图45），若定其长为1分°，则《法式》五、六铺作的下昂斜率可化简为27/（65＋6＋1）＝3/8，这一取值显然更便于工匠记忆和操作。

我们从三个方面验证该推测值的合理性。

1　如文献［35］中指出佛光寺东大殿檐步架与下昂的勾股弦关系相同，两者为相似三角形。

2　唐辽殿阁铺作中的下昂定斜原则可简单归纳为"每平出一跳下降一足材"，昂身正交于影栱素方并保持上下缘平齐，交互枓隔跳计心归平。当偷心造且内外两大跳等距时，端头必然隔跳趋平，无需额外调整交互枓分位，但在《法式》中这套约束条件彻底解体，调节机制灵活化的另一面是定斜原则的多元化和弱化。

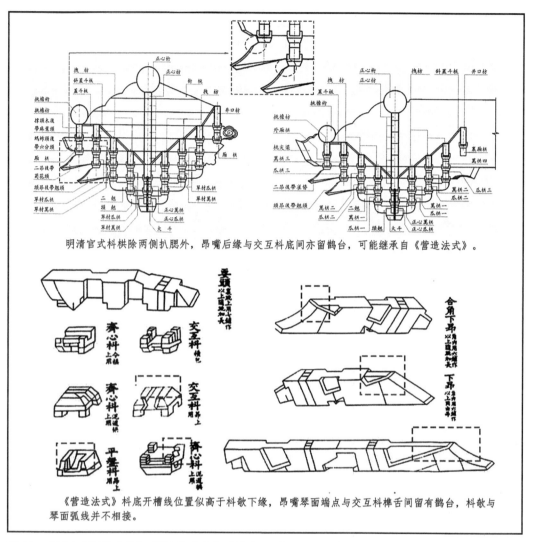

明清官式枓栱除两侧扒腮外，昂嘴后缘与交互枓底间亦留鹊台，可能继承自《营造法式》。

《营造法式》枓底开槽线位置似高于枓敧下缘，昂嘴琴面端点与交互枓榫舌间留有鹊台，枓敧与琴面弧线并不相接。

图45 明清官式枓栱中残存"鹊台"意向与《营造法式》中要头、合角下昂及料件等榫卯图样
（图片来源：底图引自文献［2］［105］）

其一是跳头交互枓下降份数简明与否。《法式》规定六铺作以下"理论上"不减跳，逐跳出30分° 即两材广，此时昂、栱上交互枓保持齐平，跳头横栱与扶壁栱亦投影重合。但从功限部分可知跳距折减现象是实际存在的，如"六铺作用瓜子栱列小栱头分首两只，身长二十八分；瓜子栱列小栱头分首两只，身内交隐鸳鸯栱，长五十三分"，由于28分° ×3/8＝10.5分° 即半足材广，因此该处减跳值或是基于唐辽殿阁偷心造铺作中"每两跳合计升降一足材"的约束原则取得的，推测李诫在斟酌跳头交互枓下降份数时部分借用了唐官式的传统。

其二是与枓栱分件图样透露的榫卯细节吻合与否。按卷三十"绞割铺作栱昂枓等所用卯口第五"中绘制的里跳要头（角内用，七铺作以上随跳加长）形象，其前端开口并塞入齐心枓下，且未越过心缝。设若《法式》下昂斜率大于3/8，则其过泥道处位置应高于齐心枓口外棱，此时华头

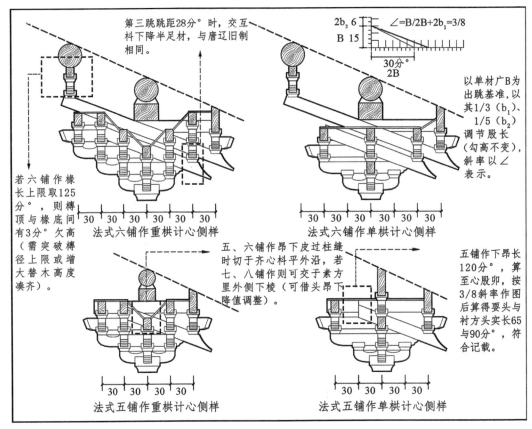

图46　《营造法式》五、六铺作下昂斜率推算方式示意
（图片来源：自绘）

子与下昂在柱缝外的部分将产生三角空隙，要么对其放任不理，要么需令里跳耍头越过柱缝后予以补实，而这两种处置方案都与图样信息不符，反过来也证明了推定的下昂斜率上限取值是难以跨越的（图46）。再看枓的加工情况，同卷中绘制了泥道栱上与令栱上用齐心枓各一种（前者枓底抹斜放过昂身），设若下昂过扶壁时底皮低于齐心枓口外棱，则必抹斜枓口以利于承托昂身；反过来若高于枓口外棱，则为了凑足欠高，枓平将高于2分°或在枓内垫塞木块。事实上两种情况亦未曾发生[1]，这说明《法式》的榫卯设计极度精细，只允许下昂底皮恰与齐心枓平外棱重合这一种情况存在，此时昂的斜率定格在27/72即3/8，别无变动的可能，它略微比四举即28/70平缓一些。

其三是昂与柱缝上素方的搭接关系理性与否。以推定的3/8斜率作图验算，发现下昂底皮恰好切于泥道栱上齐心枓口外沿，这正是我们期待中的理想情况：昂尾向后延伸时，或是与心缝上栱、方边棱相合，或是从扶壁上齐心枓口外棱吐出，构件间的控制线与结构线相互恰合，为设计和施工带来了极大的便利。

1　《法式》卷十七·大木作功限一"殿阁外檐转角铺作用栱枓等数"记载补间用齐心枓数，八铺作一十二只，七铺作一十只，六铺作、五铺作同为五只，四铺作三只。可知外跳交互昂之横栱上不设齐心枓，昂间实拍密合；而泥道上用者除面宽向需开口以容暗销外，在进深向开口内亦留有宽1.5分°之隔口包耳，并无抹斜枓平以放过昂身的倾向。

质言之，《法式》选录一种恰当而固定的下昂斜率是可信的，其数值选择与生成机制均有别于唐辽时期的技术传统，表现为跳头的空间定位彻底突破了柱缝上的材栔格线。我们知道早期殿阁的一个重要构造特征是跳头上交互枓与扶壁上齐心枓取平，即或补间用卷头造、柱头用下昂造，相同层数的昂与华栱端头也是对齐的，以此保证罗汉方拉通整圈外檐铺作。这也证明了昂上交互枓的分位（也就是外挑部件的空间定位）因变于扶壁上栱、方的材栔堆叠关系，昂的倾斜程度完全受制于华栱层层推高、伸出后形成的空间矩阵，是非常不自由的。五代以降，柱头与补间铺作形态趋同，通过同步调整同层栱、昂上的交互枓位置，即可保证罗汉方拉通，跳头的空间分位设定逐步与扶壁上的材栔格线脱钩。同时，下道昂不再自交互枓口内直接伸出，而是垫在露明的华头子上，其起算点抬高了近10分°，这就从根本上瓦解了过往的下昂组织逻辑。李诫规定四、五铺作交互枓直接归平，六铺作以上藉由微调跳距归平，入宋以后度量与加工技术的进步、模数制度的进化，都使得繁难而精确的操作成为可能，设计原则也由简明单一走向复杂灵活。

（二）七、八铺作下昂的斜率生成规律

前人研究中的一个主要困扰在于，《法式》大木作制度部分给出的出跳份数与功限记载的构件长度间常有抵牾，如卷十八"殿阁外檐转角铺作用栱、枓等数"记载，"八铺作至六铺作各通用：瓜子栱列小栱头，两只，身内交鸳鸯交首栱，长五十三分……慢栱列切几头分首，两只，外跳用，身长二十八分……"这种以25分°和28分°组合构成减跳后跳距的做法，与制度卷内规定的标准跳距30分°和减跳跳距26分°并不相同，到底孰是孰非？出跳长构成昂下三角空间的股长，勾高则为勾连昂身在这一跳内上下支点的空间高差，在此先大胆假定它们分别长99分°（耍头身长90分°＋交互枓底长之半6分°＋推想的交互枓畔到昂身鹊台外棱距离3分°）和27分°（一材两栔），即七、八铺作的推定斜率为3/11，它近似于28/100即7/25。由于李诫以方七斜十表述$\sqrt{2}$关系，故7分°也可解释为以材厚为对角线的方形边长，或足材的1/3，或28分°跳距的1/4；25分°则是度量朵当、间广、椽平长等空间取值的一把好"尺"（常用值均为其公倍数），两种减跳跳长组合的意义或许正在于此。因而3/11的斜率取值又可转译为：昂身在三、四跳内每隔25分°横长下降7分°垂高（7/25），前者是后者的近似操作值。

如前所述，李诫在设定下昂斜率的过程中应是充分考虑了外檐形象问题。参考大雁塔门楣线刻佛殿等图像资料，可知盛唐以来的传统是令跳头与扶壁的横栱间投影重合无交错，以此确保横栱看面完整展现；如遇下昂造，则要么隔跳归平，要么间用偷心，以达成同一目的。因扶壁栱上遮椽版平置，故栱方、昂方间的交叠关系悉数裸露，所有构件均倾向于垂直对缝，补间铺作或大幅简化（减跳）或干脆缺失，栱间壁版更多地以彩绘图案装饰，而非密布枓栱以呈现结构之美。随着逐跳重栱计心做法日益盛行，若保持下昂首尾端点不变，则每跳均下降半足材，各跳头上横栱间势必交错遮挡［自令栱以内，逐层遮掩（15-10.5）/15即约1/3的栱件身广］，绵密堆积使得外檐形象从疏朗井然走向繁复杂乱，这就引发了调整昂身斜率以使诸横栱重新归平的需求。

此时有两种方案可供选择。其一是延续唐辽以来的构造逻辑，令昂尾坐于泥道栱上齐心枓内，并与扶壁上素方正交，绕此点旋转昂身并加长头昂下的华栱挑出长度，从而放缓下昂，直至各跳上横栱重新归平。但这将带来额外的构造问题：明栿端头绞入铺作后充华头子，其前端被砍削为过度尖细的三角形木楔会导致梁身承载力下降过剧，同时华栱与下昂跳距分配失衡，因此并不足取。其二则是彻底推翻唐辽以来扶壁栱必与昂身边缘对齐的传统，优先满足外檐形象的整饬均平——这也正是《法式》的选择，结果导致了新的下昂斜率取值。作图可知，当每隔25分° 跳长降低7分° 垂高时[1]，各跳头横栱间仅上下错缝1分°，这恰好是开刻的栱眼深度。

我们从四个方面论证推想斜率值的合理性。

其一，通过作图考察铺作构件搭接的自洽性。据《法式》卷十八"殿阁外檐转角铺作用栱、枓等数"条记，"交角昂：八铺作六只，两只身长一百六十五分，两只身长一百四十分，两只身长一百一十五分。……"代入3/11斜率后发现各项数据均能吻合[2]，此时六、七、八铺作中仅头昂上的交互枓可在2—5分° 范围内调整，用于二昂以上者均不在可调之列，可知所谓"凡昂上坐枓，四铺作、五铺作并归平，六铺作以上自五铺作外，昂上枓并再向下二至五分……"其实是不包括七、八铺作的，这是因为自第二道以上诸昂均直接从交互枓口内伸出，并不经由华头子的垫托，升、降枓口位置能起到的调节作用十分有限，在跳距与昂身垂高不变的前提下，唯有赋予下昂合适的斜率才能解决问题。

其二，椽长、朵当、举折等空间数据的阈值为昂的斜率算定提供了旁证，两者间不应出现矛盾。卷五"椽"条记载了厅堂与殿阁的椽平长上限分别是6尺与7.5尺，以卷十七"殿阁外檐补间用栱枓等数"条所记各昂长度代入3/11斜率后作图发现，其八铺作昂身里转投影长125分°，选一等材时恰合7.5尺，与制度部分的记载完全吻合（图47）。此外，诉诸地盘图样亦可得出类似结论，如卷三十一"殿阁地盘分槽等第十"图中所绘规模最大的"殿阁身地盘九间，身内分心斗底槽"平面，按最大进深十二架椽、椽长7.5尺，深四间、逐间双补间计算，得出侧面朵当长也是125分°，与前述结论一致；若七铺作，则算得昂身投影长120分°，用一至三等材时分别折合7.2尺、6.6尺与6尺；若六铺作，无论双杪单昂或单杪双昂，昂身投影恒长100分°（它规定了朵当下限，使得相邻慢栱不至于相犯）。综上，《法式》首步架平长、朵当及昂身实长的计算是一个圆融互恰的整体，下昂斜率的设定必然受其制约。

其三，《法式》记载了角缝逐道昂的实长份数，以推定的斜率反算其不加斜时对应于补间的实长，若其与后者的记载值吻合或接近，则可辅证推论的准确性（图48）。从表1算得数据的自洽程度看，推想值的可信度是较高的（考虑到转角处诸昂后尾均需共同挑托平槫交圈节

---

1 即便严格按3/11的推想斜率计算，26分° 和25分° 跳长分别折算出7.09分° 和6.82分° 垂高，工匠在实际操作时仍会归整到7分°，这与7/25并无区别。

2 八铺作中三根斜昂的数据皆自中线量得，其中二昂测值与《法式》记载完全吻合；头昂测值较文本规定短2分°；在子荫深1分° 时，三昂测值较中线值恰短2分°，并与原文吻合，其插入扶壁处的深度与二昂对称（类似榫卯做法在解体的高平二仙宫中可以看到）。《法式》分件图样显示，合角昂后尾自尖角向内仍有小段存留，当非贴于转角昂两侧，而是插入扶壁以内。七、八铺作作图结果与记载情况基本一致，但五、六铺作存在瑕疵——文本中的合角昂长度过短（即便视为平长也不够）。但若只从昂上交互枓底外侧量起，则与文本契合，尤其六铺作头昂、二昂同时吻合，这应非巧合，或许与其用于彻上露明造时采用不出昂之"昂程"并挑斡平槫的做法有关。

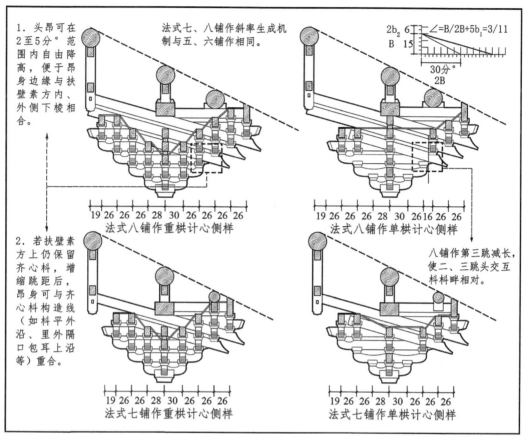

图47 《营造法式》七、八铺作下昂斜率推算方式示意

（图片来源：自绘）

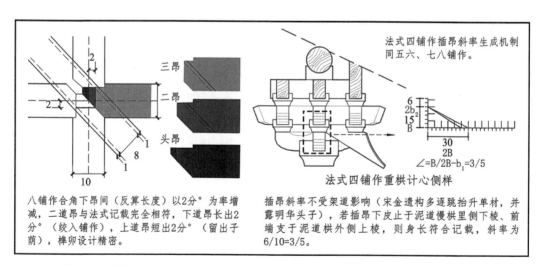

图48 角缝昂实长验算及《营造法式》四铺作插昂斜率推算方式示意

（图片来源：自绘）

点，适当放大长度以备加工时临时截割实属合理）。各组算值中，最上道昂都略有讹大而整体误差最小，这就保证了整组下昂的基本挑斡能力；反之所有下道昂的离散趋势各不相同，六、八铺作偏短而七铺作偏长，详见表6。

取推想斜率时角昂反算值与正身昂实长份数验证情况　　　　表6

铺作等级与昂身斜率	《法式》记载的角昂长	反推所得正身昂长	《法式》记载的正身昂长	数据吻合度
八铺作——3/11斜率	由昂 460 分°	331 分°	—	—
	三昂 420 分°	302.26 分°	300 分°	99.25%
	二昂 380 分°	273.47 分°	270 分°	98.73%
	头昂 200 分°	143.93 分°	170 分°	71.97%
七铺作——3/11斜率	由昂 420 分°	302.26 分°	—	—
	二昂 380 分°	273.47 分°	270 分°	98.73%
	头昂 240 分°	175.12 分°	170 分°	97.08%
六铺作——3/8斜率	由昂 376 分°	274 分°	—	—
	二昂 336 分°	245 分°	240 分°	97.96%
	头昂 175 分°	127.69 分°	150 分°	85.13%
五铺作——3/8斜率	由昂 336 分°	241.81 分°	—	—
	头昂 175 分°	127.69 分°	120 分°	93.98%
四铺作（插昂）——3/5斜率	由昂 140 分°	106.26 分°	—	—
	头昂 50 分°	—	40 分°	—

其四，早期遗构中广泛存在着$\sqrt{2}$的立面比例关系。当跳头不降高时，110分°的朵当取值在彩画及雕镌制度中比例最为协调（"小木作栱眼壁版"条），此时八铺作总高与朵当长恰成$\sqrt{2}$关系；无独有偶，七铺作取朵当下限100分°时，类似的比例关系再次出现（图49）。3/11斜率（等同7/25）的另一层含义因此被揭示——只有逐跳升降21分°、14分°这类7的整倍数，才能保障方五斜七近似算值下白银比[1]的反复实现，习见的比例关系支配了包括下昂斜率在内的大量设计"常数"的取定。

（三）《营造法式》四铺作插昂的斜率生成规律

因四铺作插昂夹于华头子与要头间，仅存昂嘴而无实际的悬挑功能，故应视其上皮为实长。以跳距30分°加上两侧各自卡入枓内的半栱厚后恰为40分°，昂身下皮则与泥道栱外侧上棱线重合[2]。它等同于在一材厚距离内提升了一栔高，当然也可以转述为"平出一跳减半材厚、抬升单材"（图48），斜率表示为6/10或15/（30-5），取值都是3/5。

1　白银比（$\sqrt{2}$∶1）被广泛应用于三角平方数、佩尔数列及正八边形计算中，在《法式》语境下，其疏率为"方五斜七、方七斜十"，密率为"方一百斜一百四十有一"。王贵祥指出近八成的现存早期遗构均以此比率定檐、柱高关系。在更微观的构件加工层面，对角解方的操作是常见的，白银比也因此被广泛使用。

2　据《法式》"大木作功限一·殿阁外檐补间铺作用栱、枓等数"条记载用下昂数："八铺作三只，一只身长三百分，一只身长二百七十分，一只身长一百七十分。七铺作两只，一只身长二百七十分，一只身长一百七十分。六铺作两只，一只身长二百四十分，一只身长一百五十分。五铺作一只身长一百二十分，四铺作，插昂一只，身长四十分"。

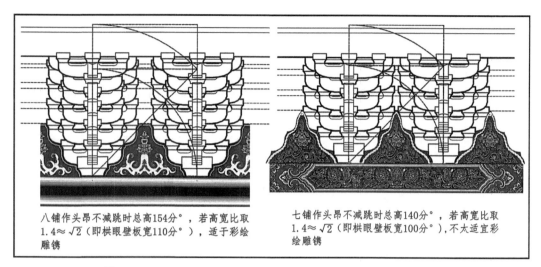

八铺作头昂不减跳时总高154分°，若高宽比取1.4≈$\sqrt{2}$（即栱眼壁板宽110分°），适于彩绘雕镂

七铺作头昂不减跳时总高140分°，若高宽比取1.4≈$\sqrt{2}$（即栱眼壁板宽100分°），不太适宜彩绘雕镂

图49 铺作立面$\sqrt{2}$关系示意
（图片来源：底图改自文献［80］）

四、《营造法式》分级表述下昂斜率的内因及其取值模式

综上，《法式》文本中可能暗示着三个固定的下昂斜率取值，即四铺作插昂取3/5，五、六铺作取3/8，七、八铺作取3/11，是什么导致了这种差别？

一般认为六铺作表征着李明仲默认的建筑等级拐点，它本身具有较大的特殊性，在文本中也被一再提及。我们试以六铺作举例，通过考察昂尾挑斡的构造问题来回答为何需要将昂身斜率分为峻缓不同的两级（不算插昂的特殊情况）。

总的看来，法式体系追求的是建筑外立面的整洁有序，尤其是外檐枓栱的圈层均一，这要通过增加朵数、同化外观、平分朵当以及拉齐各跳上横栱来达到，而最终的实现途径是放缓昂身[1]——为此付出了两方面的代价，其一是放弃扶壁栱方与下昂间的对齐关系，两者上下缘间无序的错缝交接导致榫卯开口繁难；其二是昂尾与槫底间欠高加剧，无法直接以下昂挑斡解决而必须引入更多垫块，导致传力路线不单一。

第一个问题尚属于可控的范围——由于提倡双补间，扶壁部分的装饰意味已被大幅削弱，栱眼壁版被分散打断，不再是彩画描绘的重点；同时因遮椽版斜置，扶壁栱逐渐由"I"字形竖向叠垒转变为"V"字形分散排布，大部分井干壁皆不可窥见，因此无论下昂与柱缝栱方间交接错乱与否均无碍观瞻。当然，《法式》仍在尝试延续唐辽以来横栱素方与昂身边缘对

---

1 当逐跳昂上交互枓均归平时，铺作外观最为均齐，但在使用真昂的同时却又阻止了跳头降高的诉求，这在逻辑上是自相矛盾的。考察《法式》关于下昂的文意，似乎李诫在迁就结构还是迁就形式间有所犹豫，最终并未采用能彻底解决问题的平出假昂做法。但作为一种折中手段，放缓昂身有损其斜杠杆的工作机制，下昂降高产生的更多问题终归也无法调和，因而假昂的普及终将是无法避免的。

齐的传统，关于六、七、八铺作昂下交互枓较里跳下降2—5分°的规定正源于此。按3/11斜率作图发现，下降2分°时七、八铺作昂身下皮恰与扶壁素方外侧下棱相合；下降5分°时略与扶壁素方里侧下棱相合[1]，当采用这两个极限值之一时可部分保留唐辽以来昂、方边缘对齐的传统，但对于彻底解决错缝问题则并无帮助——实际上遮椽版掩蔽后的"不可见"也导致柱缝上的昂方错缝不再成其为一个问题。

第二个问题则更为严重——当七、八铺作采用3/11的下昂斜率时，昂与檐椽间产生了较大的斜角差值。按《法式》举折之制，殿阁与厅堂的首架斜率分别达到0.49和0.45（文献［106］），这个习用值放在椽、昂近乎平行的唐辽殿阁上并无不妥，在《法式》中则因昂身放缓而产生了无法弥合的槫下欠高，叉昂尾的蜀柱和垫槫底的一材两栔也应运而生。七、八铺作殿阁因昂尾远在草架之上，问题尚不明显，六铺作厅堂的情况则微妙得多。作图可知，最高等级的"八架椽屋乳栿对六椽栿用三柱"厅堂侧样尚可勉强以昂尾直接挑斡平槫（前提是越级采用殿阁径两材的下平槫，且替木高12.25分°而非12分°）；若严格采用厅堂"加材一栔或三分"的槫径取值，或是只用四、五铺作，则仅靠铺作自身根本无法凑齐与槫底间的空缺，从而需要为低铺数的枓栱设置更为陡峻的下昂斜率。由此观之，六铺作正是处于昂尾挑斡平槫能力的临界点上，此时槫径取值已达极限，若首步屋架趋陡或是架深增大，都会导致平衡被打破，此时只能引进昂程挑斡做法予以解决。

正是由于这种戏剧性的"定格"，六铺作必然成为昂身斜率设定的分水岭，低、高铺数枓栱各自取用峻、缓有别的角度与手段，分别达成挑斡平槫的目的。

我们回到问题的原点，本节推测的《法式》七、八铺作下昂"理想"斜率何以要通过微调鹊台取值（半栔）来凑出整数比？三个定值间的简单数理关系（分子同为3，分母为等差数列5、8、11）又有何内在联系？这种取值背后是否存在共通的折算原则？其根据又为何？

我们先看一组数据：

（1）青莲寺释迦殿下昂斜率为27/63（文献［42］），合3/7；

（2）王报村二郎庙戏台下昂斜率可折为3/8（文献［59］）；

（3）3/9的实例暂时未掌握；

（4）平遥文庙大成殿、隆兴寺转轮藏头道昂（文献［36］）与青莲寺释迦殿要头均为三举，合3/10；

（5）隆兴寺转轮藏二道昂约0.275举，合3/11；

---

1 2—5分°的极限调整值恰对应于扶壁素方上、下棱的交接位置，这种情况仅在跳距取26分°时成立。当昂身上下缘对齐到诸如栱方中线这样的特征点时，昂自身的下降份数却往往是畸零的，这或许正是《法式》不精确规定调整值，而是仅赋予一个区间的原因。当不减跳或按功限部分记载减跳5分°时，头昂自由降跳有助于找到下昂边线与其他构造线（如齐心枓或素方边/中线）的最佳对位关系。就图样而言，似乎六、七、八铺作上交互枓归平也具备潜在的可能，因此《法式》与唐辽官式建筑在下昂制度部分的本质区别在于头昂下伸出露明华头子，在给定的斜率下，可据实际需要调整头昂高度分位以获得其与扶壁栱、方间恰当的对位关系，但这改变不了外跳横栱必与下昂缝相交的事实。或许李诫载录的《法式》昂制正处于唐辽传统经历革新并走向瓦解的最终环节上。

（6）隆兴寺转轮藏三道昂0.25举，合3/12……

设以材厚之半 5分° 作为调节用的基准量A，则青莲寺释迦殿下昂斜率可表述为3A/6A＋A、王报村二郎庙为3A/6A＋A＋A，高平古中庙为3A/6A＋A＋A＋A，平遥文庙大成殿、隆兴寺转轮藏头道昂与青莲寺释迦殿耍头为3A/6A＋A＋A＋A＋A，隆兴寺转轮藏二道昂为3A/6A＋A＋A＋A＋A＋A，三道昂则为3A/6A＋A＋A＋A＋A＋A＋A。这些选例的样式差别较大，建成年代也前后悬隔，但其算法均指向一个古老的传统，即遭到李诫批评的"倍斗取长"原始模数方法。

实际上，倍斗模数制虽不够精确，但胜在算法简单，且最大限度地利用规格化构件控制了空间尺寸的量测，当不同料件的共用边长与材广趋同（合16分°）时，以之度量整个建筑最为合宜。由于绝大多数早期遗构的枓栱出跳值倾向于取2倍材广（同时也等同或接近于枓长），因而昂下勾股关系均可藉之化整表达。

这一传统同样影响到了《法式》的编纂，虽然握有更加精细、先进的材份模数工具，我们推想李诫还是忠实于下昂以五举定斜的一般传统，在折半法则基础上优先制定了铺作出跳的基本勾股比（昂下每抬高一单材、平出两单材），并以之为起点，继而以半材厚5分° 为基准量逐渐增减跳距（四铺作插昂是唯一减跳的情况）。这样的好处是可以获取随等级增高而趋于平缓的取值序列，产生了自3/5、3/6、3/7、3/8、3/9（实例暂缺）、3/10、3/11直至3/12的整个数组，从而保证下昂斜率可以被灵活调整和简明标记，这是思维逻辑上比例优先的产物，是代数优先于几何的数学传统带来的必然结果。

五、《营造法式》上昂斜率设定原则推想

李诫对于上昂的记述不甚均平，在制度"飞昂"条目内极尽详细，但在随后的"总铺作次序"条与功限章节中却了无痕迹，到了图样部分则又细致描绘了五至八铺作及平坐用上昂形象。除却编排逻辑较难理解不论，关于上昂制度本身仍存有三点疑问亟待思考。

其一，关于其施用方式的记载有矛盾之嫌，卷四"飞昂"条称"下昂施之于外跳……上昂施之于里跳之上及平坐铺作之内"，同卷"总铺作次序"条又称"凡铺作并外跳出昂，里跳及平座只用卷头"，则上昂用法及属性难道与卷头相同？

其二，下昂的减跳原则简明有序（功限部分的减跳份数虽自行其是，但跳距变化仍极具规律），上昂逐跳跳距的变化却颇为混乱，不同铺数间亦缺乏贯通的法则，那么它的数值是依据什么原理审定的？

其三，功限中明确规定了下昂在补间及转角处的长度，但并未论及上昂，难道它可以随意调整？若如此又何以"关防工料"？除却这三者外，上昂需面临与下昂同样的设计问题，即其自身的斜率应如何取定？而这或许正是解锁上述三个疑点的关键抓手。

前节关于《法式》下昂斜率生成机制的讨论中，关键的一条原则是昂身的上下边线应交于既有栱、方、枓等构件的外缘或中线等特征点上，以期榫卯设计尽量便于描述而不必完全依

赖于现场放样，同一体系下的上昂也理应如此。"飞昂"条原文记称："二曰上昂，头向外留六分，其昂头外出，昂身斜收向里，并通过柱心……上昂施之里跳之上及平坐铺作之内，昂背斜尖，皆至下枓底外，昂底于跳头枓口内出，其枓口外用靴楔刻作三卷瓣"，显然，上昂的下皮线需穿过连珠枓的枓平内沿（偷心造以散枓替代交互枓，但并未说明是否扭转放置，在此仍按进深方向16分°计），外沿则伸出靴楔以填补昂、枓间空隙。上昂斜率可表示为每抬高连珠枓（上枓完整下枓无耳）16分°后平出若干份，其取值应符合就简原则，与既有构件的特征点对齐，以下对上昂可能的斜率生成方案进行论证（图50）。

五至八铺作用上昂诸例中，八铺作里跳依次为26、16、16、26分°，上昂底皮起自第三跳，若将之平移至柱缝处，使其下皮穿过齐心枓底外棱，则头跳26分°与半个齐心枓长6分°之和恰与二、三跳之和相等，在表记上昂斜率的勾股中，股长取值定为平出的32分°，勾高则取连珠枓高16分°，八铺作斜率为16/32，此时构造节点与构件轮廓间最能保持对位关系[1]。

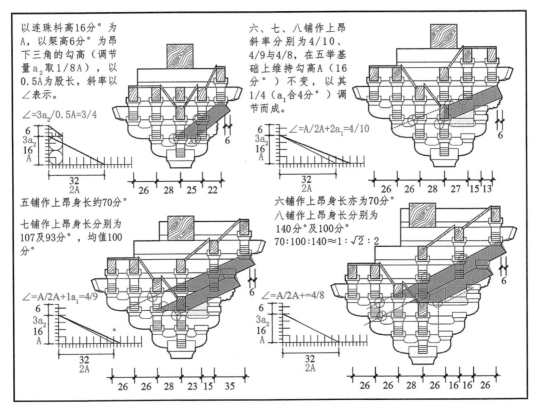

图50　《营造法式》上昂斜率推算方式示意

（图片来源：自绘）

1　这相当于将上昂先向内侧移动32分°，又因其下皮线需自连珠枓平内沿伸出，将其向外移动半枓长8分°，此时昂下皮交于里跳第三杪上皮，自交点作垂线向下恰与里跳第一杪上充交互枓的散枓内缘重合。同时，在五举斜率下，第二根上昂上皮恰好同时切过扶壁栱方与里跳慢栱的内侧下棱。

循此思路，六铺作里转头跳27分°、二跳推测为15分°，其一二跳之和与八铺作同为两足材，但连珠枓内移至第二跳头上[1]。仍假设上昂底皮过齐心枓底外棱，则平出40分°（头两跳之和42分°＋6分°即扶壁处齐心枓底之半–8分°即连珠枓宽之半），斜率为16/40，此时上昂上皮恰切过里转瓜栱外侧下棱线。

七铺作里转分别是23分°、15分°、35分°（三四跳之和），连珠枓仍在第二跳上，维持上昂前后构造节点不变，平出值较六铺作减少4分°，斜率为16/36。

由此，推测的上昂斜率在各铺数间形成数组，六铺作4/10、七铺作4/9、八铺作4/8，昂势随铺数增加依次变陡，勾高恒以连珠枓高为则，股长则以4分°为率递相增减。

五铺作因不用连珠枓而稍特殊。其里转两跳分别是25分°、22分°，上昂下皮线过里转第一杪上交互枓口内沿，抬高平、敧之和6分°。作图可知，若平出半个枓长8分°，即斜率为3/4时，上昂上皮线与既有构件间可取得最好的对位关系（昂身在柱缝处恰过齐心枓口外沿，中段过里转慢栱外侧下棱，末端与挑令栱交互枓底内侧下棱相合）。且正如前节所推测的，五六铺作下昂的斜率是3/8，正好是同级上昂的一半。实例中，宋端平间（1234—1236年）复建湖州飞英塔外塔首层上昂的实测斜率约为3/4，恰可作为一个佐证。

六、《营造法式》分级表述上昂斜率的内因分析

前段谈到上昂制度中的三个疑点，关于第一点，即《法式》文本中先申明"上昂施之于里跳之上及平作铺作之内"，继而又称"里跳及平坐只用卷头"的自相抵牾的记述，似乎可以理解为上、下昂应组合使用，否则全卷头造时"若铺作数多，里跳恐太远，即里跳减一铺或两铺；或平棊低，即于平棊方下更加慢栱"，需采用更多的调解措施。上、下昂并用的实例并不罕见，五铺作如日本栃木县镄那寺本堂、六铺作如金华天宁寺，均以上昂斜支下昂后尾。在《法式》体系下，若六铺作上、下昂的设计斜率成立，则不难发现两者取值极度接近，3/8与4/10在较短跳距内抬高值的差异完全可以忽略，此时若将两者组合使用，无疑能在里转部分产生两昂乃至三昂平行延展的意向，获得高铺数下昂造的室内观感，这种对于下昂意向的模仿或许正是法式反复阐述上昂的内因。

关于第二个问题，即上昂各跳取值的规律，我们以连珠枓中缝为界，将之拆解为内、外两个部分予以考察。如前所述，六、七、八铺作上昂的斜率变化，是以4分°为率水平伸缩导致的，这同样是六、七铺作里转第一跳的差值。在河东、晋南一带的宋金遗构中，广泛存在着单材广厚比1.6的情况。此类遗构中下昂与昂形耍头的定斜原则可归纳为"水平方向上以两倍单材广为基准，以材广约数的8、4分°为调节量相增减，竖直方向上以一单材为抬升量，划定简

---

1 《法式》未记六铺作上昂二、三跳及七铺作上昂三、四跳各自长度，其合计长度分别为28分°与35分°。就连珠枓与其内一跳交互枓的间距论，八铺作记为16分°、七铺作为15分°，六铺作若需择其一为标准，则紧邻的七铺作似乎更为可信（且两者头跳均为奇数，八铺作为偶数）。

洁的勾股比"[1]，最终获得整数斜率（文献［107］）。16分° 是三小枓的共长，因此这种定斜方法究其实仍源自"倍斗取长"之法，我们认为法式上昂制度参照了同一传统。关于上昂构件是否需要严格限定身长的问题，答案通过作图即可自行呈现：八铺作时，最长的上道上昂身长140分°，不及同铺数下昂身长300分° 的一半，五、六、七铺作时更是与普通栱材无异，只在100分° 与70分° 左右，三个数值间构成 $1:\sqrt{2}:2$ 的连续方斜关系，便于量取裁截。

关于上昂的来源，王鲁民曾有过精彩的推测（文献［77］）。就《法式》语境而论，厘清上昂、挑斡和昂桯间的关系至关重要，朱永春和林琳（文献［108］［109］）近来对其做了详细钩沉，围绕"又有上昂如昂桯挑斡者"等语句，昂桯的技术源头问题得以逐渐辨明。法式下昂斜率较缓，彻上明造时若欲"于束阑方下昂桯"，仅靠"后尾挑一材两栔或只挑一枓"是无法弥补与下平槫间欠高的，亦即昂桯的斜度必定陡峭，它与远较下昂峻立的上昂一样，应来自李诫记载的主流匠门之外。昂桯与上昂虽在位置、功用与样式上产生了分化，但存在同源的可能，因而《法式》令其互释。

若果如是，则《法式》述录上昂无非是以之模拟下昂里转部分的权宜之计，为了在不用下昂（如内柱头）或下昂不可见（没入平棊之上）的情况下，以类似下昂的斜向构件隐喻屋面的存在，上昂造才应运而生，且为了加强斜向态势，刻意令里转大量偷心以露明上昂。也因此，它意在表达的并非基于偏心受压逻辑的"斜柱"（《法式》中斜柱类构件仅剩叉手、托脚与枝樘，且三者均非单材规格），而是通过"错置""扭曲"与"迁就"的手法折损下昂的挑斡逻辑，转而强行将其嵌入材栔格网以达成减跳目的，并在平棊之下表达下昂伸过柱缝继续上彻屋盖的意向。若里跳只出卷头承托算桯方及其上天花，则下昂必将完全遮蔽，试想厅堂屋架尚且需要借助下昂挑斡平槫以展现构造之美，殿阁又何以能对此全然漠视？下昂既然不能露明，则只能将卷头中的某一跳或两跳转化为与华栱同构的昂形替代品。若非如此，则所谓仅用于金厢斗底槽内槽的上昂，论应用频率尚且低于厅堂中的"昂桯挑斡"，李诫对于后者尚且吝于论述，又何必花费如许之多的笔墨来引介上昂？

七、小结

本节以《法式》所载构件轮廓尺寸的骈合关系为出发点，借鉴若干遗构的实测数据，总结隐藏其中的关于下昂斜率算法的共同规律，进而逆向推导《法式》下昂的斜率取值，并以文本中所列数据为辅证，通过作图验核后得出以下结论：

（1）《法式》记载的下昂长度为昂身实长而非心长。

（2）《法式》七、八铺作下昂"理想"斜率恒为3/11，五、六铺作恒为3/8，四铺作插昂恒

1　实例如永寿寺雨花宫与少林寺初祖庵的下昂斜率为16/32分°，合4/8；万荣稷王庙为16/（30＋8）合0.42举；西溪二仙庙寝殿与龙岩寺中佛殿为16/（32＋8）合4/10；南村二仙庙帐龛为16/（32＋4＋4＋4）合4/11。

为3/5。其操作手段可概括为：在1/2起坡基础上维持勾高15分°不变，以半材厚5分°为基准长逐步增减股长调整得来。

（3）《法式》文意中的下昂具有固定不变的斜率，下降2—5分°的规定调节的是华头子对于昂身起算高度的垂直推高值，而非指昂身斜率可以调整[1]。

（4）《法式》下昂斜率平缓，因而不具备挑斡平槫的绝对能力，所谓"昂桯挑斡"做法当转借自其他营造体系而非法式原生。

（5）《法式》下昂里转部分投影长度受限于椽平长，八、七、六铺作下最大的折合份值分别为125分°、120分°与100分°。

（6）《法式》上昂斜率从五至八铺作分别为3/4、4/10、4/9与4/8，后三者的操作手段可概括为：在1/2起坡基础上维持勾高16分°（连珠枓高）不变，以4分°为基准逐步增减股长得来。

（7）《法式》上昂本质而言仍是对于下昂里转部分的模仿，并非可用于外檐的"斜撑"，且其与"昂桯挑斡"存在同构关系。

（8）《法式》上、下昂固定斜率的制定，本质上是"形式优先"的产物，有悖于唐辽以来"结构优先"的传统。下昂折中的出发点是解决枓栱立面形象杂乱的问题，由此衍生的结构缺陷则通过遮椽版和昂桯挑斡做法掩盖解决；上昂则侧重于解决下昂后段于屋内被天花遮蔽，从而不能暗示屋面倾斜态势的问题。

（9）《法式》上、下昂斜率算法所凭依的操作原则在更早实例中有大量体现，并非李明仲首创。

总之，《法式》用昂制度体现的复杂性与矛盾性正反映了其编纂过程的曲折与内涵层次的多元，为了保持"飞枊鸟踊"的观感并辅助挑斡平槫，李诫坚持采用真昂而非假借当时已盛行的平出假昂[2]，他在汇总制度部分时始终致力于将新生的做法理念调和进既有的官式成法中。唐辽以来传统昂制与逐跳计心造作的新体系和外檐横栱密集均齐的新倾向间势必产生矛盾，一时的混融含化终归无法彻底解决问题，随着厅堂化进程的不断加剧，天花之上的部分逐渐露明，下昂尾"随宜枝樘固济"的处理方式终将走向尽头，多方迁就、折中后得出的固定下昂斜率也势必因折下式假昂的普及而失去存在的价值。上述种种都揭示了《法式》的制订与颁布恰位于中国木构技术发展史上关键拐点的事实。

---

1 殿阁中七、八铺作下昂后尾与平槫间的欠高甚大，仅凭2—5分°的微调并不能补足空隙，达到令昂尾直接挑斡的目的，反而会令栱、昂间的榫卯交搭更趋复杂。若下昂斜率一例一定，则将导致榫卯的开剜位置与深度驳杂无序，这违背了规格化下料的基本需求，对于提高营造效率是极为不利的。绝大多数实例的下昂斜率均为简单整数比，即或如隆兴寺转轮藏逐昂峻缓不一，其斜率还是一组整数列，且反折出的降值亦不在2—5分°范围内。

2 平出假昂在《法式》编刻之前已广为流传（如万荣稷王庙大殿、晋祠圣母殿及三危山老君塔等），在宋画中更是应用于最高等级的皇家建筑（如徽宗绘《瑞鹤图》宣德门城楼），但李诫却未予收录。它的消失亦颇为突然，金元以降，人们甚至宁愿选择更加耗材的折下式假昂作为替代，由此也可看出昂身"应当"斜垂向下的审美观念之强大。

第四节 《营造法式》"理想用昂斜率"问题析疑

一、引言

"昂制"是否可以被定量地表达，是《营造法式》研究中的一个重要命题，笔者曾在《建筑师》撰文探讨上、下昂的"理想"斜率（文献［110］，以下简称《探析》），朱永春先生则从尺度分类的角度批驳了拙文观点（文献［111］，以下简称《解答》），认为"大木作制度中有三种尺度：固定尺度、可调尺度、构造尺度……由于可调尺度、构造尺度的存在，《法式》大木作的尺度关系，有着系统的弹性。既有研究中常不明白此理，将《法式》中有伸缩余地的尺度关系凝固化……"，试图纠正《探析》归纳不同铺数用昂"理想斜率"的"错误尝试"。

可以说，两文论争的焦点在于判断"设计"与"施工"孰为先后，斜昂倾角既反映了设计意识，也体现工法制约，更富于发挥余地（如昂头交互枓下降2—5分°的目的到底偏倚于调试外观还是凑整构造？实效又如何？），的确是一个极好的讨论对象。《解答》行文犀利，意味隽永，但昂身斜率固定与否事关《法式》的"示例"逻辑，更牵涉技术史研究应如何平衡图解分析与文献考据的问题，因而值得继续商榷。

二、下昂斜率是否应当被定量地观察

面对文本中的各项数字，藉由作图来推导其成立与否（或对文意的理解正确与否），是建筑学的专业本能。基于作图分析提出假设，既是对历史真实的接近，也是建构逻辑真实的尝试，因此，关于昂身斜率的争议不宜局限在某个数值的正误上，而应以解释工匠思维为目的，《解答》正是基于这一立场向我们展示了作者深刻的思考。

该文将建筑尺度（材份的或尺寸的）定义为固定、构造与可调三种，认为后两者"表现为数值的不确定性，这是中古社会营造过程中设计与施工合一的产物。由于当时的大多数工程不同于今天的先设计后施工，今日研究者往往对此不适应，苦心为《法式》寻找'遗漏'的材份尺度……近期喻梦哲、惠盛健撰文，为《法式》中本不存在的上、下昂斜率寻找折算方法，将上、下昂构件中可调尺度、构造尺度，凝固为固定尺度"。

对此提出两点疑问：

（1）"构造尺度"是否总是"可调"？《解答》认为"《法式》没有给出昂尾的具体长度，也没给定一可调范围，而是规定'皆至下平槫'的构造，却不考虑昂尾的长度、斜率。又从'或只挑一枓，或挑一材两栔'可知，昂尾的长度、斜率，都不是定值。凡《法式》中构件的某一尺度，由大木构造要求来约定，我们称构造尺度"，即给予"构造尺度"临时赋值的自由。然而，"构造尺度"需勾连特定"构造节点"方可存在，不同节点的限定条件亦宽严有别，遑论"尺度"本就不止于宏观、定性、粗略的描述（即"性质"如何），更应涉及微观、定量、精准的刻画（即"程度"如何），在某些情况下调节范围经一再缩小后，有最终凝固为定值的可能。

既然斜昂被置于铺作材栔格网之中，它的倾斜程度理应藉由其下某段三角形描述（只需确保截取的某段昂身弦长对应勾、股值均能符合或接近整数份数即可）[1]。通过考察有效取值范围内是否存在契合特定构造特征的"优选值"，并论证其是否具有排他性，就有望将无限解化简为有限解甚至唯一解。为此需重点考察下平槫的"构造尺度"（文献［112］），尤其需要反思基于"交互枓降2—5分°"规定推导出的多个解值是否均能取得对应的简明构造关系[2]。

通过考察有效取值范围内是否存在契合特定构造特征的"优选值"，并论证其是否具有排他性，就有望将无限解化简为有限解甚至唯一解。为此需重点考察下平槫的"构造尺度"（文献［112］），尤其需要反思基于"交互枓降2—5分°"规定推导出的多个解值是否均能取得对应的简明构造关系？若调节行为目的不明、效果不彰，又有何必要？

（2）官式营造中完全不存在设计环节吗？设计、施工一体化虽是常态，但因此彻底否定"方案阶段"是违背史实的。官方营建需依图施行[3]，而宋代图学、画学教育发达，（宋）郭若虚《图画见闻志》称界画"折算无亏，笔画匀壮，深远透空，一去百斜"，意味着画师已能深刻掌握屋宇构造关系及其几何表现技法[4]，与匠师的知识、技能及职责多有重合[5]，为自营造活动中析出单独的设计环节提供了可能。南宋罢停画院，宫廷画师除少数日常留用御前外，多有散隶各处职局者，如《图绘宝鉴》记工部马和之、将作监王英孙、修内司鲁庄、甲库陈椿、车辖院

1　对于《法式》昂制是否可如唐辽实例般以勾股比表述，存在不同观点，如陈彤在文献［103］中提出，《法式》五铺作下昂斜度据构造几何约束应由制图法得出，但不能合得简洁比例的份值（仅约略表示为27/71）。在文献［115］中进一步指出《法式》上、下昂斜度均应由几何制图获得。

2　《法式》侧样强调"缩尺"概念，欲厘定屋面举折必先确定铺作竖高，为使"卯眼之远近"合乎"梁柱之高下"，柱、方与平槫高度均应便于量测，昂身斜率涉及诸多卯口位置，仅靠现场放样将拉低施工效率，推测匠师应备有经过裁汰的少数几种安勘方案（使得开刻榫卯的工作尽量简便且可预估）以供参考。

3　如（宋）郑樵《通志·图谱略·明用》："非图无以作宫室……为坛域者，大小高深之形，非图不能辨……为都邑者，内外轻重之势，非图不能纪……为城筑者，非图无以明要害。"凡欲营宫室，必先备图纸，如（宋）王应麟《玉海》："国朝建隆三年五月，诏广皇城，命有司画洛阳宫殿，按图而修之，自是皇居壮丽矣。……祥符七年建南京，诏即衙城为大内正殿，以归德为名，虽降图营建而未尝行。天禧中王曾为守，请减省旧制，别以图为进，亦但报闻。"

4　如《宣和画谱》卷八"宫室叙论"谓界画最难："虽一点一笔，必求诸绳矩，比他画为难工，故自晋宋迄于梁隋，未闻其工者"，而"本朝郭忠恕既出，视卫贤辈其余不足数矣"。郭忠恕能"游规矩准绳之内，而不为所窘"，尹继昭亦"作《姑苏台》《阿房宫》等……而千栋万柱，曲折广狭之制，皆有次第。又隐算学家乘除法于其间。"

5　如（宋）文莹《玉壶清话》记太宗"将建开宝寺塔，浙匠喻皓料一十三层，郭（忠恕）以所造小样末底一级折而计之，至上层余一尺五寸，杀收不得，谓皓曰：'宜审之。'皓数夕不寐，以尺较之，果如其言。"（宋）刘道醇《圣朝名画评》卷三"屋木门"称："忠恕尤能丹青，如屋木楼观……咸取砖木诸匠本法，略不相背。"（宋）李廌《德隅斋画品》评价其所画《楼居仙图》时亦称："栋梁楹桷望之中虚，若可投足，阑楯牖户则若可以扪历而开阖也。以毫记寸，以分记尺，以寸记丈，增而倍之，以作大字，皆中规度，曾无少差，非至详至悉，委曲于法度之内，皆不能也。"（清）孙岳颁等修《佩文斋书画谱》卷八十二引（明）文徵明《甫田集》"宋郭忠恕避暑宫图"也提到："画家宫室最难为工，须折算无差，乃为合作。盖束于绳矩笔墨，不可以逞。稍涉畦畛，便入庸匠。"可知画师需明晰宫室、津桥、舟车等工程之"法度"，并具备比例、投影等数学知识。

刘宗古等（文献［113］），他们绘制的建筑画已具有工程图学特征，当真正下至生产部门时又会有何表现？

我们在诸如日本《圆觉寺佛殿古图》（1573年）、青海贵德万寿观砖壁明代墨绘"侧样"上仍可看见古代匠师留下的"按图施工"痕迹（图51），这些图像明确无误地展示了古代技术图纸所能达到的精度与深度，《法式》图样本身亦足资证明其再现与控制构造细节的能力。实际上，无论是如《思陵录》般列载各类构件的种属、数目与尺度，还是所谓"画宫于堵"，都需要事先明确方案，再借不同媒材传诸工匠下料、安勘[1]。否认设计环节，将设计工作笼统归结为工匠凭经验"现场放样"，是无法解释史上屡屡快速建成宫殿的事实的。大量工匠歌诀都表明了工程经验是以"常数"的方式被表记、积累和教授，若果真每逢工程皆临时量取，又谈何"匠门传承"？

官方营造首重权责清晰，常依工程进度分批次绘图备查，转引文献［114］所摘的几则史料如下以资说明：

①方案图可影响决策，如《宋会要辑稿》记"雍熙二年九月十七日，以楚王宫火，欲广宫城，诏殿前都指挥使刘延翰等经度之"并"画图来上"，后因太宗"恐动民居"而"罢之"。

②方案图利于决策与执行机构间的交流，及有效约束、监察工程，如大中祥符二年诏"自今八作司凡有营造，并先定地图然后兴工，不得随时改革"，故"宋代虽无设计行业，却存在设计现象和设计阶段。"

③画师甚至帝王均可参与绘、改图纸，如《桯史》记开宝间赵普进呈汴京规划方案，"上览而怒，自取笔涂之，命以幅纸作大圈，纡曲纵斜，旁注云：'依此修筑'。"

④建筑画可加工为方案图，如（宋）刘道醇《圣朝名画评》记"太宗方营玉清宫，（吕）拙画《郁罗萧台》样上进，上览图嘉叹，下匠氏营台于宫……敕（刘）文通先立小样图，然后成葺……画毕，下匠氏为准，谓之七贤阁是也"，并评价二人"于宫殿屋木最为留意，虽匠氏亦从其法度焉。"

⑤设计工作包括多方案比较的内容，如徽宗政和四年"令勒都壕寨官董士皝彩画到天津桥作三等样，制修砌图本一册进呈。诏依第二桥样修建。"

综上所述，《解答》关于"可调尺度、构造尺度，都有待于工匠根据经验裁定，这是中古社会设计与施工合一使然"的结论，并不能成为否定昂制之类复杂"范式"的证据。

---

1 匠师借图、样阐释方案的事例不胜枚举。如《晋书》记武帝"尝问汉宫室制度及建章千门万户"，张华"画地为图，左右属目，帝甚异之"，王应麟认为"张华固博物矣，此博物之效也，见汉室宫室图焉"（《玉海·图谱略·原学》）；《魏书》记蒋少游"从于平城，将营太庙、太极殿，遣少游乘传诣洛，量准魏、晋基址……少游又为太极立模范"，即绘制遗址、制作模型；隋唐之际，匠师、画师身份多有重叠，如《历代名画记》称"国初二阎擅美匠学，杨、展精意宫观"，至柳宗元撰《梓人传》，都料匠"画宫于堵而绩于成……善运众工而不伐艺"，脑体分工已然完成；唐末韩偓撰《迷楼记》称隋炀帝"诏而问之，（项）升曰：'臣先进图本。'后进数图，帝览大悦……"，可知图纸分套，各有侧重，此事即或出于杜撰，也可旁窥唐末营造程序之一斑。

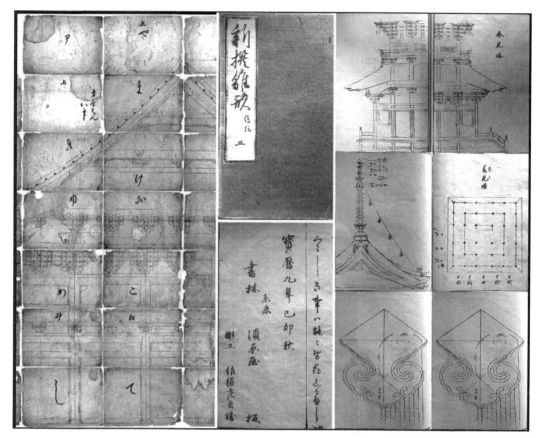

图51　古代建筑图纸举例

（图片来源：摘引自《日本圆觉寺古图》）

三、下昂斜率是否应当凝固为特定取值

《解答》在驳斥下昂"理想"斜率时，首先列出的理由即是"《法式》六铺作以上的下昂之上的坐枓，归平后要再向下2—5分°，也就是说有3分°以内的调控值。仅此而论，就不可能'恒为'……"这涉及对交互枓降跳规定的理解，2—5分°的降高多被前辈学者视作《法式》灵活性的证据。问题在于：就增减昂身斜率最为直接的目的（挑斡平槫）而言，该项措施是否必要？

《法式》描述下平槫下构造的记载主要有二：①"若昂身于屋内上出，皆至下平槫"；②"若屋内彻上明造，即用挑斡。或只挑一枓，或挑一材两栔。谓一枓上下皆有枓也"。前者针对敷设天花的情形，此时昂尾插蜀柱（不限长短）挑槫，总能补足至槫下的欠高，故无需调整昂身斜率，记为定值并无不妥；后者彻上露明，"或"字连用意指构造方式"有且仅有"两种，而非可在"一枓"与"一材两栔"范围内游移，因此不能据之否定昂尾长度、斜率恒定，恰相反，该句或指自"昂尾上出"与"挑斡上出"者各自对应一种固定斜率。

更加关键的是卷四"飞昂"条所记枓高分位的调节范围，即所谓"凡昂上坐枓，四铺作、五铺作并归平；六铺作以上，自五铺作外，昂上枓并再向下二分至五分"，到底是如何"向下"的？若昂身前后端同步下降，则降高不会导致斜率改变；若昂尾不动而令昂头绕尾端向下旋转（或昂首、尾围绕中段某点旋摆），则昂身斜势将在一定范围内增减[1]。《解答》显然持第二种观点，并举"七铺作重栱计心造、里转六铺作"为例，作图后得出"若下昂坐枓向下取5分°，下昂的倾角约为18°，斜率比为0.325"的算值，认为《探析》"所得数据，均远超过误差的合理范围……而3/11约0.273，（tg18°−3/11）/tg18°×100% =16%，相对误差竟达16%……"

既然两文伸张的数据是基于对交互枓降高策略的不同理解算得的，只有先确定两种方案的可行性才能裁决争议。《法式》本身并未明确定义交互枓如何"向下"，我们只能通过穷举"功效"，来尽量判断其各自合理与否。

先看"旋点法"。假设所选之点在柱缝上，六铺作在橑平长取最小值100分°（昂尾至槫缝下）、外跳取最大值90分°（不计昂尖在内）时，可最大幅度地挑托后尾，若按18°扭转昂首，则降幅达20分°，远超文本规定。若按《解答》配图所示，置下昂支点于里转第二跳慢栱齐心枓平外沿处，绕此点旋动昂身将使头昂下摆更远[2]。其操作步骤如下：①据降跳份数定交互枓外侧底角位置；②以旋点为中心、单材广为半径画圆；③自旋点连线切昂头交互枓降高后之圆弧，以量取下昂斜势变化。我们按七铺作橑平长125分°、外跳108分°算，昂尾仅被挑起不到1.75分°，作为一种调节手段显然收效过微[3]，不足以解决昂、槫间欠高矛盾。据《解答》列出的最大倾角18°绘图计算[4]，七铺作只有在昂头交互枓降5分°、同时取屋宇规模上限（十二架椽、平长125分°、槫径30分°）的情况下，昂尾与平槫间欠高39分°才恰可用一材两栔配替木填塞（若平长增至150分°则欠高41分°无法填垫）；若缩小规模至六架椽、椽长100分°、槫径30分°，则因折屋次数减少导致欠高进一步增大到43分°（用厅堂槫径21分°时欠高更大），可知在2—5分°范围内旋摆昂身，多数情况下并不足以弥合槫下空隙[5]。既然摆动昂身是为了微调昂尾，那么降值为何既非规整的0分°或5分°，也非随意的2—7分°之类，而必须固定在2—5分°这样一个貌似随机的区间内？既然按其边界值旋摆昂身也难以挑斡平槫，又为何要作此规定？若手段不足以支撑目的，我们对于手段甚至目的的理解又是否有误？（图52、图53）

1　两种操作手段一般被归纳为"平移法"和"旋点法"，前者出自《〈营造法式〉注释》，后者出自文献［115］。

2　下平槫标高既然属于"构造尺度"，自应联动于椽架规模及椽长、跳距分配，但按0.325的斜率（约略对应于18°）绘图后发现昂尾未能抵达下平槫缝，这在构造上是不可能的。

3　下摆（5−2）分°×［（125−54+8）/（54−8+82+6）］分° =1.7426，《解答》令交互枓坐在昂上皮处，下摆后外端结束于交互枓底外侧，故需另加半个枓长8分°。

4　《解答》图1实际绘制了昂首降2分°的情形（下昂斜角18.54°），降5分°时应为19.69°，归平时17.71°。

5　需要说明的是，以上数值仅是针对"旋点"原则做出的理论推演，陈彤撰写文献［103］时，仍是基于故宫本图样中"八架椽屋乳栿对六椽栿用三柱"昂上枓向下4分°、昂尾挑一材两栔、中段支于补间壁内慢栱齐心枓外棱的事实，推测头昂上枓降高的目的在于调节厅堂铺作下昂斜度，使之满足彻上明造室内"或只挑一枓，或挑一材两栔"二者择一的构造要求；至于殿堂头昂上枓，则未必与厅堂做法趋同。

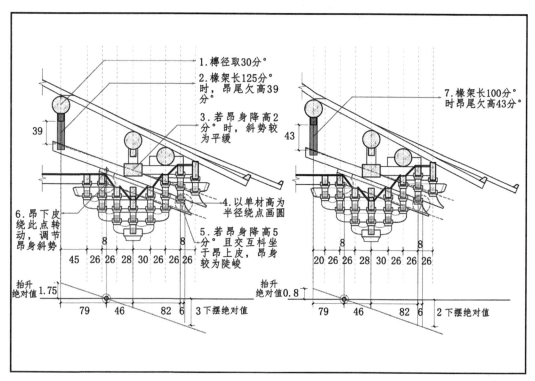

图 52　七铺作下昂按"旋点法"调节效果示意
（图片来源：自绘）

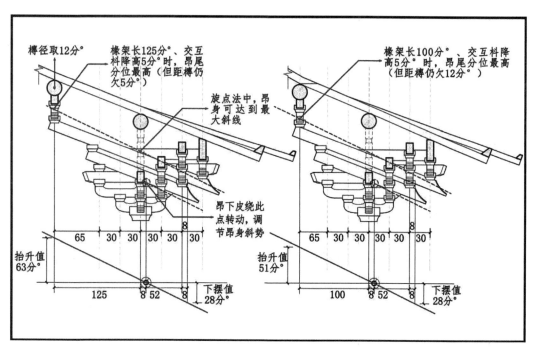

图 53　六铺作下昂按"旋点法"调节效果示意
（图片来源：自绘）

再看"平移法"。按昂身头尾两端同步下移的方式作图，考察六铺作厅堂，若以3/8定昂斜，只有超规模时（十架椽、平长125分°、举高0.27[1]）才需令昂尾挑一材两栔后承直径21分°之槫[2]；当规模趋小至正常范围内（如六架椽、平长100分°），同样斜率的昂、槫间欠高（2分°，不足1寸）甚至可用木楔直接垫塞。此时头昂下皮压在齐心枓口外沿处，构造关系足够简洁，挑斡平槫的目的也已达成，自然无需继续"绕点旋昂"[3]。同理，七、八铺作殿堂中，按3/11斜率在2—5分°范围内平移昂身，也总能在某一畸零降值上使得昂下皮与扶壁素方内（外）侧下棱重合。

此外，还可从"构造"和"形式"角度反思昂上枓降高的真实目的。

从构造合理性看，所谓的"调控弹性"应显著有利于构件制备与安勘。《法式》规定头道昂下华头子露明，是为了使之尽可能推高下昂起算分位，华头子外伸越远，就越能充分垫托昂身。若如《解答》主张的，令昂身绕点旋转，则下压昂头的同时势必截短华头子露明部分（交互枓降5分°时华头子仅高3分°、长5分°，已非常局促），这反过来又限制了昂身的定高自由，岂非背离了初衷[4]？

从样式适宜性看，昂身绕点旋转的幅度有限，造成的倾角差别甚微，是否能引发立面变化尚未可知。按柱"生起"制度，殿堂逐间升高寸数似可利用昂头降值来逐铺调节，以维持檐口平直，但也只能在三间范围内生效，何况殿身内部若用平棊则无从观察昂尾细节，昂头又多为"护殿阁檐枓栱竹雀眼网"遮蔽，因此旋昂引发的外观变化极其轻微，难以察觉。

既然随宜"绕点旋昂"对于"构造"与"形式"均无积极影响，还会令昂身所过枓方全部重开榫卯，徒增繁难，那么昂头枓通过平移实现降高规定似乎更为合理，推测其目的亦非凑够槫下欠高，而是为了确保昂身过扶壁时诸多构件交接关系趋于最简，以便于加工。

四、是否应当参鉴实例探寻昂制规律

《解答》指出："《探析》中下昂的'斜率折算'方法，是将陈彤先行研究中所提出的方法，

1　既有研究常认为梁思成先生给定的屋架坡度过于平缓，会导致梁背穿透屋面，这或许是对月梁制度的不同理解造成的——同等规模下，厅堂梁栿的有效高度可依准直梁高即36分°，月梁超出此数的部分并非结构必须，应是缴贴令大的结果（若给定的50—60分°高度全属密实，又何须再设缴背？），因此保障42分°的实高已经足够，其上拼贴部分完全可以放过椽身，自然无碍安勘。

2　若采用文献［7］建议的屋架坡度即0.33举，则配以直径30分°之殿阁用槫时亦可与3/8斜率契合。

3　当椽长125分°、交互枓下降2分°时，昂尾抬升2×（125+8）/（60-8+6）=4.6分°，此时槫径按18分°计，将昂首降低1分°即可弥补昂、槫间3分°欠高；同理，当交互枓下降5分°时，昂尾抬高5×（125+8）/（60-8+6）=11.5分°，仍小于一材一栔，无法"只挑一枓"，椽长100分°时情况与之类似。故推测2—5分°的降高设定并不关涉昂尾挑斡平槫的构造需求。

4　唐辽时下昂自交互枓口内伸出，《法式》则规定下道昂以华头子伸出承托，上各道昂仍由枓口内出。文献［111］指出："梁先生所绘七、八铺作的昂上斗向下4分°，将其下的华头子压缩得甚短，斗口外长度显然不足9分°"，即认为"平移法"也存在类似问题。

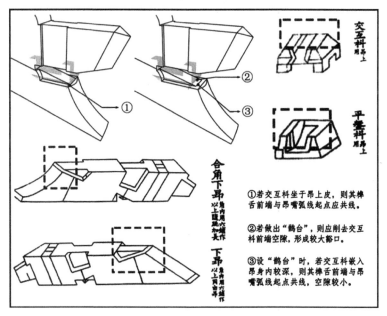

图54　昂上交互枓构造细节分析
（图片来源：底图引自文献［2］）

①若交互枓坐于昂上皮，则其榫舌前端与昂嘴弧线起点应共线。

②若做出"鹊台"，则应削去交互枓前端空隙，形成较大豁口。

③设"鹊台"时，若交互枓嵌入昂身内较深，则其榫舌前端与昂嘴弧线起点共线，空隙较小。

加1分°或3分°，简化为较为简捷的3/8、3/11斜率比……"在撰写《探析》时，我们已详细陈述了受陈彤文章启发的事实（文献［115］［116］），但对其"以几何约束制图确定下昂斜率"的结论提出了不同观点，认为倾斜数据同样可藉由勾股比例表述，并提出了简化比值的理由：添加交互枓外鹊台后[1]，推定的下昂斜率更趋简洁（图54），且其定值模式得到了更多实例的支撑。

　　同样是基于弦下三角反算下昂斜率，《探析》的观察对象不再限于转角足材耍头，而是扩展至（顺直而非弯折的）昂下任意一组便于量测的勾股关系。通过举证实例，我们已抽象出一套华北宋金遗构中下昂斜率的生成"模型"（文献［107］），《探析》给出的推定值同样可以藉由该算法转化表达，两种途径指向同一结果使之更加信度[2]。将李诫"与诸作谙会工匠详悉讲究"后选录的"系来自工作相传、经久可以行用之法"与实例中常见的下昂斜率相互印证，正是从"一

1 《法式》交互枓与平盘枓底均开齤口，若其端头与昂嘴边缘齐平，则枓下开槽尽处亦应与枓底外棱重合，但图样中特意留出一段空白，此细节应不是翻刻或疏漏所致。另，图内小字旁注"昂上用"且刻意绘出枓底榫卯细节，如非构造特殊，又何须专门"别立图样"？同图中的合角下昂分件也作类似描绘，设若交互枓底与昂上皮重合，则昂嘴两侧弧棱也应始自此处，即与昂上楔状"鼻子"前缘共线，但图中所有昂嘴边棱均在"鼻子"之外。综上，《探析》将此部分计入鹊台1—3分°后代入昂斜运算过程，并非为了刻意凑整，"化简"斜率是自然结果而非预设目标。需要指出的是，对此推想亦存在不同观点，如陈彤即援引故宫本《法式》图样，认为交互枓外不设鹊台。

2 自实例总结的计算模型为：以材广为勾高、以标准跳距（两材广）为股长定三角形，维持勾高不变，以材广、厚之公因数5分°为基量值A，以若干个A为单元拉伸股长，形成所需斜率。五六铺作和七八铺作的昂斜按此算式可表示为15/（30+5+5）=3/8和15/（30+5+5+5+5）=3/11；若按实际构造，则可替换为（21+6）/65+6+1=3/8和（21+6）/90+6+3=3/11，取值相同。

般"到"特殊"的思考过程，也是朱启钤先生提出沟通儒匠的三重手段（或三大任务）之一："讲求李书（指《法式》）读法用法，加以演绎……举其正例变例，以为李书之羽翼"（文献［117］）。

《解答》进一步提出借助要头测算昂身斜率的方法存在"问题"，认为《法式》中转角铺作要头与用在补间者不等长，而后者长度并不固定："五至八铺作中的里外要头，是由一只两出要头斜切而成。斜切的披度与位置，取决'昂身上下斜势'。昂尾挑斡施工过程中，昂的斜率会有微小变化。要等下昂安妥，再行切割。不难看出，要头切割后的长、倾角，都属于构造尺度"，本文对此亦持不同看法。

按《法式》转角诸昂中，除角缝用者外均为交角昂，从分件图看，其后尾抹斜后紧贴角内昂两侧，并不越过柱缝，自然也就较补间昂为短，但里跳构造不同未必引发外跳联动变化，更不能据此判定两者斜率各异，否则各道罗汉方与扶壁素方间将高低错列，导致外观扭曲。且《法式》小字旁注称里要头"只用单材"，无法与足材外要头连做，并非"交斜解造"切成，其"切割后的长、倾角"自然也无需临场裁定后再行绞割。实际上，与要头同样需"随昂身上下斜势"制备的还有头昂下"外华头子里华栱"、八铺作独用之"第四杪内华栱"等系列构件，它们的物型轮廓均需"外随昂、槫斜"，榫卯剔凿也受昂制约，若不先定斜率，此类构件是难以分别制备后统一组装的，而逐一制作必将拖慢进度，并不可行。

五、里跳上昂的功用与尺度辨疑

《解答》认为使用上昂的目的在于"提高铺作中平棊方的高度，缩短跳距，以便安置平棊"，因此无需纠结各跳间的具体份数分配。相应的，上昂斜率也主要由骑科栱、靴楔调控（以平棊方高度而非跳距标定）。一般认为《法式》上昂主要用于槽内，向外伸出部分较为窄迫。微调上昂斜势能否达成显著增缩平棊规模的初衷？是否会使得里转过于塞塞？这都需要作图校验。

《法式》安装平棊时似乎遵循先以薄版满铺、再用木条分隔的原则，即所谓"于背版上，四边用程，程内用贴，贴内留转道，缠难子，分布隔截，或长或方"，又"背版，长随间广，其广随材合缝计数，令足一架之广"，可知天花格子形态、大小不一，系经二次分割而成。既然落于平棊方上的"程"可以随宜错动，那么改变其位置来调节天花大小，岂非比收、放上昂更加易行？

《解答》提出上昂斜率可通过增减靴楔大小或挪移骑科栱位置来调节，作图后发现，循此思路改动多处榫卯后，所收实效仅是不超过10分°的跳距变化[1]，对于调控平棊整体规模的目标来说

1　五铺作无骑科栱，仅靠靴楔调节，极限状态为里跳令栱内缘与第一杪端头列作一线，跳距（22分°）除去两个"半科"长后仅剩6分°；六铺作极限状态下令栱与连珠科边缘对缝，可调值12分°（作图为13分°，留1分°以防齐心科相犯）；七铺作出上昂两根，无论如何转动里跳令栱皆不能与连珠科重合，两齐心科畔相对时可调值为35-18=17分°，但头道昂上科夹在其间，分之为两跳，实际可调值仅9分°；八铺作若使里跳令栱与连珠科重合，则头昂上科应缩在连珠科缝之内（或与其共缝），若上述诸科皆在跳中，可调值为10分°（总跳距26分°减去两个"半科"16分°）。

可算聊胜于无。实际上，卷头造比上昂造更适于达成灵活分配跳距且按材栔关系稳步堆高铺作的目的，在实例中运用得也更广泛，两者相互替代或配合亦无不可（如苏州玄妙观三清殿中，内槽用上昂、外槽用华栱，二者总跳距近似），若非顾及形式秩序，《法式》为何要舍易求难？

关于《探析》推想的上昂斜率，《解答》提出"作图实测上昂的倾角，从五至八铺作依次为 35°、30°、21°、24°，相对误差依次为7.14%、30.72%、15.78%、12.3%，超过误差的合理的范围"，并将其归因于对连珠枓的两个错误假设：一是上昂下皮无需穿过枓平下沿，而是隔着靴楔，"大多情况下，上昂的下皮高于枓平，且与枓平不接触"；二是"将连珠枓高取为16分°……有文献中的配图，均将连珠枓中的平盘枓绘成与交互枓等高，亦即 20分°。仅此，便产生20%的误差。"

《解答》认为连珠枓中的平盘枓未必高6分°，连珠枓本身应是一个"构造尺度"，并指出《探析》按20分°绘图，而计算时改为16分°，以致算错[1]。实际上，"连珠"仅是描述纵向串联的排枓方式（如《汉书·律历志上》记载"日月如合璧，五星如连珠"句），而非具体一种具体枓型，李诫并未给出备选的枓高分配方案，枓件各部权衡都是基于耳、平、欹间固有的比例关系，因此连珠枓也只能按标准分段加和，而不能如《解答》所建议的，被视作"构造尺度"。此外，《解答》认为"昂底与枓平边缘的交接，便为一条线。使昂底与枓平都易损坏，实际上也很难办到。因此，昂底不接触枓平，隔靴楔上，是大概率的事……"，也与实际情况不符，靴楔并非华头子一般的垫块，施用目的不是将上昂自交互枓/连珠枓口内完全隔出，而是填塞两者间外端空隙，里侧仍应彼此接触。所谓上昂下皮过"连珠枓"口内沿对结构不利的说法恐怕也与文意不合，否则又如何解释《法式》间杂用华头子与交互枓托外跳昂的规定？下昂所受檐口荷载远大于仅托平棊方之上昂，前者尚不惮自枓口内托昂，后者又何来构造安全问题？《解答》将"昂底于跳头枓口内出，其枓口外用靴楔"句中的"枓口内"释作"靴楔内伸后突出枓平里侧外沿以彻底截隔上昂与枓"的说法也难以成立，因《法式》在谈及下昂时规定"如至第二昂以上，只于枓口内出昂"，故昂身下皮过交互枓/连珠枓平外沿（而非必须经由靴楔过渡）是确凿的，上昂下皮在里侧与枓平内边沿线接触绝非偶然情形，更不会"大多情况下高于枓平，且与枓平不接触"。

《解答》认为"《法式》上昂铺作厘定的依据，并不是跳距。想从上昂跳距间的观察得到规律，当然难有所获"，将上昂跳距的意义约简为"控制平棊方总长"和"调控骑枓栱"两条，继而否定了《探析》因《法式》功限与制度章节内关于上昂各跳份数记载不一致而提出的猜想，认为两处记载章节不同，训释不能脱离语境，不应有所质疑。

1　无论上层枓是否保留枓耳，有效高度都只有6分°，下层枓则是实木块隐出耳、平、欹分体线做成，仍按10分°定高，故《探析》按枓高16分°计算。另，蒙朱永春先生惠示，知《探析》因疏忽导致错标图名，但对于"五铺作上昂中，不存在连珠枓。'连珠枓高'何从谈起？"的质询则要稍加解释：既然连珠枓在六至八铺作中普遍存在，能否借其"概念"量度包括五铺作在内的各级上昂勾股呢？此系主观推想，并非笔误所致。

事实或许并非如此。首先，认为上昂斜率不定，水平跳距也是随机取得，故无需探讨规律的观点，不能解释《探析》提出的简洁斜率恰对应简单构造的小概率现象。连珠枓有效高度16分°，恰与早期遗构常用的单材广或小枓长相等，是为勾高；自昂下皮与柱缝上齐心枓交点起，算得股长28分°，对应斜率4/7[1]（图55）。将此斜率代入《法式》所赋跳距后，发现跳头各枓间要么枓畔相对，要么间距控制在1—3分°内，构造精微，对位齐整，应是预先设计的结果（图56）。

至于《解答》将《法式》诸章对同一事项所列数据不同的现象释为语境不相连属的结果，更是忽视了其作为法律文本的严肃性。《宋史·刑法志》载："禁于已然之谓敕，禁于未然之谓令，设于此以待彼之谓格，使彼效之之谓式"，撰写《法式》的根本目的即是设定"样板"以待模仿、为实际工程"比类增减"提供依据。宋神宗认为"立法足以尽事……着法者欲简于立文，详于该事。"为达成"简文"而"详事"的目的，借图样树立"范式"自然最为便捷，故

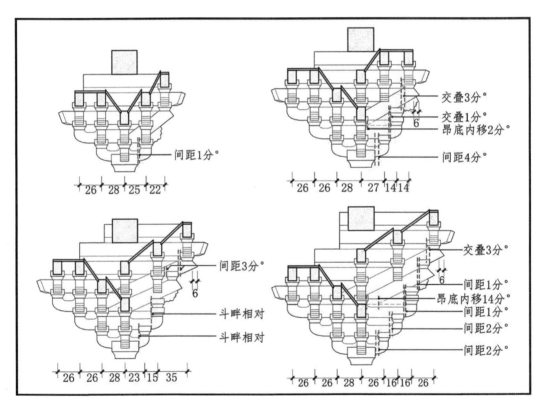

图55　六铺作上昂固定斜率与简单构造相互耦合现象示意
（图片来源：自绘）

---

1 《解析》提出的上昂"理想"斜率的确存在过度追求数值递变形式的问题，推算的六铺作上昂下三角形股长过长，导致昂势过缓（4/10），作为斜撑并不合宜，其后尾托令栱处的节点设计亦不甚妥帖。若将昂下皮与扶壁栱交点选在齐心枓底内棱处，则斜率改为4/7，数比同样简洁，且按此斜率，七铺作时昂下皮与扶壁栱交点移至齐心枓底外棱，同样便于记忆。

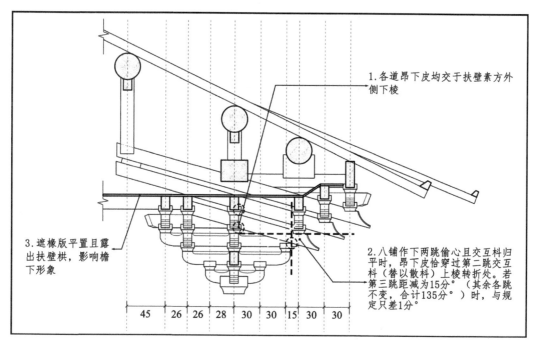

1.各道昂下皮均交于扶壁素方外侧下棱

3.遮椽版平置且露出扶壁栱，影响檐下形象

2.八铺作下两跳偷心且交互枓归平时，昂下皮恰穿过第二跳交互枓（替以散枓）上棱转折处。若第三跳距减为15分°（其余各跳不变，合计135分°。）时，与规定只差1分°。

45　26　26　28　30　30　15　30　30

图56　八铺作下两跳偷心造时固定斜率与简单构造相互耦合现象示意
（图片来源：自绘）

而《法式》关乎丈尺、份数的举例也大多具有典型性与普适性，往往跨越章节首尾呼应，《法式》载录上昂份数不一致的现象是否仅是"语境不同"导致的，仍有待考察。

六、小结

现存唐宋遗构虽地隔辽远，昂身斜率趋同者却不在少数，且多可化简为整数比值。随机残留的实例尚能呈现规律，官颁《法式》又怎会全无安排？若对斜置构件不预加控制，又如何厘定实长留足边荒？如何有效控制斜、曲面的生成与试安装？官方营造往往多工并起，人员抽调频繁，仅靠"临时放样"又如何保障工期、避免疏漏？作为指导施工的法律文件，《法式》若不能列举"典型"，又如何"使彼效之"以关防工料？若承认其举例目的在于规范功料标准、权衡折变系数，就尤应重视对示例数值的定量分析[1]。传统营造是在不断总结教训的基础上缓慢进步的，对不同事项的经验取值，理论上应以区间或极限的形式表述，久之又融合美学、术数思想，突出中值后形成序列。"以中为法"意味着行业公认的经验数字凝练为数列、数比关系，"中"的意义则是划定折变标准——在水平面上，它应该是尺数与份数的趋简与倍约关

1　《法式》的一大特点就是兼顾原则性与灵活性，为便于实施而在坚持标准的同时赋予不同事项相对弹性，但这与它建立"规范"的初衷并不矛盾，即允许灵活而崇尚标准。

系，即大量25分°、50分°、75分°、100分°尾数和整数尺的耦合；在垂直面上，呈现出算法单纯的特征，如举折制度、簇角梁法，都只依靠折半法则（长度的或斜率的）实现；在任意斜面上，则表现为简单勾股关系。这类原则虽未必被特意记载，但观察实例后是可以总结、推知的，李诫"考阅旧章，稽参众智"，又如何能自外于其所处时代的知识图景？

总言之，上、下昂斜率的数值表述，本质上是一个设计方法问题，因而假设与验证工作均应围绕不同方案能否满足预设目标展开。学者们藉由图示分析反复建立、破除与重构范式（及优化其成立前提），推动着技术史研究不断深入发展，一切思考与争鸣皆服务于此目的。

第三章

《营造法式》载录若干数字特性解析

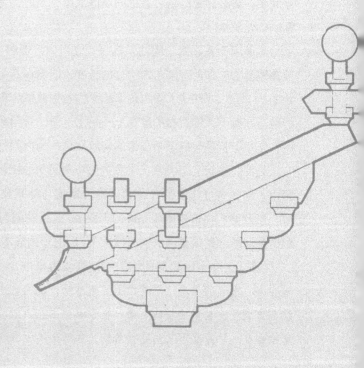

第一节 《营造法式》转角部分数据解析与构造新探

一、引言

关于《营造法式》转角做法的考察多停留在实例比对的定性研究阶段，对文本信息反映的空间构造与数理关系则较少推导。本节围绕"功限"部分记载的大量角内构件长度数据，通过作图分析其具体所指（是实体长还是投影长，是边缘长还是中线长），进而反证李诫的数据录述逻辑。通过角内空间容纳角昂、角梁、衬角栿等构件的能力，证明大角梁斜置是《营造法式》默认的结角方法，并对殿阁与厅堂构造的山花处理、角梁收尾等内容展开对比考察，从而在分析文本所录构件长度数据的基础上，尝试建立起对于北宋官式建筑结角规律的系统认识。

《法式》中涉及转角制度的内容颇有晦涩之处，与结角相关的尺寸信息又极杂多，这一节点既需确保不同空间分位的诸多构件彼此有序搭接，又要促使朵当、椽长和间广等空间取值相互联动，势必存在严格、系统的取值规律。因此，有必要借助图解方法彻底查明文本所录诸数据的确切所指。

本节因而关注两个问题，其一，应当如何理解《法式》对于角部构件的记述方式？（通过验算厘清①应如何理解角内构件的长度才能确保其可被安勘？②这些数字是基于何等原则被确定的？）其二，《法式》中与角部相关的示例数值和构造原则是如何导向特定转角做法的？这同样着落在两个关键数据的推算上——①下昂（含角昂）挑斡平槫后所成三角空间的角度取值范围；②举、折屋架后下两步椽的勾股比例。角内构件的安装应在这两者的交集内完成[1]。

为此需探析三组关系：①总进深与角间深的比例关系（涉及不同情形下的角梁做法及尾端跨度，即"转过几椽"）；②角间深广取值与补间朵数的关系（即椽长与朵当不等时应如何调节，以及槫、柱错缝所能允许的上限）；③山花架与正身梁架间的缩放关系（缝架间距和出际取值如何影响角梁尾部的构造做法）。以上即构成本文的论述框架。

《法式》中与结角制度相关的记载较为集中，卷五"梁"条记称："凡屋内若施平棊，平暗亦同，在大梁之上。平棊之上又施草栿；乳栿之上亦施草乳栿，并在压槽方之上，压槽方在柱头方之上。其草栿长同下梁，直至撩檐方止。若在两面，则安丁栿。栿之上别安抹角栿，与草栿相交。凡角梁下又施隐衬角栿，在明梁上，外至撩檐方，内至角后栿项，长以两椽斜长加

---

1 例如，当下昂后尾挑斡平槫时，其抬升值决定了隐衬角栿及大角梁与下平槫间的高度分位关系：若过高，则槫下空间不足，角梁只能斜置并扣于平槫绞角节点上；若过低，则虽可压于平槫之下，却将导致丁栿上抹角栿尺寸过小而受力性能不佳；若平置，则意味着隐衬角栿截断下昂后尾，这又与文本记载的昂身长度信息不相吻合。

之。"又"阳马"条："凡厅堂若厦两头造，则两梢间用角梁转过两椽。亭榭之类转过一椽，今亦用此制为殿阁者，俗谓之曹殿，又曰汉殿，亦曰五脊殿，按《唐六典》及《营缮令》云，王公以下居第并厅厦两头者，此制也。"由于文字并未明确描述角梁的安置形态，又无图样佐证，因此学界关于宋式角梁的"标准"做法提出过多种推测方案。

从实例来看，两宋时江南仍惯用斜置大角梁直接承槫，在华北则迅速进入了平置大角梁配合斜向隐角梁结角的新阶段，这带来更为高企的檐角。李灿通过对《法式》"牛脊槫"条目的释读，推测"平置大角梁"是李明仲选定的成法[1]。周淼和朱光亚总结了唐宋遗构中角部构造的地域差异、演变趋势和传承关系，进而推测了"大角梁平置"做法的技术源头[2]。张十庆以建构思维对江南方三间厅堂独特的形式逻辑进行了剖析，阐释了"厦两椽"及"角梁转过两椽"现象与厅堂歇山做法的内在联系[3]。此外，王其亨围绕歇山建筑起源的研究[4]，刘妍与孟超关于晋南歇山建筑节点范式的探讨[5]，以及李江[6]、姜铮[7]、赵春晓及周至人[8]等的相关成果，对于深化歇山角间和山面构造设计方法的认识都颇有助益。

验证《法式》转角制度合理性的一个关键工作是考察其角梁缝架所成三角的取值边界，这要求我们对下昂的斜率作出预测——在步架长确定的前提下可据之推算出昂尾挑斡所在的标高，它与交圈下平槫底皮的间距既不能过大（欠高太多则需引入蜀柱以叉昂尾，不利于彻上露明时的氛围营造），也不能过小（难以容纳一材两栔或角点上十字栱），将该数值由外檐补间推广到角缝时，便成为判断角内空间取值可行与否的标准[9]。

1　文献［118］提出："……宋时翼角结构有大角梁平置和斜置两种，而《营造法式》中记述的主要是大角梁平置这一种。"

2　文献［119］从类型学视角揭示了唐宋官式建筑技术间可能存在的衍化关系，围绕大角梁、隐衬角栿与递角栿三者间的共存、演替进程，展现了殿堂转角缝双栿体系的瓦解情景，并描述了官式与民间做法在结构思维层面的巨大差异。受"牛脊槫"条目的影响，该文默认大角梁必须平置，导致对抹角栿空间分位及角内缝昂材份数值的推定未能完全满足《法式》的记载。

3　文献［120］指出，江南特殊的"方三间"厅堂传统表现为檐柱所承的乳栿"单元"围绕中心冲槫，金柱四面增生。重复性的附属部分旋绕、插接主体的同时，构造设计也因一体化而趋简。继而据以阐明了"厦两椽"及"角梁转过两椽"的时空发展脉络，揭示了歇山屋架从分散独立到整体统一的进化过程，同时为《法式》与江南技术的渊源关系引注了新证。

4　文献［121］从南北朝时期文献及石窟寺、壁画中所见歇山屋面形象的时代、地域差异出发，结合稻作文化区内高脚屋、悬山加披厦等要素构成原始歇山做法的普遍事实，推测了歇山做法的始源与传播路径。

5　文献［122］从平面布置、建构思维、正身梁架与山面构造四个方面阐述晋东南地区早期歇山建筑的分类，并探讨了长跨一椽之平置"大角梁"的结构逻辑。

6　文献［123］梳理了歇山建筑山花面的构造形式及转角支撑部件的架设方式，总结出七种实践手法。

7　文献［124］以转角部分与屋架整体间的辩证关系为切入点，揭示了《法式》殿堂、厅堂歇山做法相较唐五代实例的内在"质变"

8　文献［125］［126］围绕现存宋金实例展开类型梳理，并建立了相应做法的年代序列，且对"跳步金""承椽枋""下平槫""踏脚木"与"系头栿"等关联构件的构造关系做了简要辨析。

9　文献［115］在默认文本所载数据为"投影心长"的前提下，确信角内昂的长度系由补间昂以1.4倍加斜得来，但该原则即便在《法式》内也未曾得到完全贯彻——八铺作、六铺作中，头道昂的记载长度明显较以相应补间昂加斜折算后的数据为小，且其差比不可忽略。若按照本文提出的斜率计算，五六铺作取3/8斜率时角缝昂与正身昂的实长之比为1.370，七八铺作取3/11斜率时为1.389，较之加斜值1.4的误差均在1%以内，转换为投影长后几可忽略不计，因而可以认为《法式》制备角内昂时，是直接按补间正缝昂1.4倍取值的。

关于《法式》是否存在固定下昂斜率的问题，历来言人人殊。陈明达据铺数较多时交互科下降2—5分°的规定，认为下昂的倾斜角度也是可以灵活调整的；陈彤则基于六铺作以下交互科一并归平的限定，直接通过昂上耍头分件的长度信息反推下昂斜率为27/71（文献［103］）。上述认识递相深入，但对交互科降值的本质尚未暇解释，限于文本信息的不完整，我们难以确认在不同等级铺作中是否可以无差别地施用角内昂与隐衬角栿。

由于大量案例的实测数据都支持唐宋时期下昂按整数比率定斜的趋势，很难想象李诫会完全忽视这一规律。因此，正如前章提出的[1]，我们将《法式》的下昂斜率简单表述为：四铺作插昂3/5，五、六铺作（交互科不降高）3/8，七、八铺作（交互科降高）3/11。

二、《营造法式》转角铺作角内缝数据释读

在第二章第三节所列表6中，我们将前述推测斜率代入文本记载的角昂实长，得其水平投影长，除以$\sqrt{2}$后再与正缝昂实长数据比较，发现两者几乎完全吻合，这反过来证明了三组斜率取值是可信的。据此或可认定，李诫所记的下昂份数，指的都是包括昂尖在内的构件实长[2]，而非投影长[3]。折算数据后得出四点信息——①凡关乎挑斡深度的最上层昂的反推值误差最小；②各等级铺作中头道昂的反推值吻合度最为参差；③六至八铺作的由昂总是较最上层昂的反推值长出约30分°，即一跳（反推值为其加斜前实长）；④四、五铺作补间用昂但不挑斡，与华栱作用相似，但由昂较长。这四点信息或许正是揭示《法式》未曾尽述的转角"标准做法"的锁钥所在，详述如下。

（一）功限章内数据指代的是构件心长还是实长

《法式》卷十八"转角铺作用栱科等数"条记载："自八铺作至四铺作各通用：华栱列泥道

---

1 前节通过折算耍头实长，藉由在每一跳距（股长）内测算相邻两跳间的高差（勾高），算得下昂的斜率，再经过比对实例，推定宋金时下昂的定斜原则是在1材广：2材广的三角形基础上，以5分°为基准量增减跳距得来的。

2 若严格比照数据，不难发现按前述三组斜率反算合角昂长度时，七、八铺作完全契合，四、五、六铺作虽存在微差，在去除昂尖长度后却又能彻底契合（五铺作交角昂按图示算得应长127分°，作图所得角内昂投射到补间缝时恰长127.69分°；四铺作插昂除去昂尖后40.7分°，其交角昂贴于角内昂两侧，不能越过柱缝，长35分°与记载吻合）。考虑到昂尖与耍头、小栱头、华头子一样，作为同根构件的局部尺寸被单独记述，则此类微差的产生或许源自叙说逻辑的不一致（功限部分七、八铺作为方便估算而计昂尖长在内，四、五、六铺作因有结合分件图详细解说的需求而排除昂尖在外），正身昂、交角昂与角内昂的论述语境其实不尽相同。

3 虽然在诸如"总铺作次序"的记述中，材份数值指的多是各缝水平间距的投影"心长"，但下昂的情况有所不同，理由有四条。首先，《法式》的编纂旨在"关防工料"，功限部分更是侧重于此，因此所记数据必定是（或至少可以便捷地折算成）构件实体长度，李诫没有明确谈论下昂斜率，若他记录的数据系指心长，则无法据之推算出实际的用料长度，这显然不符合编修目的。其次，文本中关于交角昂的措辞与其他各角内昂、补间正身缝昂完全一致，但不论是以哪种平面投影数据反算交角昂长度，都与记载数值相差较大，尤其是按"心长"算时将略去昂尖长度，使差值更大。再次，与下昂类似的椽子等斜置构件，均以"平不过……尺"的形式特别阐明记载数据系指"投影长"，则下昂份值若所指相同，也应以类似方式予以廓定，但实际上却并无此类备注。最后，下昂与华栱等平置构件不同，其里跳后半部分上挑平槫，无需与横栱相交，也就不具备"跳距"的概念，"间架不匀"时在满足挑斡功能的前提下可自由伸缩，并不适宜用"心长"度量。

栱两只，若四铺作插昂不用。角内要头一只，八铺作至六铺作身长一百一十七分，五铺作、四铺作身长八十四分……八铺作、七铺作各独用：第三杪外华头子内华栱一只，身长一百四十七分……八铺作独用：第四杪内华栱一只，外随昂、榑斜，身长一百一十七分。"过往研究多将这段文字中的"身长"视作构件实长，但按其作图却常生抵牾，故需详加考究。

我们知道，转角及近角补间中出跳构件的"身长"存在四个可能的所指：①角缝构件加斜前的水平投影长（心长）或②其实长，③角缝构件加斜后的心长或④其实长。此时出现三组比值（图57）：其一是平面"加斜比"，在《法式》语境下记为$\sqrt{2}$的疏率即1.4，表示正缝与角缝构件的长度比值；其二是构件"勾股比"，即斜置构件的实长（弦）与其水平投影长（勾）比值，用于反映斜率；其三为"跨级比"，即同类构件在相邻铺作数下的取值差异（或相邻层数间同类构件的长度比）。它们分别被用于评测抽象角部后的四面直棱锥中各个三角面间的股长比（判断各缝出跳长是否齐平）、三角面各自的勾股比（判断各缝斜昂峻慢是否一致）、三角面内诸相似形的相似比（判断逐跳份数或材等渐变后的数理比例关系）。

引人注目的是，前述文本中多次出现117分°一值，若视之为角内要头的实长（含头尾在内），则按1.4倍加斜比反算出其正缝投影长为84分°（它仅是虚拟的空间概念，并无对应实体，尺寸也未必等同于补间相应分位的平置构件）。此时可将两级铺作中四种要头的取值简化为一

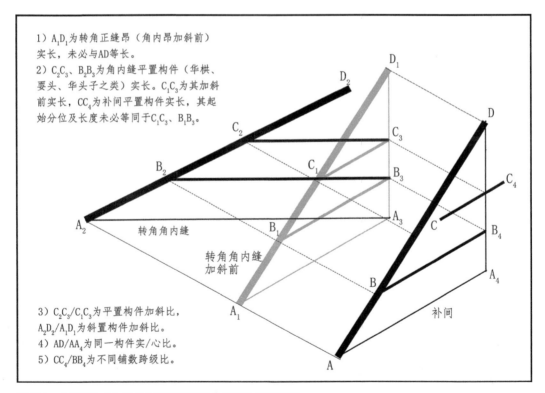

图57　《营造法式》转角与补间各缝构件间拟合关系示意

（图片来源：自绘）

组连续$\sqrt{2}$等比数（四、五铺作正缝60分°，角缝84分°；六、七、八铺作正缝84分°，角缝117分°）。至于这组数据的所指，我们通过作图分析，基本排除了系指角缝构件加斜后实长或心长的可能[1]（普遍过于短促）。反过来，若将这组份数视作角内平置构件加斜前之实长，则在数值取整的同时节点对位关系亦达最简，互恰度良好。按不同跳距与交互科降值情况，逐一作图量取角缝耍头与外华头子里华栱的加斜前份数，整理表7后发现：①功限部分所载角缝构件份数均是指代其加斜前的对应实长；②以147与117分°两值即可涵盖里转耍头等平置构件在任意跳距下的取值，这两个数实际上表达了有效区间的边际。

"功限"部分角内平置构件数据反算情况（注：加灰色底框者为复合数列特征之特殊值）　表7

铺作配置	跳距分配	耍头实长			外华头子里华栱实长
		交互科里外归平时	昂降2分°时	昂降5分°时	
1. 八铺作双杪三昂	里转出四杪时，耍头与第四杪等长，与头昂无关，亦可恒定为117分°（减跳值取最大时若直抵昂下仍长117分°），此处数据均量至里转第四杪为止				
1.1 里转出四杪	①里跳（30-30-30-30）分°，外跳（30-30-30-30）分°；不减跳时耍头尺度过大与原文不符	147分°	138分°	128分°	161分°
	②里跳（26-26-26-28）分°，外跳（30-26-26-26）分°；当里跳份数不变，外跳均为30分°时，耍头量至素方外下棱，仍满足117分°与147分°取值	124分°/117分°，后者头昂量至素方外侧下棱	117分°，头昂过素方外侧下棱	106分°，头昂过素方内侧下棱	147分°
	③里跳（25-25-25-28）分°，外跳（28-25-25-28-28）分°；当里跳份数不变，外跳用其他份数时，耍头量至科平，仍满足117分°与147分°取值	117分°，头昂过科平	110分°，头昂约过素方中线	99分°，头昂脱离交互科	142分°
1.2 里转出三杪	①里跳（30-30-30）分°，外跳（30-30-30-30-30）分°；头昂位置与里转出四杪时一致	134分°	127分°	117分°	161分°
	②里跳（26-26-28）分°，外跳（30-26-26-26-26）分°；头昂位置同上	117分°	109分°	97分°	147分°
	③里跳（25-25-28）分°，外跳（28-25-25-28-28）分°；头昂位置同上	110分°	103分°	92分°	142分°
2. 七铺作双杪双昂	七铺作中，耍头与外华头子里华栱两根构件紧贴，较为特殊				

1　角内耍头在五铺作时量取加斜后的水平心长确实恰为84分°，但五至八铺作的测值和原文记载偏差极大，若按加斜后实长计算则相去弥远。八铺作里转四杪时，"第四杪内华栱一只，外随昂、槫斜，身长一百一十七分"，头跳28分°，余三跳26分°，若认为117分°是其加斜后的水平心长，则折算出的实长84分°恰合三个头跳长，但相去扶壁栱仍有一跳距离，使得遮椽版下出现空隙；若视之为加斜后的水平实长，则额外计入半个交互科底宽后将使其离柱缝更远，又如何"外随昂、槫斜"？遑论角内构件理当垫塞严密，岂有偷减之理？同理，第三杪147分°（合正缝105分°）无论按实长或心长，都不能与任何既有构件的轮廓重合，这一问题在其他铺数中同样普遍存在，可见按加斜后的实长或心长解释原文录述的数据皆不妥当。

续表

铺作配置	跳距分配	耍头实长			外华头子里华栱实长
		交互枓里外归平时	昂降2分°时	昂降5分°时	
2.1 里转出三杪	①里跳（30-30-30）分°，外跳（30-30-30-30）分°	134分°/119分°	127分°/119分°	117分°/119分°	161分°
	②里跳（26-26-28）分°，外跳（30-26-26-26）分°	117分°，头昂脱离交互枓控制	109分°，头昂过方外下棱	98分°，头昂近素方内下棱	147分°
	③里跳（25-25-28）分°，外跳（28-25-25-28）分°	110分°	103分°	92分°	142分°
3. 六铺作单杪双昂	文本仅提及耍头长117分°，未规定第三杪与外华头子里华栱长度，头昂归平降值亦不同				
3.1 里转出三杪	①里跳（30-30-30），外跳（30-30-30）；按跳距构成模式 $4 \times \sqrt{2} \times 21$ 分° ≈ 30 分° ×4，误差2分°，实际里转仅三跳，剩余30分°由耍头端部25分°与素方半厚5分°凑成	58.5分°，耍头量至素方外下棱（接近60分°）	/	/	101分°
	②里跳（26-26-28）分°，外跳（30-26-26）分°；文本中并无此种布置方式，参照七、八铺作情形增补	112分°，与二昂上交互枓取平	/	/	95分°
	③里跳（26-26-28）分°，外跳（30-30-30）分°；同上	117分°	/	/	95分°
	④里跳（25-25-28）分°，外跳（28-25-28）分°	107分°，二昂过素方外侧下棱	/	/	92分°
3.2 里转出两杪	①里跳（30-30）分°，外跳（30-30-30）分°	92分°，头昂过枓平	/	/	101分°
	②里跳（26-28）分°，外跳（30-26-26）分°；文本中并无此种布置方式，参照七、八铺作情形增补	84分°，头昂过素方外侧下棱	/	/	95分°
	③里跳（25-28）分°，外跳（28-25-28）分°	79分°	/	/	92分°
4. 六铺作双杪单昂	《法式》功限章论及交角昂等角内构件时，主要指单杪双下昂。作图知其在里转三杪、内外不减跳、头昂降2分°时，耍头长147分°；里转（26-26-28）分°、外跳（30-26-26）分°时，外华头子里华栱长147分°。里转双杪时耍头与华子为同一构件，其长度与下昂降跳份数无关，仅受跳距布置方式影响，不减跳、减4分°与5分°时分别长149分°、147分°、135分°				
5. 五铺作单杪单昂	按《法式》图样，耍头前段似仅伸至扶壁素方中缝处，原文记耍头长84分°，未提其下外华头子里华栱长度				
	里跳（30-30）分°，外跳（30-30）分°	84分°			101分°
	里跳（28-28）分°，外跳（28-28）分°；此时耍头需直抵昂身下，并不止于扶壁素方中缝，其长恰为84分°	84分°			95分°
6. 四铺作插昂	插昂压于耍头下，转角缝由昂自交互枓口出并斜上内伸，此时里、外耍头被打断不能连做，恰长84分°				
	里、外跳各30分°	84分°			

注：本表数据均用于指代及讨论角缝构件加斜前实长，与近角补间铺作无关。

据上述"实长"数据作图时，泰半存在不足半分°的微差，或许是为"加荒"留出余地所致。如前所述，将文本所记角缝里转诸名件取值释作45°缝加斜前的实长，而非正缝未经加斜前之实长，这种借此言彼的转注方式显得极为曲折，并不符合通常的叙事逻辑，除作图验核外，仍需藉由文本内证详加证明。

举《法式》卷十八"殿阁外檐转角铺作用枓栱等数"条为例，其规定"八铺作七铺作各独用：……第二杪华栱一只，身长七十四分"。此时无论按实长、心长计74分° 都过于短小，不能充角华栱用[1]，且与之相应的内槽转角铺作第二杪记作77分°，两者相对设置，本应等长，差出3分° 也会导致安勘问题。

由此提出一种假设（表8）：在历代传抄《法式》的过程中，记述内槽转角各层华栱身长的文句发生了前后错置的问题，按现有文本数据各跨减一跳后，恰与作图所得各层心长加斜后的取值吻合[2]，这应该不是巧合。

华栱里转长度的文本记载与作图对比　　　　　　　　　　　　表8

文本记载	推测构成	推测实际层数	作图算得份数 / 数据吻合率
"角内第二杪华栱一只，身长七十七分"	7×11分° = 77分°	第一杪	（28 + 28）分° ×1.4 = 78.4分°，吻合率98.21%
"角内第三杪华栱一只，身长一百四十七分"	7×21分° = 147分°	第二杪	（25 + 28 + 28 + 25）分° ×1.4 = 148.4分°，吻合率99.06%
"角内第四杪华栱一只，身长二百一十七分"	7×31分° = 217分°	第三杪	（25 + 25 + 28 + 28 + 25 + 25）分° ×1.4 = 218.4分°，吻合率99.36%
文本无，同理推测第五杪身长二百八十七分	7×41分° = 287分°	第四杪	（25 + 25 + 25 + 28 + 28 + 25 + 25 + 25）分° ×1.4 = 288.4分°，吻合率99.51%

如此，则卷十八"殿阁身内转角铺作用枓栱等数"条所记录的里转四杪长度可分别用各段心长加斜后得出近似取值，唯文本应是错将一、二、三杪记成了二、三、四杪，同样的推算方式也适用于内槽与平坐华栱。

在功限部分记载角内构件的整套数据中，各取值间常相互以$\sqrt{2}$率套借，且77分°、117分°、147分°、177分°、217分° 等数多次出现，它们递相以30分° 或40分° 为级差增减，多为角内耍头与华栱的身长，且除以$\sqrt{2}$后即得到正缝华栱身长。[3]

外檐转角铺作中，第二杪加斜后心长恰与第三杪未加斜前实长相等，均为147分°，将之错置后即可表达内外槽第三杪长，而其他华栱与耍头长117分°，与之刚好相差一跳30分°，文本对于各跳减跳与否、减跳后的跳距分配方案均未明确叙述，或许正是为了在标定的构件实长内灵活赋予其多种组合方案，即算法原则应尽量趋简，以适应尽量多变的情况（表9）。

1　减跳至28分°、25分° 时，第二杪角华栱的加斜前实长仍应达到118分°（6分° ＋25分° ＋28分° ＋28分° ＋25分° ＋6分°）、加斜后长160.4分°，即便折为正缝仍应长84分°。

2　这里不取实长，是由于角缝上交互枓不能简单地按加斜原则放大处理，栱端卷杀的长度也不是等比放大的结果，因此角华栱实长并不完全等同于正缝华栱的$\sqrt{2}$倍，而是先按心长加斜，再加上常量（两端各半个交互枓底长计12分°）后汇总得来。

3　77分° 对应正缝第一杪身长55分°（可释为外跳30分° ＋里跳25分°）、117分° 对应正缝第二杪身长84分°（可释为外跳30分° ＋28分°、里跳26分°）、147分° 对应正缝第三杪身长105分°（可释为外跳30分° ＋25分°、里跳25分° ＋25分°）、177分° 对应正缝第四杪身长126分°（可释为外跳25分° ＋25分° ＋26分°、里跳25分° ＋25分°）、217分° 对应正缝第五杪身长155分°（可释为外跳25分° ＋25分° ＋30分°、里跳25分° ＋25分° ＋25分°）。

《营造法式》"功限"部分角内诸名件长度信息解读 表9

条目	应用范围	事项	文本记载	长度及其构成
卷十七·楼阁平坐补间铺作用枓栱等数	自七铺作至四铺作各通用	耍头一只	"七铺作身长二百七十分，六铺作身长二百四十分，五铺作身长二百一十分，四铺作身长一百八十分"	正缝，以30分° 递相增减
卷十八·殿阁外檐转角铺作用枓栱等数	自八铺作至四铺作各通用	角内耍头一只	"八铺作至六铺作身长一百一十七分，五铺作四铺作身长八十四分"	117分° 、84分° （$\sqrt{2}$倍关系）
		角内由昂一只	"八铺作身长四百六十分，七铺作身长四百二十分，六铺作身长三百七十六分，五铺作身长三百三十六分，四铺作身长一百四十分"	460分° = 25分° ×16 + 30分° ×2；420分° = 30分° ×14；376分° = 25分° ×14 + 26分° ；336分° = 28分° ×12；140分° = 30分° ×3 + 25分° ×2；
	八铺作七铺作各独用	第二杪华栱一只	"身长七十四分"	74分° 约为第三杪之半
		第三杪外华头子内华栱一只	"身长一百四十七分"	147分°
	八铺作独用	第四杪内华栱一只	"外随昂、槫，斜一百一十七分"	117分°
	交角昂	八铺作六只	"二只身长一百六十五分，二只身长一百四十分，二只身长一百一十五分"	165分° = 30分° ×3 + 25分° ×3 = 117分° ×$\sqrt{2}$；140分° = 30分° ×3 + 25分° ×2；115分° = 30分° ×3 + 25分°
		七铺作四只	"二只身长一百四十分，二只身长一百一十五分"	同上
		六铺作四只	"二只身长一百分，二只身长七十五分"	100分° = 25分° ×3；75分° = 25分° ×3
		五铺作二只	"身长七十五分"	同上
		四铺作二只	"身长三十五分"	35分° = 25分° × $\sqrt{2}$
	角内昂	八铺作三只	"一只身长四百二十分，一只身长三百八十分，一只身长二百分"	420分° = 30分° ×14；380分° = 30分° ×11 + 25分° ×2；200分° = 25分° ×8
		七铺作二只	"一只身长三百八十分，一只身长二百四十分"	380分° = 30分° ×11 + 25分° ×2；240分° = 30分° ×8
		六铺作二只	"一只身长三百三十六分，一只身长一百七十五分"	336分° = 28分° ×12；175分° = 25分° ×7
		五铺作四铺作各一只	"五铺作身长一百七十五分，四铺作身长五十分"	五铺作同上；四铺作实为卷头，内外各25分°
卷十八·殿阁自内转角铺作用枓栱等数	自七铺作至四铺作各通用	角内两出耍头一只	"七铺作身长二百八十八分，六铺作身长一百四十七分，五铺作身长七十七分，四铺作身长六十四分"	288分° = 60分° × （1+$\sqrt{2}$）×2；147分° = （21分° ×5）× $\sqrt{2}$；77分° = （11分° ×5）× $\sqrt{2}$；64分° = 26分° × （1+$\sqrt{2}$）
	自七铺作至五铺作各通用	角内第二杪华栱一只	"身长七十七分"	77分° = （25＋30）分° × $\sqrt{2}$

续表

条目	应用范围	事项	文本记载	长度及其构成
卷十八·殿阁自内转角铺作用枓栱等数	七铺作六铺作各独用	角内第三杪华栱一只	"身长一百四十七分"	$\boxed{147\,分°}=(21\,分°\times5)\times\sqrt{2}$，或$(25\,分°\times3+30\,分°)\times\sqrt{2}$
	七铺作独用	角内第四杪华栱一只	"身长二百一十七分"	$217\,分°=(25\,分°\times5+30\,分°)\times\sqrt{2}$
卷十八·楼阁平坐转角铺作用枓栱等数	自七铺作至四铺作各通用	第一杪角内足材华栱一只	"身长四十二分"	$42\,分°=30\,分°\times\sqrt{2}$
		角内足材耍头一只	"七铺作身长二百一十分，六铺作身长一百六十八分，五铺作身长一百二十六分，四铺作身长八十四分"	$210\,分°=30\,分°\times5\times\sqrt{2}$（外四跳里一跳）；$168\,分°=30\,分°\times4\times\sqrt{2}$（外三跳里一跳）；$126\,分°=30\,分°\times3\times\sqrt{2}$（外两跳里一跳）；$\boxed{84\,分°}=30\,分°\times2\times\sqrt{2}$（外一跳里一跳）
	自七铺作至五铺作各通用	第二杪角内足材华栱一只	"身长八十四分"	同上，或$21\,分°\times4$
	七铺作六铺作各用	交角耍头，七铺作四只	"二只身长一百五十二分，二只身长一百二十二分"	$152\,分°=(26\,分°\times3+30\,分°)\times\sqrt{2}$；$122\,分°=(26\,分°+30\,分°\times2)\times\sqrt{2}$
		交角耍头，六铺作二只	"身长一百二十二分"	同上
	七铺作独用	第四杪角内华栱一只	"身长一百六十八分"	$168\,分°=(30\,分°\times4)\times\sqrt{2}$

（二）头昂为何讹短

在表6中，八铺作与六铺作据角缝头昂实长推得的正缝昂长度相较文本记载短了近20分°，这个差值显然无法忽略。考虑到头昂位置较低，与栱、方等横置构件的交点多于其上诸昂，则这种算值的"不匀"或许与里转做法有关。因头昂最易与角内诸平置构件触碰，两者长度呈此消彼长之势，故若欲解释前者讹短的原因，必藉由穷究后者的记述逻辑来实现。简言之，我们认为《法式》所录的角内华栱与耍头皆为未加斜前的数据。

七铺作里转至多三杪，因头昂下出两杪，里耍头实际位于头昂身下，两者并无相犯的可能，故角内头昂折算后与对应的补间头昂基本等长，不会讹短。

八铺作里转三杪时情况同上，但若出四杪，则里耍头与头昂相犯，若按制度减跳（里跳26—26—26—28分°，外跳30—26—26—26—26分°），且头昂降高2分°时，第四杪于扶壁素方外侧下棱直抵昂下，头昂实长117分°，其上之耍头若抵于二昂身下则略大于该值，推测李诫是为了便于记忆才将两者取值归一，但角内头昂加斜前身长仅143分°，远短于对应之补间昂（170分°），亦即其尾端止于里转第一杪上罗汉方里侧边棱，剩余部分被耍头截断（图58）。

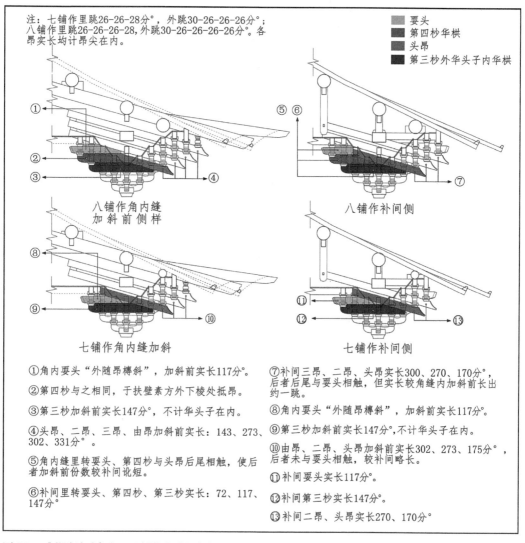

注：七铺作里跳26-26-28分°，外跳30-26-26-26分°；
八铺作里跳26-26-26-28，外跳30-26-26-26-26分°。各
昂实长均计昂尖在内。

要头
第四杪华栱
头昂
第三杪外华头子内华栱

八铺作角内缝
加斜前侧样

八铺作补间侧

七铺作角内缝加斜

七铺作补间侧

① 角内要头"外随昂槫斜"，加斜前实长117分°。

② 第四杪与之相同，于扶壁素方外下棱处抵昂。

③ 第三杪加斜前实长147分°，不计华头子在内。

④ 头昂、二昂、三昂、由昂加斜前实长：143、273、302、331分°。

⑤ 角内缝里转要头、第四杪与头昂后尾相触，使后者加斜前份数较补间讹短。

⑥ 补间里转要头、第四杪、第三杪实长：72、117、147分°。

⑦ 补间三昂、二昂、头昂实长300、270、170分°，后者后尾与要头相触，但实长较角缝内加斜前长出约一跳。

⑧ 角内要头"外随昂槫斜"，加斜前实长117分°。

⑨ 第三杪加斜前实长147分°，不计华头子在内。

⑩ 由昂、二昂、头昂加斜前实长302、273、175分°，后者未与要头相触，较补间略长。

⑪ 补间要头实长117分°。

⑫ 补间第三杪实长147分°。

⑬ 补间二昂、头昂实长270、170分°。

图58 《营造法式》七、八铺作角内缝数据解析及构造示意
（图片来源：自绘）

　　六铺作里转三杪时，角内头昂加斜前实长127分°（四、五、六铺作均不计昂尖在内），较补间昂150分°为短，加斜前的昂尾止于里转第二杪上慢栱里侧边棱，由此要头被压缩至58.5分°，仅相当于《法式》记录值117分°之半。

　　五铺作角内头昂加斜前实长与六铺作一致，稍长于补间昂的120分°。实际上从图样中头昂的榫卯开口位置及形态看，昂身实长均应取127分°（120分°的昂尾并无适应齐心枓开口的示意），如此则要头量至扶壁中缝时恰长84分°（图样中要头身畔仅里侧绘有对应齐心枓的开口，若能跨过柱缝则外侧亦应有所表示，故推测至柱缝止），与文本记载相符（图59）。

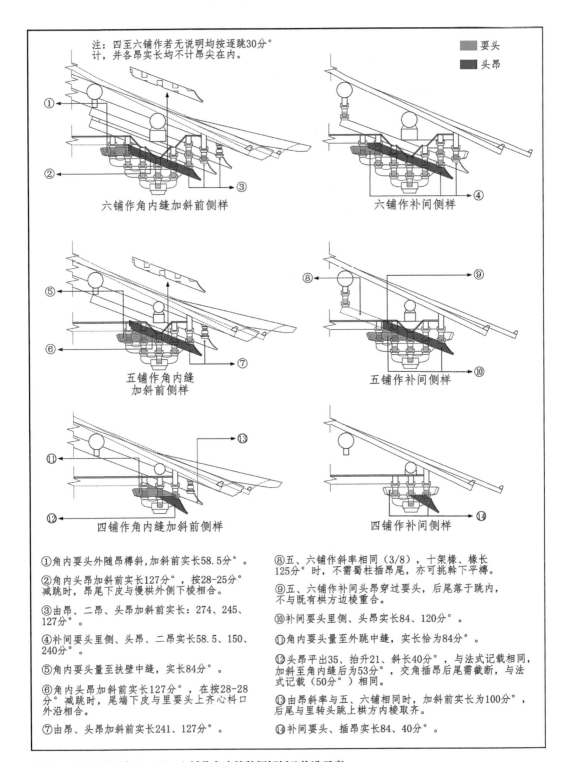

注：四至六铺作若无说明均按逐跳30分°
计，并各昂实长均不计昂尖在内。

■ 要头
■ 头昂

①
②
③
六铺作角内缝加斜前侧样

④
六铺作补间侧样

⑤
⑥
⑦
五铺作角内缝
加斜前侧样

⑧
⑨
⑩
五铺作补间侧样

⑪
⑫
⑬
四铺作角内缝加斜前侧样

⑭
四铺作补间侧样

①角内要头外随昂槫斜，加斜前实长58.5分°。

②角内头昂加斜前实长127分°，按28-25分°减跳时，昂尾下皮与慢栱外侧下棱相合。

③由昂、二昂、头昂加斜前实长：274、245、127分°。

④补间要头里侧、头昂、二昂实长58.5、150、240分°。

⑤角内要头量至扶壁中缝，实长84分°。

⑥角内头昂加斜前实长127分°，在按28-28分°减跳时，尾端下皮与里要头上齐心枓口外沿相合。

⑦由昂、头昂加斜前实长241、127分°。

⑧五、六铺作斜率相同（3/8），十架椽、椽长125分°时，不需蜀柱插昂尾，亦可挑斡下平槫。

⑨五、六铺作补间头昂穿过要头，后尾落于跳内，不与既有栱方边棱重合。

⑩补间要头里侧、头昂实长84、120分°。

⑪角内要头量至外跳中缝，实长恰为84分°。

⑫头昂斜出35、抬升21、斜长40分°，与法式记载相同，加斜至角内缝后为53分°，交角插昂后尾需截断，与法式记载（50分°）相同。

⑬由昂斜率与五、六铺作相同时，加斜前实长为100分°，后尾与里转头跳上栱方内棱取齐。

⑭补间要头、插昂实长84、40分°。

图59　《营造法式》四、五、六铺作角内缝数据解析及构造示意

（图片来源：自绘）

三、《营造法式》角缝首尾两端构造状况

（一）近檐柱处构造情况推测

转角构造中，大角梁的放置形态最为重要，我们从《法式》记载的诸昂长度入手加以考察。铺作之上，由昂距离角梁最近，但它本质上仅是与耍头相似的垫块，与隐衬角栿一道填塞上道昂与大角梁间空隙（足材加橑檐方总计51分°），其出跳距离与上道昂相同。通过作图及对表1的统计，我们知道六至八铺作由昂在加斜前的实长总是较其对应的补间铺作最上道昂长30分°，这意味着它们的里转平长基本一致；四、五铺作的下昂虽不能上彻平槫，功能等同于卷头，但其由昂的加斜前实长仍远甚于对应的补间昂。其中五铺作由昂加斜前实长241分°，基本与六铺作补间二昂240分° 等长，两者外跳位置相近，以3/8斜率算时，五铺作由昂在加斜前的平长（不计昂尖）为225.6分°，约当七跳有余，按外三里四分配，较里转华栱多出两跳，可知其上彻距离甚远。同样，四铺作角内由昂加斜前的位置与五铺作之昂相似，但二者斜率不同，不宜等量齐观，按3/5斜率且不计昂尖时，算得四铺作由昂加斜前的平长为90.9分°，合三跳，按外一里二分配，正与其下里转华栱对应。

前节由表7得出的四点信息均与此相关，即数据体现的关系都是为了保证角内诸构件维持斜置形态：结论反映了下昂里转部分较为发达的事实[1]，换言之昂身并未遭到角梁的过度截割（这从记录的角内昂后尾身长份数可以推得），这意味着角梁自身也是斜置而非平放的（平置将导致抹角栿下降到丁栿分位，而非如李诫记述的架设其上），因此下昂造中的大角梁、隐衬角栿均应与其下诸昂一样，顺势倾斜以便上彻平槫。

（二）近下平槫处构造情况推测

对于角梁内侧靠近下平槫处的构造方式需结合间架规模、角间形态、进深椽长、屋架举折等因素对各铺作逐一作图推导，并重点关注《法式》涉及槫下构造的两处定性描述。

其一为卷五"梁"条："凡屋内若施平棊，平暗亦同，在大梁之上。平棊之上又施草栿，乳栿之上亦施草栿，并在压槽方之上，压槽方在柱头方之上，其草栿长同下梁，直至撩檐方止。若在两面，则安丁栿。丁栿之上，别安抹角栿，与草栿相交。凡角梁下又施隐衬角栿，在明梁之上，外至撩檐方，内至角后栿项，长以两椽材斜长加之。"隐衬角栿垫于大角梁下，用于填补由昂与角梁间空隙，同时向内插入"栿项柱"身。下昂造时，若槫下与由昂上的空隙足够充裕，则隐衬角栿与大角梁可随之倾斜上彻，即角缝构件斜置。

其二为同卷"阳马"条，记载了不同构架类型中槫下结角做法的差别："凡堂、厅并厦两头造，则两梢间用角梁转过两椽。亭榭之类转一椽，今亦用此制为殿阁者，俗谓之曹殿，又曰

1 前表所得四项结论中，①"最上层昂的反算精度最高"意味着为了保障对隐衬角栿的有效承托，转角斜缝及正身、补间诸昂上彻分位必须一致，不可参差；③"六至八铺作角内由昂加斜前实长恒较上道昂长一跳"也是为了保证两者里跳端部近似取齐，以便共同托举角梁；④"四、五铺作里转上彻深度有限但由昂较长"则是为了在昂数少或昂身不发达时，确保仅依靠由昂也能维持角部构造稳定。

123

汉殿，亦曰九脊殿，按《唐六典》及《营缮令》云，王公以下居第并厅（听）厦两头者，此制也。"绘图结果与此段记录吻合，按3/8或3/11斜率计算时，殿阁大角梁上皮仍压在下平槫交点之下，在椽长上、下限内[1]，自五至八铺作下昂造均可实现压金做法[2]，且其下仍有足够空间安置抹角栿。至于角梁下用抹角栿、隐衬角栿之栿项入柱两条规定，则应归结于《法式》殿阁允许间椽错位、角间不必取方及槽型多样三个原因[3]。

殿阁角梁长度不定，隐衬角栿却必须转过两椽；与之相反，厅堂因间椽严格对位，其角梁必须搭在平槫交点上或压于其下后再插入内柱身，长度明确为两椽（若压金时仅转过一椽则构造不稳定），角间恒取方且由昂与大角梁间别无隐衬角栿之类的构件紧贴。[4]

唐辽殿阁常采用"斜置大角梁＋平置隐衬角栿"的方式结角，此时角内昂后尾遭隐衬角栿截断，不能充分挑斡下平槫交点，而是与柱头铺作中的下昂一样，由草栿压跳收束。[5]宋金遗构与此不同，其补间铺作配置日趋绵密且与屋架的联动更加紧密，角缝昂多随补间下昂一道上彻平槫（若补间里跳只用华栱或平出假昂，仍可借助"叠枋襻间"间接挑斡下平槫），成为支撑屋架的有机单元，转角铺作的用昂逻辑已从随同柱头转向取法补间（图60—图66）。

1　以文献［118］、文献［22］为代表的观点认为椽每架平长上限不超过125分°，下限不少于100分°；文献［25］中则从出檐制度出发推得《法式》所列椽长尺寸系以三等材折算的结论，因此对应较低材等时，平长份数还可进一步放大到150分°。我们按100—150分°为椽长阈值作图，发现七、八铺作均可实现压金做法。

2　其中，七、八铺作的推定斜率较缓，大角梁上皮恒在下平槫交圈节点以下，其间尚需陀墩等支垫；五、六铺作因推定斜率稍陡，在用30分°槫径时昂尾勉强可挑斡下平槫（此时筒瓦厅堂举折按梁思成拟定的0.27而非陈彤提出的0.33计算，原因后文详述），大角梁与平槫下空隙较小，稍显局促（昂尾挑斡平槫时，交互枓局部坐入昂身，故一材两栔托替木、下平槫的总高至多为6＋15＋6＋12＋30＝69分°，而撩檐方与大角梁之和为30＋30＝60分°，此时两者上皮接近，部分重合，故下平槫是如牛脊槫般从两侧合抱于大角梁上半部，而非完全量压其上，若想彻底压住则两者差值至少应在30分°以上）。四铺作未采用插昂的3/5斜率，因其过于陡峻，若隐衬角栿、大角梁均按此角度上行则会戳穿屋面，且插昂并无尾部，其上由昂即或采取3/8斜率也不会与之中途斜交相犯，照此计算则由昂在加斜前的平长可达100分°，较以3/5斜率推算时多出10分°，承载能力有所提升，构造方式亦与五、六铺作一致。

3　间椽错位导致第二架椽的槫下虚悬，需有所支撑；角间不方使得角梁无法汇于内槽柱位，同样会导致前述结果；槽型多样则体现在分心槽、双槽等依靠檐栿变动槽线位置时，转角处未必存在可供托戴的内槽柱。以上三种情形都要求创造一种新的构造形式来令角梁后尾摆脱对内槽的依赖，故而催生了将角梁尾端支点间接转移至外檐柱列上的抹角栿、隐衬角栿和栿项柱（推测也可以是置于抹角栿或丁栿上的童柱）组合。反过来，在间椽对位且第二架椽下有内槽结构时，抹角栿等构件即完全没有施用必要。

4　在晚于《法式》的大型实例（如平遥文庙大成殿、朔州崇福寺弥陀殿）中，常见角内昂上彻平槫、隐衬角栿与大角梁略微斜置之类的现象，这更接近殿阁做法，考虑到厅堂不应超过六铺作，则此类实例或许反映了殿阁简化阶段的过渡状态，不可将其视作纯粹的厅堂。

5　此外尚有殿阁缩小、简化后的变体，表现为大角梁转过一椽并平置，这可以视作双栿殿堂（如佛光寺东大殿）中的角缝明乳栿因内柱升高而退化为露明衬角栿（如西上坊成汤庙大殿）所致（两者补间铺作都不发达，角缝昂身平置，不能上彻平槫）。

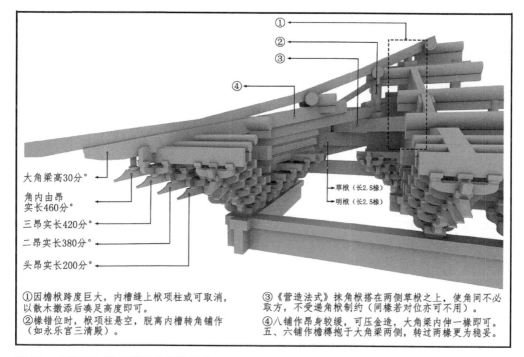

大角梁高30分°

角内由昂
实长460分°

三昂实长420分°

二昂实长380分°

头昂实长200分°

草栿（长2.5椽）

明栿（长2.5椽）

①因檐栿跨度巨大，内槽缝上栿项柱或可取消，以散木撒添后凑足高度即可。
②椽错位时，栿项柱悬空，脱离内槽转角铺作（如永乐宫三清殿）。

③《营造法式》抹角栿搭在两侧草栿之上，使角间不必取方，不受递角栿制约（间椽若对位亦可不用）。
④八铺作昂势较缓，可压金造，大角梁内伸一椽即可。
五、六铺作檐槫抱于大角梁两侧，转过两椽更为稳妥。

图60 《营造法式》殿堂转角构造示意

（图片来源：自绘）

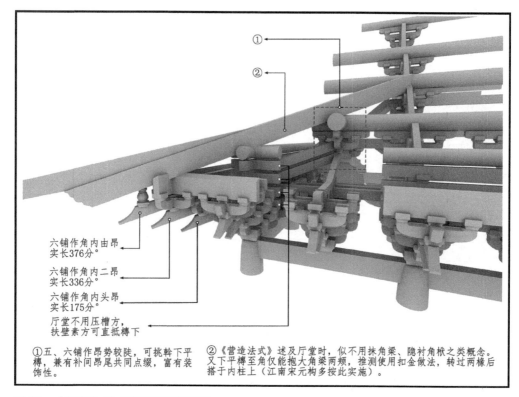

六铺作角内由昂
实长376分°

六铺作角内二昂
实长336分°

六铺作角内头昂
实长175分°

厅堂不用压槽方，
扶壁素方可直抵槫下

①五、六铺作昂势较陡，可挑斡下平槫，兼有补间昂尾共同点缀，富有装饰性。

②《营造法式》述及厅堂时，似不用抹角梁、隐衬角栿之类概念。又下平槫至角仅能抱大角梁两颊，推测使用扣金做法，转过两椽后搭于内柱上（江南宋元构多按此实施）。

图61 《营造法式》厅堂转角构造示意

（图片来源：自绘）

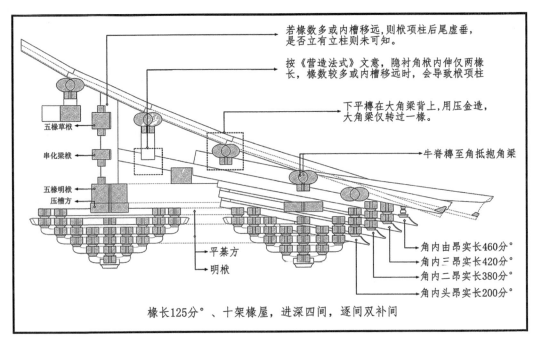

若椽数多或内槽移远，则枊项柱后尾虚垂，是否有立有立柱则未可知。

按《营造法式》文意，隐衬角枊内伸仅两椽长，椽数较多或内槽移远时，会导致枊项柱

下平槫在大角梁背上，用压金造，大角梁仅转过一椽。

牛脊槫至角抵抱角梁

角内由昂实长460分°

角内三昂实长420分°

角内二昂实长380分°

角内头昂实长200分°

五椽草栿
串化梁栿
五椽明栿
压槽方
平棊方
明栿

椽长125分°、十架椽屋，进深四间，逐间双补间

图62　《营造法式》八铺作角内缝构造示意

（图片来源：自绘）

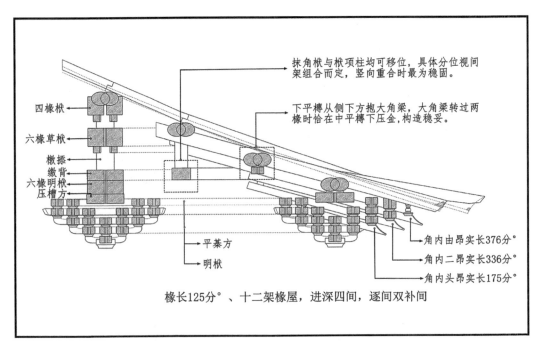

抹角栿与枊项柱均可移位，具体分位视间架组合而定，竖向重合时最为稳固。

下平槫从侧下方抱大角梁，大角梁转过两椽时恰在中平槫下压金，构造稳妥。

四椽栿
六椽草栿
橔掭
缴背
六椽明栿
压槽方
平棊方
明栿

角内由昂实长376分°

角内二昂实长336分°

角内头昂实长175分°

椽长125分°、十二架椽屋，进深四间，逐间双补间

图63　《营造法式》六铺作角内缝构造示意之一

（图片来源：自绘）

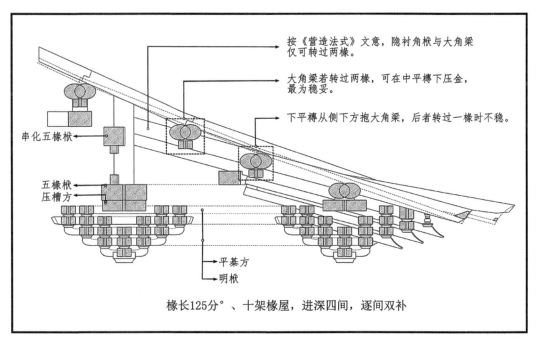

按《营造法式》文意，隐衬角栿与大角梁仅可转过两椽。

大角梁若转过两椽，可在中平槫下压金，最为稳妥。

下平槫从侧下方抱大角梁，后者转过一椽时不稳。

串化五椽栿

五椽栿
压槽方

平棊方
明栿

椽长125分°、十架椽屋，进深四间，逐间双补

图64 《营造法式》六铺作角内缝构造示意之二

（图片来源：自绘）

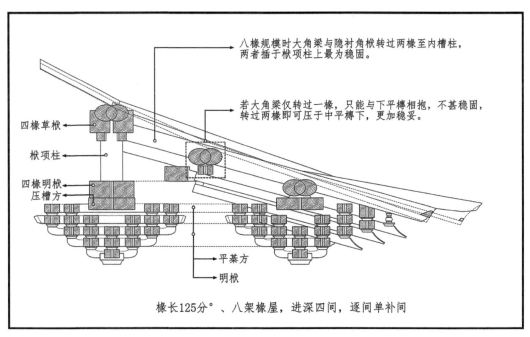

八椽规模时大角梁与隐衬角栿转过两椽至内槽柱，两者插于栿项柱上最为稳固。

若大角梁仅转过一椽，只能与下平槫相抱，不甚稳固，转过两椽即可压于中平槫下，更加稳妥。

四椽草栿

栿项柱

四椽明栿
压槽方

平棊方
明栿

椽长125分°、八架椽屋，进深四间，逐间单补间

图65 《营造法式》六铺作角内缝构造示意之三

（图片来源：自绘）

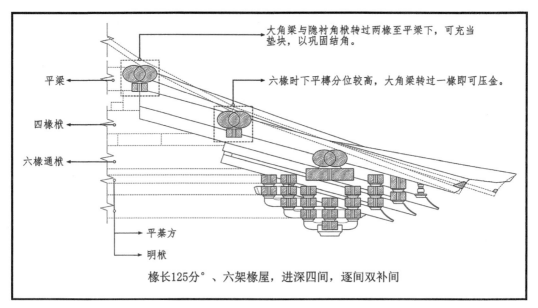

大角梁与隐衬角栿转过两椽至平梁下，可充当垫块，以巩固结角。

六椽时下平槫分位较高，大角梁转过一椽即可压金。

平梁

四椽栿

六椽通栿

平棊方

明栿

椽长125分°、六架椽屋，进深四间，逐间双补间

图66　《营造法式》六铺作角内缝构造示意之四
（图片来源：自绘）

四、"阑头栿"与"夹际柱子"用法及歇山形态差异

（一）"角梁转过两椽"与"厦一间"的实质区别

歇山屋面可以藉由多种方法搭建，李诫概称以"厦两头"，但在描述转角规模时却采用"角梁转过两椽"的说法取代唐以来"厦一间"的惯用语[1]。诚如张十庆所总结的，这种话语转变的根源在于写作视角从"空间"转向了"构架"，反映了歇山技术从原始的"入母屋""缀屋根"的空间扩展方式转向以整体屋架覆盖的成熟构造形制，不再机械地增出外缘，而是有机地将之融入屋身，围绕方三间厅堂的研究更是将此迁移过程上升至建构思维层面，即由一般走向特殊。

此外，"一间"与"两椽"的对照关系也是厘清匠门时空差异的重要线索。两者在华北与江南的营造传统中往往被等量齐观（华南则多一间三椽），在唐辽殿阁中也完全成立[2]，但《法式》殿阁图样明显表达出梁栿打断柱框与屋架层间联系的信息，加之双补间盛行，间广、架深与朵当已基本脱钩，此时增多补间朵数未必意味着屋身绝对规模的扩大，而更可能是在既有柱网内填塞更多枓栱，朵数剧增仅意味着在面阔方向上需要重新调整、缩减铺作的材等与体量，以调节其与间广的关系，与进深向的步架间却不再严格联动，朵当、椽长错位成为常态，对位反而成为小概率事件。

1　如《新唐书》卷十三·志第三·礼乐三："……庙之制，三品以上九架，厦两旁。三庙者五间，中为三室，左右厦一间，前后虚之，无重栱、藻井。……"
2　因柱、槫对位且不施或仅用单补间，使得无论面阔或进深方向上皆始终保持一间对应两椽架或两朵当，三者彼此勾连。

举十架椽规模殿屋为例（表10），若山面四间、逐间双补间，当此十二个朵当皆匀时，一间对应2.5椽长，即以每架120分° × 10架的总进深，恰可实现12朵补间 × 100分°（朵当下限）的铺作分配方案，此时角间广300分°，按一间对应两椽算则将欠余60分°造成错位，使得隐衬角栿不能搭插在正缝梁架与内槽柱上。由于朵当取值过小，几无调节余地，铺作等第稍高即易使得正缝与角缝相邻诸横栱间抵牾，即便"连栱交隐"或"于次角近补间处从上减一跳"也未必能妥善解决（如八铺作里转四杪时未免于横栱相犯，朵当至少取131分°，椽长上限按125分° 计时，需去除角补间或将之移远，这又导致朵当不匀的问题循环出现）。因此，近角补间与角内缝的下昂后尾未必能够挑斡于同一点，若转角用附角斗，则正缝下昂里转后更是只能贴于角缝昂身侧。

十架椽殿屋时间架配置情形举例   表 10

等第	朵数	椽数	椽长、朵当（A）份数关系	朵当（A）调整范围	角间最大错位
规模最大	12	10	125分° × 10 = A × 12	A = 104，（100–104）	62分°（合半椽）
规模最小	12	10	100分° × 2 + 125分° × 8 = A × 12	A = 100，不可调整	75分°（合3/4椽）

实际上，《法式》图样表达的是最具代表性、最为特殊的状况，而非建筑可达到的最大规模，结合文献和"料例"部分的记载，可知十架椽绝非宋代殿阁的极限。譬如以十二架椽对应四间进深时，其间椽配置亦可按相同逻辑表述为"前后三椽栿对六椽栿用四柱"，此时每间合三椽长，丁栿、乳栿皆以三椽栿充任，此时问题便暴露出来：若认为一间必须对应两椽，则角部四柱所围均不止"一间"，但它非角间而何？若认为一间不必对应两椽，则此"间"可大可小，又应如何表述？李诫以"角梁转过两椽"代替"厦一间"的原因或许正在于此，角间规模与椽架的错动体现了"构架一体化"与"开间自由分割"间的矛盾，此时以同属于屋架计量单位的"椽数"来表达角梁延伸距离，无疑较之多重义解的"一间"更加精确。

（二）殿阁与厅堂构架中歇山的山面形态异同

转角造殿宇的角梁跨度在《法式》中有明文规定：庑殿山面沿由戗向内递收，各部分荷载较为均匀，大角梁转过一椽即可收止；歇山则因构架差异存在一椽、两椽之别，且条目中涉及特殊构件"闇头栿"与"夹际柱子"。卷五"栋"条记："凡出际之制：槫至两梢间，两际各出柱头，又谓之屋废。……若殿阁转角造，即出际长随架。于丁栿上随架立夹际柱子，以柱槫梢；或更于丁栿背方添闇头栿。"按文意，歇山殿阁中有"夹际柱子"（必备）与"闇头栿"[1]（可选）两类附属构件，前者位于丁栿之上，用于承托槫梢，数量随架；后者的"闇"字释作"收

---

[1] 一般认为"闇头栿"类似明清之"踩步金"，这似乎不妥。踩步金（檩/梁/枋）并非草作构件，它更可能是从宋金建筑中常见的山面承椽方衍化而来。明清官式殿宇的含混性在于其构架逻辑已因内柱升高、柱梁搭接而趋于"厅堂化"，但空间关系仍保有殿阁特征，在山花内外，兼而继承了殿阁柱槫梢的草作构件（源自闇头栿、夹际柱子的踏脚木、草架柱）和厅堂收纳椽尾的承椽方（踩步金）。

束界面上的开口"，两者的功用均极明确，但为何歇山厅堂不用？

天花的设置与否构成了殿阁与厅堂的直观区别，前者屋架（包括山面梁架）可悉数草作，后者则无法以未经加工的构件"随宜枝樘固济"。早期的殿阁歇山（如法隆寺金堂）往往直接以梢间梁架充作山花，这意味着"出际随架"的槫梢恰好伸展至山面下平槫缝上，即跨在"转过两椽"的大角梁中点处；若为其单独安设一缝山花梁架，则槫梢出际极可能直抵山面檐柱缝上，这将导致屋面过大而翼角过小，使得立面比例失调，显然不妥。故此，所谓"夹际柱子"亦可释为"架际柱子"，本质上正是擎托槫梢的草架柱，当中、下平槫之下恰有丁栿时，它可以直接立在栿上；若丁栿数量不足或槫、栿错缝，则需额外加入"闇头栿"以资过渡。当然，除承托草架柱外，闇头栿的另一个功用是为内凹的曲阑博脊提供支撑，使之不至于虚悬在山面椽上，它的两端延展后压在大角梁尾端，在丁栿之上、平槫之下扮演着柱脚方的角色，同时如"门槛"般收束山面。若单纯考察结构功能与施用位置，则"夹际柱子""闇头栿"和清官式中的"草架柱""踏脚木"组合颇相类似。

非止如此，宋、清殿式建筑的山花处理手法也如出一辙。宋金遗构中博风版、山花版往往相去一架、留出空透的山花部分，与清官式建筑两版紧贴、山花封死的形象迥异，但这并不能反映宋代歇山做法的全貌（图67）。《法式》卷七"垂鱼惹草"条记："造垂鱼、惹草之制：或用华瓣，或用云头造，垂鱼长三尺至一丈，惹草长三尺至七尺，其广厚皆取每尺之长，积而为法……凡垂鱼施之于屋山博风版合尖之下，惹草施之于博风版之下、槫水之外，每长二尺，则于后面施楅一枚。"从尺度看两者均极长大，不该仅被用于封护槫子端头令其免遭风雨朽蚀，而应兼有遮蔽穿透屋面后支顶槫梢的"夹际柱子"的考虑。垂鱼、惹草最短者亦有三尺（这已超过了厅堂首步架的一半），最长可达一丈（厅堂角间最广仅一丈二尺），这个尺度显然不适用于厅堂构架。"楅"为横长木桯，钉在垂鱼之后，防止其过长时失稳，最多可用至五根。考察两宋界画，垂鱼、惹草大多尺度娇小，仅用于遮蔽槫端，槫梢下也没有夹际柱子的表达，曲脊之上均为露明的月梁、蜀柱，可见表现的基本是厅堂构架，但间或也有表达山花紧闭的楼阁形象者。至于殿阁歇山形象，则主要见于岩山寺壁画中，王逵为由宋入金之御前承应，所绘图形或反映了当时宫室主阁之真貌，这种以编竹抹泥密闭夹际柱子与闇头栿后再于其外侧贴以硕大的垂鱼、惹草的做法，与清官式建筑正是一脉相承。

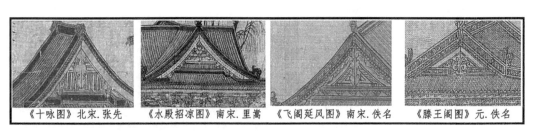

《十咏图》北宋.张先　　《水殿招凉图》南宋.里嵩　　《飞阁延风图》南宋.佚名　　《滕王阁图》元.佚名

图 67　界画中满铺山花做法示例

（图片来源：引自网络公众号《中华珍宝馆》）

除去外观的考虑,屋面荷载较小也是歇山厅堂不用"夹际柱子"等补强构件的重要原因。检索《法式》卷十三"垒屋脊"条可知:"殿堂,三间八椽或五间六椽,正脊高三十一层,垂脊低正脊两层……凡垒屋脊每增两间或两椽,则正脊加两层,殿阁加至三十七层止,厅堂二十五层止……",殿阁屋脊的叠瓦层数可达厅堂1.5倍;同卷下"用鸱尾"条更是通篇未提厅堂用吻兽的信息(两宋界画中亦多不用);又厅堂出际按"八椽至十椽屋,出四尺五寸至五尺"估算,当最高用至六铺作、昂后尾平长取上限125分° 时,自三至六等材分别折合5—6尺,相差的1尺正是搏风版应避让曲阑博脊的宽度,而后者位于山面槫正上方以利于承托,这正应对了"出际长随架"的要求,由于屋面荷载远小于殿阁,也就无需增设夹际柱子支撑槫梢。

综上所述,《法式》造歇山殿阁时,并不单独设置一缝山花梁架,而是直接在丁栿上立"夹际柱子"顶穿屋面后撑持槫梢(亦可在丁栿与夹际柱子间增加闑头栿一条),因山花版与天花的遮蔽,这部分自下而上或自外而内均不可见,故可草作(图68);与之相反,歇山厅堂支撑出际部分的山花梁架虽贴近正缝,却属于视线可及的范围,因此仍需详加修饰(图69)。殿阁本身尺度较大,角梁在角间若只转过一椽,后端缺乏压合将有失稳之虞,故李诫小字补注"亦可转过两椽",此时即需借用"闑头栿"压住角梁后尾(若殿阁规模小,也可省略)。

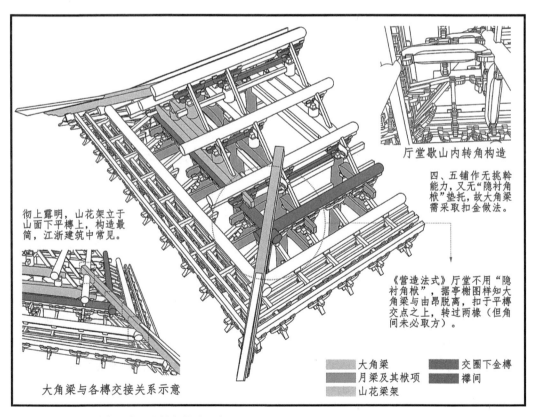

图 68 《营造法式》厅堂歇山转角构造示意

(图片来源:自绘)

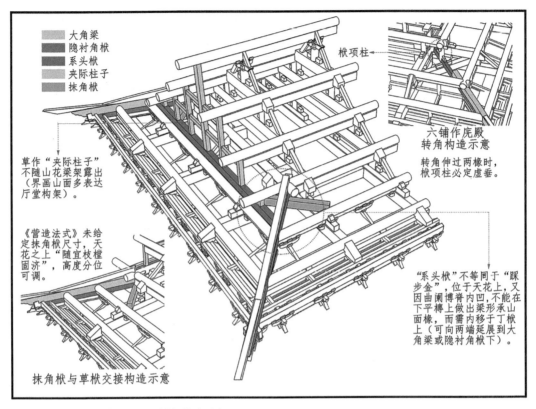

大角梁
隐衬角栿
系头栿
夹际柱子
抹角栿

枓项柱 ←

六铺作庑殿
转角构造示意

草作"夹际柱子"
不随山花梁架露出
（界画山面多表达
厅堂构架）。

转角伸过两椽时，
枓项柱必定虚垂。

《营造法式》未给
定抹角栿尺寸，天
花之上"随宜枝樘
固济"，高度分位
可调。

"系头栿"不等同于"踩
步金"，位于天花上，又
因曲阑博脊内凹，不能在
下平槫上做出梁形承山
面椽，而需内移于丁栿
上（可向两端延展到大
角梁或隐衬角栿下）。

抹角栿与草栿交接构造示意

图 69　《营造法式》殿阁歇山转角构造示意

（图片来源：自绘）

第二节　《营造法式》开间、柱高形式比例分析与"白银比"验证

一、引言

关于中国古代建筑是否存在复杂精密、成熟稳定且可理性解析的立面构成法则，是建筑历史研究中一个经典的命题。本节在前人工作基础之上，进一步藉由作图验算，以铺作层与柱高、间广赋值间的联动方式为考察对象，探索固有数理比例与特定图形关系间发生耦合的内因。提出以分值控制铺作总高，继而以其为基准，以檐高的 $1/\sqrt{2}$ 定出柱高，再由柱高间广关系扩展至整个立面设计的操作模型，并结合《营造法式》料例、功限章节所载数据系统地验证了该算法的可行性，以期将利用几何或代数方法分别解析宋式建筑立面的两种既有工作统合进同一逻辑框架之内。

针对古代建筑立面构成法则的解析是叩问传统营造智慧的一条重要路径，由于《法式》中关于空间体量的论述间接而零碎,涉及立面比例时尤其语焉不详,导致建筑史界对于李明仲所谓的"经久可以行用之法"中是否涵括着成熟的形式比例操作手段存在较多争议。既有研究可大致归作两途,其一尝试以互文性考察文本诸章句以寻求线索,其二则藉由数理统计在大量实例间凝练规律,并将之归因于特定的数学传统。

前者多从属于《法式》的诠释性成果,如梁思成以假设的具体丈尺复原《法式》殿阁、厅堂图样;陈明达提出"标准朵距""标准间广"与"标准架深"三个相互关联的核心概念,以支撑其坚持以材份制度覆盖全局的观点[1];傅熹年主张在材份控制的基础上,调节至与之最接近的整尺寸后再行下料施工[2];张十庆则认为北宋末年的材份制度仍处于初创阶段,尚未能渗透、扩展至建筑整体,因此只需明确架深极限值即可控制施工。[3]伴随着此类研究的累积,唐宋建筑的设计方法得以逐层揭露:①厘清了材份模数制的适用范围;②探析了整数尺制与材份制间依存替代的辩证关系;③讨论了是否需要一个"标准样本"为实际工程提供损益参考。遗憾的是,据此尚无法确认《法式》所载各项制度间是否存在定量的数理关联,也无法证明北宋末是否已产生可用于系统控制建筑物平、立、剖面生成的"形式构成"法则。

后者则更多地藉由实例的作图分析与数学知识传播的历史考察而实现。王贵祥[4]与王南[5]以解析建筑物特征点间的几何关系为抓手,从遗构中总结规律,揭示了基于白银比($\sqrt{2}:1$)的若干立面构图法则。然而,简洁的数理关系并不必然源自某类特定手法,不同的操作途径有可能导向同一个比例结果,几何分析利于准确描述形式构成的现象,却无法有效解释其成因,遑论复原其施行手段。

陈彤的研究成果[6]聚焦于《法式》图样信息,重点考察了各项制度间自洽与互证的可能性,推敲出各空间数据的理想取值,这等如肯定了材分制度在间广、架深、柱高三个向量上的隐性控制逻辑,是对陈明达学术观点的继承与阐扬[7]。然而,这三项数据的推导仍是相互孤立的,建筑三维体量的确定,是否存在一个相互联动与紧密制约的过程?檐高、柱高与间广、架深、朵当、举折间是否存在一种统括性的数理换算方法?材份制作为一种代数比例关系,在取特定值时能否耦合某些常见的几何形式(譬如白银分割之于$\sqrt{2}$、黄金分割之于$\sqrt{5}/2$之类)?若然,则

1　文献[15]提出材份制度的控制对象不限于铺作层,从而引发了对其"隐性模度"身份的思考。

2　文献[128]提出了材份与整数尺相折中的假说,并释其目的为沟通业主与工匠间的认知差异,这是对材份控制假说的修正,但也导致对诸如开间、柱高份数的解释趋于松弛,份数对空间尺度的约束能力减弱。

3　文献[129]结合文本及实例提出"构件模数化"与"单体模数化"的区别并认为《法式》仍处在前一阶段。

4　文献[130][131]通过系统分析、比较现存主要唐宋遗构的平、立面尺度,发现1∶1和$\sqrt{2}$∶1的构图关系不仅存在于柱高与檐高间,也普遍存在于面阔、进深和柱高之间。

5　文献[132][133][134]进一步从非木构建筑及建筑群规划布局的角度探寻了$\sqrt{2}$∶1等特殊构图比例关系的应用情况。

6　文献[116]提出"理想朵距"取110分°,"理想柱高"取(殿堂)280—320分°、(厅堂)250—290分°的推论,并针对施工环节提出"理想原型"与"经典则例"的概念,解析其异同后确认《法式》图样所表达的即是"经久可行之法"。

7　文献[15]仅按栱眼壁影作或雕插推出朵当125分°的结论,论据稍显单一;文献[116]扩展了资料范围,使得证据更加充分,并在秉持架深极值取7.5尺观点的同时,将不同材等折作不同份数(而非将架深固定为150分°),因而对陈明达复原方案的形态与规模提出了有效修正。

《法式》统筹兼顾"代数"与"几何"两种设计思维的独特价值便可彰显。

二、《营造法式》开间、柱高取值原则的推证方法

特定的"形式比例"在特定时空背景下往往表现出高度的一致性，如王贵祥统计的唐宋遗构中，73%的实例满足$\sqrt{2}$的柱檐高度比关系，我们不妨假设这正是宋人设计屋宇时默识于心的先决"常量"，再观察按$\sqrt{2}$关系作图时，各部分合得数据与《法式》的规定能否吻合，进而探索"材份控制"与"几何构图"两种手法（本质上都是比例优先）间是否具有内在同一性。

（一）基于$\sqrt{2}$柱檐高度比的不同铺作份数折算

假设柱檐高度比恒取$\sqrt{2}$，檐柱高随所用铺作铺数、材等而定，铺作自身高度则受下昂斜率制约，据前章提到的推定值[1]分别算得下项：

（1）八铺作双杪三昂

令三道昂端交互枓分别降高后[2]，铺作总高150分°，此时柱高需取360分°方能满足$\sqrt{2}$柱檐比（吻合率99.39%）。若令开间"高与广方"，则每朵当长120分°，用三等材时恰合6尺。18尺柱高系从15尺"基准"上加两分功得来[3]，它既等同于水平真尺长，又正当材子方和截头方取值的上下边界。

若头昂降高值减小一半至2分°，铺作高152分°，则柱高取365分°时柱檐比最接近$\sqrt{2}$（吻合率99.45%），但折出丈尺、份数都较畸零。

若头昂不降，令交互枓与里跳归平，铺作高154分°，则柱高取370分°或375分°时，柱檐比为$\sqrt{2}$（吻合率分别达99.50%和99.16%），后者对应于125分°的朵当取值，这也恰巧是八铺作后尾挑斡平长的极限，折算关系更简。它在一等材时合22.5尺，已逼近单檐殿柱的取值上限

---

1 藉由测算构成昂下三角空间诸构件的长度与高度，前节提出在《法式》技术体系下，四铺作插昂斜率取3/5、五六铺作3/8、七八铺作3/11的观点，本节验算即建立在此基础之上。

2 三道昂中，上两道按3/11斜率×跳距26份后各降高7分°，头昂在1—5分°内选择降高4分°；八铺作卷头造高21分°×8＝168分°（或21分°×5＋栌枓平欹高12分°＋撩檐方高30分°＋耍头高21分°＝168分°，两者算值一致），下昂造较其降高18分°，实高150分°。

3 《法式》卷十九"殿堂梁柱等事件功限"条称："柱每一条长一丈五尺，径一尺一寸，一功……若长增一尺五寸，加本功一分功"；又同卷"仓厫库屋功限"条恒以"七寸五分材为祖计之，更不加减"，其造作功中"八椽栿项柱一条，长一丈五尺，径一尺二寸，一功三分"；又同卷"荐拔抽换柱栿等功限"条记："副阶平柱，以长一丈五尺为率，四功……"可知1.5丈向来被视作标准柱高。

（23尺）[1]，不能轻率超过（表11）。

八铺作时柱高、间广份数、丈尺折算关系 表 11

八铺作折算公式: 铺作高（21分°×8-7分°-7分°-4分°）+柱高（30分°×10＋30分°＋30分°）/柱高＝1.416667，与√2误差不足2‰				
材等	铺作高 150 分°	柱高、间广 360 分°	朵当 120 分°	备注
一等材 0.6 寸 / 分	9 尺	21.6 尺	7.2 尺	下昂后尾平长按 125 分° 计
二等材 0.55 寸 / 分	8.25 尺	19.8 尺	6.6 尺	
三等材 0.5 寸 / 分	7.5 尺	18 尺	6 尺	基准
四等材 0.48 寸 / 分	7.2 尺	17.28 尺	5.76 尺	可用
五等材 0.44 寸 / 分	6.6 尺	15.84 尺	5.28 尺	
六等材 0.4 寸 / 分	6 尺	14.4 尺	4.8 尺	
七等材 0.35 寸 / 分	5.25 尺	12.6 尺	4.2 尺	柱高促狭
八等材 0.3 寸 / 分	4.5 尺	10.8 尺	3.6 尺	

（2）七铺作双杪双昂

若双昂皆降高[2]，算得铺作总高138分°，柱高取330分° 时能得√2柱檐比（吻合率99.03%）。仍设令心间取方，三等材时双补间每朵当长110分°，合5.5尺。柱高折得16.5尺，即前述在15尺基础上"加本功一分功"的情况（表12）。若头昂归平，则铺作高140分°，在柱高取340分° 时得√2柱檐比（吻合率99.43%），此时开间、柱高折合17尺，也是功限章内较为常见的示例数值[3]。

---

1 按卷二十六"诸作料例一大木作"条，"松柱长二丈八尺至二丈三尺，径二尺至一尺五寸，就料剪截，充七间八架椽以上殿副阶柱，或五间、三间八架椽至六架椽殿身柱，或七间至三间、八架至六架椽厅堂柱"，在满足√2柱檐比的前提下，除八铺作出五杪外，其他情况下单檐柱高均未能越过23尺阈值。若假设八铺作全卷造，则为了满足√2柱檐比，柱高需达400分°，可折为24尺，这与版门的最大尺寸接近，水平真尺（18尺）加上最大柱径后亦可接近此值（按卷三壕寨制度记"造柱础之制：其方倍柱之径，谓柱径两尺，即础方四尺之类"，殿阁柱径42—45分°，取一等材时可达5.4尺。料例中松柱柱径2—1.5尺，对应础方4—3尺；朴柱径3.5—2.5尺，对应础方7—5尺。故而在减去础方后，24尺开间完全可由18尺的真尺校核。至于版门的实际尺寸，则需在此基础上再减去柱径及槏柱等项宽度，因此保持柱高开间相等时，版门是无法做到24尺宽的。又因肘版及副肘版各可加至1.5尺，故《法式》的最大间广可达3丈，这恰与砖作制度中铺地条目记载吻合，或可适用于城门及施用大檐额的情况。类似实例有徽宗朝的御苑熙春阁，其间广似与柱高一致，均取2.4丈，若以三等材折算，朵当不匀值合20分°；最大间广435分°，按一等材折得26.1尺，小于28尺充檐额的松方，因而尚可实现）。

2 头昂降高2分°，二昂在26分° 跳距内按3/11斜率降高7.09分°；七铺作卷头造高21分° ×7＝147分°，下昂造较之低下2+7分°，总高138分°。

3 如《法式》卷十九"荐拔抽换柱栿等功限"条记："无副阶者，以一丈七尺为率，六功……"

七铺作时柱高、间广份数、丈尺折算关系　　　　　　　　　　　　表 12

七铺作折算公式: 铺作高(21分°×7-7分°-2分°)+柱高(30分°×10+30分°)/柱高＝1.418182，与$\sqrt{2}$误差不足4‰				
材等	铺作高 138分°	柱高、间广 330分°	朵当 110分°	备注
一等材 0.6 寸／分	8.28尺	19.8尺	7.2尺	下昂后尾平长按 120分° 计
二等材 0.55 寸／分	7.59尺	18.15尺	6.6尺	
三等材 0.5 寸／分	6.9尺	16.5尺	6尺	基准
四等材 0.48 寸／分	6.624 尺	15.84尺	5.76尺	朵距调节范围至 125分° 止
五等材 0.44 寸／分	6.072 尺	14.52尺	5.28尺	
六等材 0.4 寸／分	5.52尺	13.2尺	4.8尺	
七等材 0.35 寸／分	4.83尺	11.55尺	4.2尺	促狭，低于擗簾竿
八等材 0.3 寸／分	4.14尺	9.9尺	3.6尺	

（3）六铺作单杪双昂

自栌枓底至橑檐方背[1]，量得铺作总高116.25分°，柱高取280分° 时可确保檐、柱高度比为
$\sqrt{2}$（吻合率99.75%），此时心间若"高与广方"，间广值280分° 仅能在单栱计心造时置入双补
间。用三等材时，间广合14尺。

（4）六铺作双杪单昂

此时仅第三跳降2分°，铺作高124分°（21分°×6-2分°），柱高取300分° 时檐、柱高度比
合于$\sqrt{2}$（吻合率99.80%）[2]，此时间广取15尺，朵当恰为可能的最小取值5尺（100分°），并与"版
引檐"[3]"擗簾竿"[4]等项制度吻合。又兼功限部分动辄列举15尺为标准柱长，图样部分的"殿堂
等八铺作双槽草架侧样第十一"中副阶亦规定"外转六铺作重栱出单杪两下昂、里转五铺作出
双杪"，可知在《法式》的书写逻辑中，"六铺作、心间取方、柱檐高度比$\sqrt{2}$、檐柱高15尺"
是最为理想的状态，此时的丈尺取值可被视作标准方案（表13）。

1　按适用于六铺作的3/8斜率算，第二道昂抬升分位为30分°×3/8＝11.25分°，21-11.25＝9.75分° 即其相较原始材
　　架格网的下降值，铺作总高21分°×6-9.75分°＝116.25分°。

2　若令双昂皆归平，则理想柱高略微增大，并不影响300分° 取值时贴近$\sqrt{2}$柱檐比。

3　按《法式》卷六"版引檐"条称："造屋垂前版引檐之制：广一丈至一丈四尺，如间太广者，每间作两段。长三尺
　　至五尺，内外并施护缝。垂前用沥水版，其名件厚薄皆以每尺之广积而为法……凡版引檐施之于屋垂之外跳椽上，
　　安闇头木挑斡引檐，与小连檐相续。"垂高三至五尺折合三等材60—100分°，与四至六铺作时大连檐至栌枓底皮距
　　离接近，便于安放。三等材时一丈合200分°，若四铺作时84/0.414＝201分°，六铺作时126/0.414＝300分°，合一丈
　　五尺，即版引檐在四、六铺作规模时最宜使用，追求纪念性与礼制性的七、八铺作则不用，以免遮蔽。

4　按《法式》卷七"擗簾竿"条称："造擗簾竿之制有三等，一曰八混，二曰破瓣，三曰方直，长一丈至一丈五
　　尺……凡擗簾竿施之于殿堂等出跳栱之下，如无出跳者，则于檐头下安之。"擗簾竿用于悬挂檐下帐幕，其高度
　　应与檐柱接近，取三等材时折合200—300分°。

六铺作时柱高、间广份数、丈尺折算关系 表13

单昂六铺作折算公式①：铺作高（21分°×6）+柱高（30分°×10-20分°）/柱高＝1.42，与√2误差不足4‰；②铺作高（21分°×6-2分°）+柱高（30分°×10）/柱高＝1.413393，与√2误差不足0.5‰			双昂六铺作折算公式：铺作高（21分°×6-9.75分°）+柱高（30分°×10-20分°）/柱高＝1.4075，与√2误差不足5‰		
材等	铺作高126分°	柱高、间广300分°	朵当100分°	铺作高116分°	柱高、间广280分°	朵当100分°
一等材	7.56尺	18尺	6尺	6.96尺	16.8尺	6尺
二等材	6.93尺	16.5尺	5.5尺	6.38尺	15.4尺	5.5尺
三等材	6.3尺	15尺	5尺	5.8尺	14尺	5尺
四等材	6.048尺	14.4尺	4.8尺	5.568尺	13.4尺	4.8尺
五等材	5.544尺	13.2尺	4.4尺	5.104尺	12.3尺	4.4尺
六等材	5.04尺	12尺	4尺	4.64尺	11.2尺	4尺
七等材	4.41尺	10.5尺	3.5尺	4.41尺	10.5尺	3.5尺
八等材	3.78尺	9尺	3尺	3.78尺	9尺	3尺

（5）五铺作单杪单昂、四铺作单杪

四、五铺作因不存在降跳现象，故用昂与否都不致错动各跳上材栔格网，实际上与卷头造无异。四铺作自栌斗底至橑檐枋背总高84分°，当柱高200分°时柱檐比取√2（吻合率98.61%），但此时朵当过小（66.7分°），基本无法安设双补间（单栱计心造时勉强可行，但相邻令栱仍将相犯），柱高取值（10尺）也已探底。五铺作（高105分°）与之类似，当柱高250分°时得√2柱檐比（吻合率98.61%），此时同样难用双补间（朵当83.3分°）（表14）。

四、五铺作时柱高、间广份数、丈尺折算关系 表14

四铺作折算公式：铺作高（21分°×4）+柱高（20分°×10）/柱高＝1.42，与√2误差不足4‰			五铺作折算公式：铺作高（21分°×5）+柱高（25分°×10）/柱高＝1.42，与√2误差不足4‰			
材等	铺作高84分°	柱高、间广200分°	朵当100分°（单补间）	铺作高105分°	柱高、间广250分°	朵当	
						125分°（单）	83.3分°（双）
一等材	5.04尺	12尺	6.6尺	6.3尺	15尺	7.5尺	5尺
二等材	4.62尺	11尺	5.5尺	5.775尺	13.75尺	6.875尺	4.58尺
三等材	4.2尺	10尺	5尺	5.25尺	12.5尺	6.25尺	4.16尺
四等材	4.032尺	9.6尺	4.8尺	5.04尺	12尺	6尺	4尺
五等材	3.696尺	8.8尺	4.4尺	4.62尺	11尺	5.5尺	3.66尺
六等材	3.36尺	8尺	4尺	4.2尺	10尺	5尺	3.3尺
七等材	2.94尺	7尺	3.5尺	3.675尺	8.75尺	4.375尺	/
八等材	2.52尺	6尺	3尺	3.15尺	7.5尺	3.75尺	/

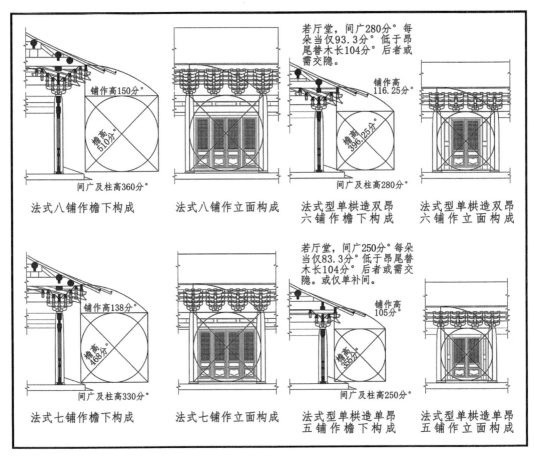

图70 《营造法式》七、八铺作重栱造及五、六铺作单栱造檐下构成模式示意
（图片来源：自绘）

由此可知，若维持√2柱檐比时令心间取方，则《法式》中不同铺数的补间设置当存在级差——柱头四、五铺作时只能不用或设单朵重栱造补间，或单栱造双补间（令栱、替木仍需连栱交隐以免相犯），是较为朴素的做法（图70）；六铺作居于过渡地位，单杪双昂时仍只能用单栱计心充双补间，双杪单昂及七、八铺作则可采取任意形式充双补间，再无碍难（图71）。

若逐跳卷头造，则上述数据中的四、五铺作不变，六、七、八铺作的科栱与柱高分别取126和300分°[1]、147和350分°、168和400分°，与√2误差均为4.1‰，较用昂时离散值稍大，但折得份数更简，所合尺寸也更整，料例中所列方木均与之接近或将其涵括在内。

（二）关于朵当折算基准材等的探讨

李诫主张的"令朵当远近皆匀"只是理想状况，实际工程中不匀值控制在一尺范围内即

1　卷头造六铺作高21分°×6=126分°，柱高取300分°时，柱檐比0.42。同理七铺作高147分°、柱高355分°时比值0.42。八铺作高168分°、柱高400分°时比值0.42。

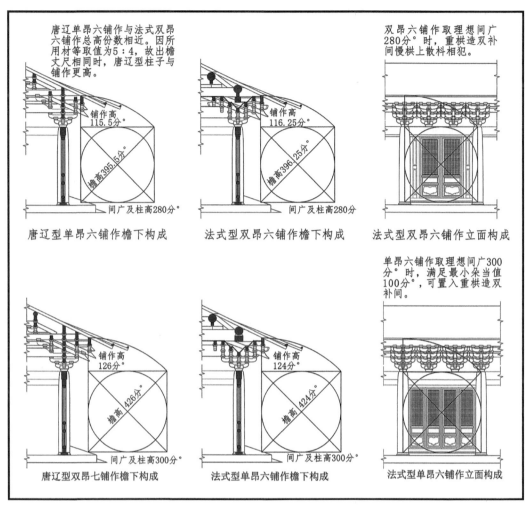

唐辽单昂六铺作与法式双昂六铺作总高份数相近。因所用材等取值为5:4，故出檐丈尺相同时，唐辽型柱子与铺作更高。

唐辽型单昂六铺作檐下构成

法式型双昂六铺作檐下构成

法式型双昂六铺作立面构成

双昂六铺作取理想间广280分° 时，重栱造双补间慢栱上散斗相犯。

唐辽型双昂七铺作檐下构成

法式型单昂六铺作檐下构成

法式型单昂六铺作立面构成

单昂六铺作取理想间广300分° 时，满足最小朵当值100分°，可置入重栱造双补间。

铺作高115.5分°

橑高395.5分°

间广及柱高280分°

铺作高116.25分°

橑高396.25分°

间广及柱高280分°

铺作高126分°

橑高426分°

间广及柱高300分°

铺作高124分°

橑高424分°

间广及柱高300分°

图71　《营造法式》六铺作与唐辽型六、七铺作重栱造檐下构成模式对照

（图片来源：自绘）

可，关于折算基准，一般认为以六等材为宜[1]。"总铺作次序"论及间广取值时以1丈和1.5丈为例，随即又提到朵当不匀的阈值为1尺，因此两者的折算基准必然是统一的。在柱檐比取$\sqrt{2}$的前提下，1.5丈折三等材300分°（按橑高减柱高后剩余空档可对应六铺作），或六等材375分°（最大对应八铺作）。六等材常用于小亭榭、小厅堂，以之示例常见间广架深时当与中低等第的铺作相连属，用于八铺作显得过于极端，且有"小材大用"之嫌；又据《法式》图样可知厅堂最高只用至六铺作，而1.5丈的心间广对应两朵八铺作也过于局促，从构图看也不甚妥当。综上，以六等材作为折算基准颇有可疑之处。

1　文献［15］和文献［135］分别提出朵当折算基准应是六等材，前者理由是栱眼壁板以六等材推为125分°，后者理由为心间双补间375分° 加每朵不匀值25分° 后总计心间广可达450分°，而真尺（18尺）在六等材时亦折为450分°，且现存遗构开间丈尺折算份数不应超过真尺折算值。

事实上，李诫仅在权衡枓栱功限时令"造作功并以第六等材为率"[1]，这是因为大量单材规格构件的表面积与六等材恰可整除，前后两组材等的构件，其造作用功之间呈现5∶4的整数比，这和"法式"两组材等间的级差数（0.75×0.5寸和0.6×0.4寸）比例关系相同，但梁柱等构件以六等材折算时却往往份数畸零（有时干脆不以材份计算），反而是以三等材折算时吻合率与自洽度都更好，此时一尺折为20分°。

因此，我们推测"若朵当不匀"句还有另一层含义，即在不同铺作数之间，可以"越级套用间广"：如六铺作双杪一昂时，心间广本应为300分°（按$\sqrt{2}$柱檐比折得），实际操作时却可套用八铺作的标准间广360分°，单杪双昂时的280分°间广，亦可换成七铺作（头昂归平时）的标准间广340分°；四、五铺作计入不匀值（在此以每朵20分°计）60分°后略微跨过了下一级（四铺作200分°+60分°比五铺作250分°略多，五铺作250分°+60分°比六铺作的300分°略多）；六铺作套用七铺作、七铺作套用八铺作时都只需用到一半不匀值即可（六铺作300分°+30分°即达到七铺作固定间广，七铺作330分°+30分°即达到八铺作固定间广）。

"套用间广"的意义在于，在殿身与副阶间灵活组合不同铺数的枓栱，而不致破坏$\sqrt{2}$的柱檐高度关系。如副阶间广300分°时比例合宜，则殿身上枓栱可自七、八铺作降至六、七铺作，使得副阶正常安置五、六铺作枓栱；或者反过来在保持殿身理想间广330分°、360分°基础上，使副阶每间增扩30或60分°，从而解决副阶用四、五铺作时间距过小，无从安置双补间重栱计心造的问题。

三、唐辽建筑与《营造法式》开间、柱高取值算法的异同

《法式》中诸作制度既然来自"考究经史群书，并勒人匠逐一讲说"，自然对部分唐辽以来的成规有所继承，这其中是否也涵括了$\sqrt{2}$的立面比例关系，尤需详加考察。我们知道，以佛光寺东大殿为代表的唐辽殿阁中，无论用昂与否，铺作高总是在材栔格线上有序增减[2]。基于此认识，我们对各级铺作的份数取值进行推导。

唐辽六铺作受其隔跳计心的造作方式与归平周期所限，恒用双杪单昂，设替木与撩风槫之和为30分°[3]，则铺作总高115.5分°[4]，柱高280分°时得$\sqrt{2}$柱檐比（吻合率99.60%）。

七铺作因交互斗隔跳归平，实际抬升高度与六铺作卷头造时是一样的，自栌枓底至撩风槫背应高六足材126分°，柱高300分°时得$\sqrt{2}$柱檐比（吻合率98.61%）。

1　单材构件表面积＝（15分°+10分°）×2×构件长×0.4（六等材份值）=20分°×构件长。

2　因铺作隔跳偷心，唐辽殿阁实例的出跳逻辑可归纳为"每水平伸出一大跳（两跳），竖直抬升一足材"，其昂头交互枓体现出周期性归平的趋势。

3　《法式》未规定撩风槫尺寸，此处按厅堂用槫制度即径一材加三分算得18分°，替木高12分°。

4　按文献［80］的算法，六铺作中的下两跳恒21分°×2=42分°，加上敷高（栌枓平+欹）12分°与耍头21分°、替木撩风槫30分°共105分°（相当于下五铺均按足材计），最上一跳抬高21/48×24=10.5分°（在一大跳内抬升一足材，一小跳内抬升半足材）。

八铺作总高136.5分°（21分°×6＋10.5分°），柱高330分°时得$\sqrt{2}$柱檐比（吻合率99.88%）。

若计入四、五铺作，则柱檐（铺作高）份数中有五组数据与前述《法式》的推测值完全相同，这其间当有一定的继承关系。

受制于隔跳归平的特殊构造，唐辽型铺作若引入下昂，将导致相邻铺数间的总高差别不大，且其总高远低于同级别的卷头造，即便相比《法式》同级铺作也有所不及（如八铺作高度仅相当于《法式》七铺作）。为避免$\sqrt{2}$关系制约下柱高受科栱影响而取值过低，导致檐下空间卑隘，李诫在编修《法式》时采用了两点举措：一是逐跳改用重栱计心以保证每跳的抬升值；二是减缓下昂斜率，提升交互科分位，从而拉大了不同铺数间的竖向级差。这导致宋式六铺作分化出两种高度取值：单杪双昂相当于唐辽六铺作、双杪单昂却相当于唐辽七铺作。[1]相应的，《法式》七铺作的总高基本对应于唐辽八铺作[2]，两者间的跨级现象非常明显。

唐辽铺作的理想下昂斜率可约略表示为21/48分°，若以半栔3分°为E[3]，可知其单材广5E与跳距8E所成勾股比为1.6（即昂的倾斜程度），这个比值在《法式》中变为2，即标准跳距由24分°增进至30分°，这或许为前述"相邻材等间造作功5：4"的关系提供了另一种数理解释，即相同丈尺长度下，"唐辽型"铺作所用材等较"《法式》型"高出一级。[4]我们认为，《法式》六铺作用昂的理想斜率为3/8（即18/48），它与唐辽铺作的下昂斜率21/48、更为常见的五举基准24/48间，递相以1/16为率增减，也就是说，在材栔组合的阶段，昂的斜率藉由在固定高度（一足材广）内以半栔为单位收拉股长而加以调节。[5]

总括而言，为了普及重栱造及增大不同铺数下的柱高级差，《法式》体系中的下昂斜率普遍较唐辽时期放缓，同时屋面不断趋于峻急，这导致一系列的构造变革（如昂尾需借助蜀柱或

---

1 唐辽型六铺作多用双杪单昂，昂上交互科恒下降半足材，科栱总高115.5分°，为21/48×24（单昂升高值）＋105分°（三跳计3足材＋栌科、替木、撩檐方合2足材，下同）＝115.5分°。同样配置的法式型铺作中，交互斗仅需下降2-5分°，两者样式相近而算法不同；单杪双昂时，法式型的二昂可自交互科口内伸出，头昂不作升降，与华栱无异，科栱总高为30分°×3/8（二昂抬升值）＋105分°（下三跳与栌科、替木、撩檐方）＝116.25分°。

2 《法式》七铺作总高138分°，由12分°（栌科平＋欹）＋21分°×3（下三跳）-2分°（上道昂头交互科降高）＋14分°（上道昂在26分°内减7分°跳高，按3/11斜率算）＋21分°（令栱＋科）＋30分°（撩檐方）得来；唐辽八铺作总高约当137.5分°，由12分°＋21分°×2（下两杪）＋10.5分°×3（上三昂）＋21分°（令栱＋科）＋30分°（撩檐方）得来。唐代未必有成熟的材份制度，但以材栔组合同样可求得上述数值：设半栔为E，则10.5分°恰为3.5E，跳距24分°为16E，足材高为7E。

3 文献［80］指出佛光寺东大殿铺作的理想构造形式为：自栌科底算至要头上齐心科平，勾高为四足材加栌科平欹之和，总计96分°；股长亦为此数，相当于将所出四跳分作两组两大跳（每组48分°内含两小跳），再于组内自由分配各自跳距，因此下昂斜率被表述为以一大跳为股长、以一足材为勾高，即21/48。文献［20］则提出，半栔是介于材与分°间真正的中间模量，材栔分°模数尺的三级单位由材、半栔与分°构成，其相互关系等同于常尺中的尺、寸与分。

4 文献［45］据出土唐代筒瓦尺寸补全了唐代材等序列，指出《法式》八等材可分三组，一至三等材为第一组，四至六等材为第二组（沿用自唐材），七、八等材为第三组。因李诫所定跳距是唐代的5/4倍，因而当预设跳距相等（便于计量出檐尺度）时，《法式》可以采用较低等第的一组用材，达到和唐辽建筑一样的出跳距离，以这种方式简省工料。

5 文献［136］复原的佛光寺东大殿用材数为：材厚10.5分°、材广15分°、栔高6分°，若以材栔模数制解析，则可替换为材厚3.5E、材广5E、栔高2E，每组出一大跳16E，材的广厚比为10/7，亦即$\sqrt{2}$的疏率。

耙头栱挑斡平槫），但仅就铺作高度算法而言，唐宋间的承继过渡关系仍是明确的。

这种一以贯之的算法对于界定建筑的基本尺度关系极为重要，其过程或可归纳如下：首先藉由材分约束建立起椽长、朵当与柱高间潜在的简洁倍数关系（理想原型为椽长＝朵当，再以其三倍充柱高），继之用$\sqrt{2}$比例定柱、檐高度，主动调整栱、昂构造关系及下昂斜率以获得适当的铺作总高，再通过调节屋架峻慢与进深规模，令屋架高与柱、檐高间发生特定的形式关联[1]，以1/3或1/4定举折基准的原因正在于此，这也体现了《法式》"形式优先"的核心设计思想。

四、《营造法式》大木作图样暗示的开间柱高关系

（一）殿堂图样的份数解析及"以下檐柱为则"的精确比例

李诫编纂法式，凡"有须于画图可见规矩者，皆别立图样，以明制度"，反过来说，常见、无疑义者也就无需图画，所列举者必然是代表性与特殊性兼备。

《法式》殿堂图样中，地盘与草架侧样相互勾连，一是由于侧样反映各类槽型下的屋架分配，补足地盘信息，二是侧样的开间构成与地盘柱网相互吻合（文献［116］［138］）。侧样图中，除却"六铺作分心槽草架侧样第十四"，其余三幅均作重檐，内里有两点信息值得注意（图72）：

（1）副阶皆深两椽"有余"，第二折椽子跨过劄牵上槫中线后经一段空白方抵殿身柱缝，若副阶单补间，椽子两折即可连缀殿身，此时椽架朵当皆匀，正是理想状况，无需更添一段，徒增蛇足，因而图样表达的当是双补间的情况（又地盘图中除分心斗底槽逐段柱间用三纵线外，其余三种槽型均用双纵线，应该是为了表达同一意涵）。

（2）椽、当对位的三种理想情况（六架椽均分三间逐间单补间、八架椽均分四间逐间单补间、十二架椽均分四间逐间双补间）在《法式》图样中均未出现，反而记录了双槽深四间十椽和单槽深三间八椽两种情况，殿身对应副阶，按逐间双补间算，则李诫反映的是在十架内塞入八补间十二朵当和在八架内塞入六补间九朵当的两种特殊情况，其目的何在？

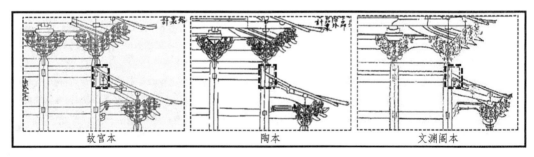

图72　不同版本《营造法式》图样中副阶部分椽数信息举例

（图片来源：引自文献［137］）

1　文献［135］引述《木经》以比率为形式构成原则的方法，探求《法式》大木作制度中的控制性尺度规律，其中对"中分架""间隔架"与"方架"三种原型的定义最富启发性。

第一种情况，当椽平长取均值120分° 时，进深四间各广300分°，朵当取100分°下限值，此时内槽柱正对第三架椽中点（120分° ×2.5椽＝100分° ×3朵当），据此核算"殿堂等八铺作副阶六铺作双槽草架侧样第十一"，发现副阶柱檐高度比恰为$\sqrt{2}$（间广300分° 也是六铺作归平时的标准柱高）。

第二种情况与之相似，椽长取120分° 时，约略按3—3—2架分椽，令后进之间、椽对位，前、中进所余600分° 均分作六朵当，两种朵当间不匀值为20分°，恰合一尺。此时前、中进间广各取300分°；若欲逐间均分，则可令椽长取最小值112.5分°（不计铺作出跳总深900分°），此时得逐间双补间时的最小朵当值100分°。

因此，除"殿堂铺作副阶四铺作单槽草架侧样第十三"外，另两幅带副阶的侧样展示的都是逐间双补间且规模最小时的"经典则例"[1]，李诫选择这一"典范"的意义在于：用更少的椽架数实现更高的铺作配置，从而节省梁栿用料，为工匠提供可供参考的优秀案例，故此"别立图样"予以记录（图73～图76）。

至于"以下檐柱为则"，前辈学者多解释为殿身柱与副阶柱的两倍高度关系，这一结论多由实测图中量得，未对算法作出推导。实际上，下檐柱取上檐柱高之半，只是大概而言，按《宋会要辑稿》记徽宗朝修建钦圣宪肃皇后陵献殿尺寸，可知在两倍基础上略有上浮[2]。若继续以$\sqrt{2}$关系将间广值引入柱高计算，不难发现副阶用四至六铺作时，上檐柱恒取下檐柱高两倍有余（表15）。[3]

---

1 文献 ［116］持相反观点，认为该图样表达的是"相同间数条件下，最大（或较大）规模的地盘图样，各方面均取上限"，本节对此提出下述疑问：①逐间双补间时，规模最大且构成逻辑最强的选项应是十二架椽（且椽平长取上限值），而图样为何举十椽为例？②椽长极值取到136分° 是否可行？由料例的规定及下昂挑斡极限可知椽平长不应超过125分°，照此计算其图样中朵当取110分° 亦不成立，因为110分° ×12＜136分° ×10；③规模十架、椽长100分° 时虽可折得单补间每朵125分°，但其实并无必要，此时完全可以采取八架间对位的方式实现，用椽数多只会无端增加梁栿材耗（多耗用十椽栿一根，且其余诸梁栿也较八架规模时对应之梁栿更为长大，有靡费之嫌）。

2 按钦圣宪肃皇后陵献殿："共深五十五尺，献殿三间各六椽，五铺下昂作事，四转角，二厦头，步间修盖，平柱长二丈一尺八寸。副阶一十六间，各两椽，四铺下昂作事，四转角，步间修盖，平柱长一丈。"若间架皆匀，则计副阶在内十架椽均深5.5尺，殿三间用三等材，合每架平长110分°，这也是单补间时的朵当值，因此殿身平面可能取方。副阶柱高十尺，柱檐比恰为$\sqrt{2}$，上檐柱约为下檐柱2.2倍高，自身亦接近"松柱"取值的下限。

3 《法式》未规定副阶椽子的安搭方式与围脊高度，在此按副阶举高＋10分° 计算上檐阑额下皮标高。因存在用檐额以进一步调整立面开间的情况，此时殿身柱高较表5情况再增加30分° 即可。诸殿堂图样中，除"殿阁身地盘九间身内分心斗底槽"外，均是七间殿副阶周匝的情况，此时殿身应使用二等材，故表中"副阶六铺作双杪单昂"的上檐柱折为3.63丈，这已超过"朴柱"长度，考虑到朴柱绝对值过短（九间以上殿身柱高不过三丈，使得立面比例过于扁平），按料例部分的命名习惯（如松方对应于松柱），推测亦曾存在过对应于"长方"（上限四丈）的"长柱"，藉之即可解决前述问题。若不然，则只能以适用范围为"殿身三间至殿五间或堂七间"的三等材来解释诸殿堂侧样，此时十架椽深1200分° 转至正面后，合得三间殿每间广400分°、每朵当133分°，较之进深的每朵100分°，不匀值已超过上限20分°。解决方案有二：①是利用大檐额重新分配补间，在心间增出一朵后，每朵当合120分° 即可满足要求；②是略微缩小面阔，令三开间各广360分°，造成"深殿"的事实，此时可配置八铺作（对应的标准柱高在$\sqrt{2}$柱檐比时恰为360分°）。因此，《法式》各铺作等级应可通行于不同开间数，且皆可用一至三等材折算。

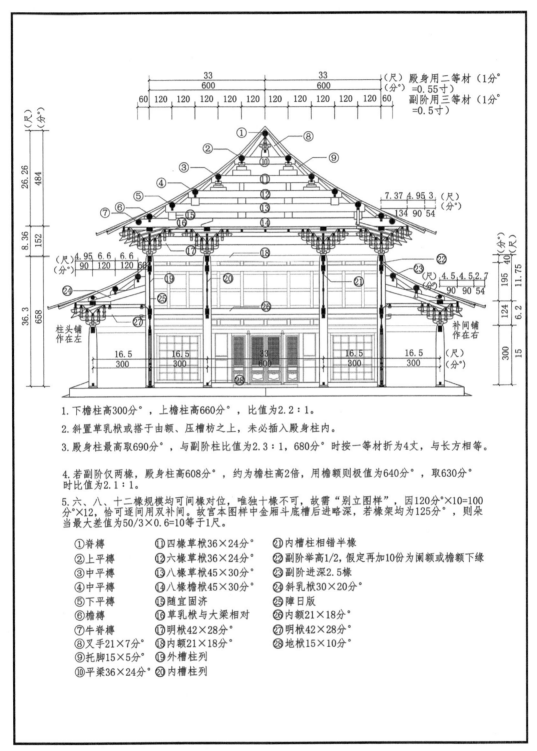

1. 下檐柱高300分°，上檐柱高660分°，比值为2.2：1。

2. 斜置草乳栿或搭于由额、压槽枋之上，未必插入殿身柱内。

3. 殿身柱最高取690分°，与副阶柱比值为2.3：1，680分°时按一等材折为4丈，与长方相等。

4. 若副阶仅两椽，殿身柱高608分°，约为檐柱高2倍，用檐额则极值为640分°，取630分°时比值为2.1：1。

5. 六、八、十二椽规模均可间椽对位，唯独十椽不可，故需"别立图样"，因120分°×10=100分°×12，恰可逐间用双补间。故宫本图样中金厢斗底槽后进略深，若椽架均为125分°，则朵当最大差值为50/3×0.6=10等1尺。

① 脊槫　　　　　　　⑪ 四椽草栿36×24分°　　　㉑ 内槽柱相错半椽
② 上平槫　　　　　　⑫ 六椽草栿36×24分°　　　㉒ 副阶举高1/2，假定再加10份为阑额或檐额下缘
③ 中平槫　　　　　　⑬ 八椽草栿45×30分°　　　㉓ 副阶进深2.5椽
④ 中平槫　　　　　　⑭ 八椽檐栿45×30分°　　　㉔ 斜乳栿30×20分°
⑤ 下平槫　　　　　　⑮ 随宜固济　　　　　　　　㉕ 障日版
⑥ 檐槫　　　　　　　⑯ 草乳栿与大梁相对　　　　㉖ 内额21×18分°
⑦ 牛脊槫　　　　　　⑰ 明栿42×28分°　　　　　㉗ 明栿42×28分°
⑧ 叉手21×7分°　　　⑱ 内额21×18分°　　　　　㉘ 地栿15×10分°
⑨ 托脚15×5分°　　　⑲ 外槽柱列
⑩ 平梁36×24分°　　　⑳ 内槽柱列

图73　殿堂等八铺作（副阶六铺作双杪单昂）双槽（斗底槽准此，下双槽同）草架侧样示例

（图片来源：自绘）

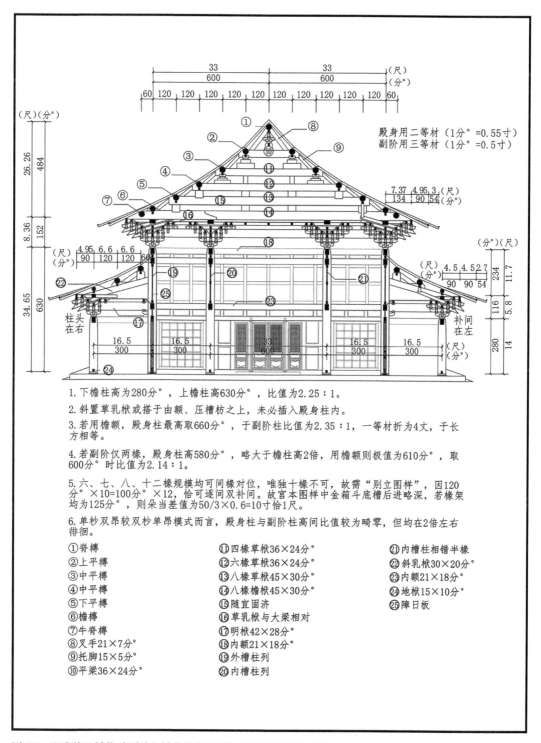

1. 下檐柱高为280分°，上檐柱高630分°，比值为2.25:1。

2. 斜置草乳栿或搭于由额、压槽枋之上，未必插入殿身柱内。

3. 若用檐额，殿身柱最高取660分°，于副阶柱比值为2.35:1，一等材折为4丈，于长方相等。

4. 若副阶仅两椽，殿身柱高580分°，略大于檐柱高2倍，用檐额则极值为610分°，取600分°时比值为2.14:1。

5. 六、七、八、十二椽规模均可间椽对位，唯独十椽不可，故需"别立图样"，因120分°×10=100分°×12，恰可逐间双补间。故宫本图样中金箱斗底槽后进略深，若椽架均为125分°，则朵当差值为50/3×0.6=10寸恰1尺。

6. 单杪双昂较双杪单昂模式而言，殿身柱与副阶柱高间比值较为畸零，但均在2倍左右徘徊。

①脊槫	⑪四椽草栿36×24分°	㉑内槽柱相错半椽
②上平槫	⑫六椽草栿36×24分°	㉒斜乳栿30×20分°
③中平槫	⑬八椽草栿45×30分°	㉓内额21×18分°
④中平槫	⑭八椽檐栿45×30分°	㉔地栿15×10分°
⑤下平槫	⑮随宜固济	㉕障日板
⑥檐槫	⑯草乳栿与大梁相对	
⑦牛脊槫	⑰明栿42×28分°	
⑧叉手21×7分°	⑱内额21×18分°	
⑨托脚15×5分°	⑲外槽柱列	
⑩平梁36×24分°	⑳内槽柱列	

图74 殿堂等八铺作（副阶六铺作单杪双昂）双槽草架侧样示例

（图片来源：自绘）

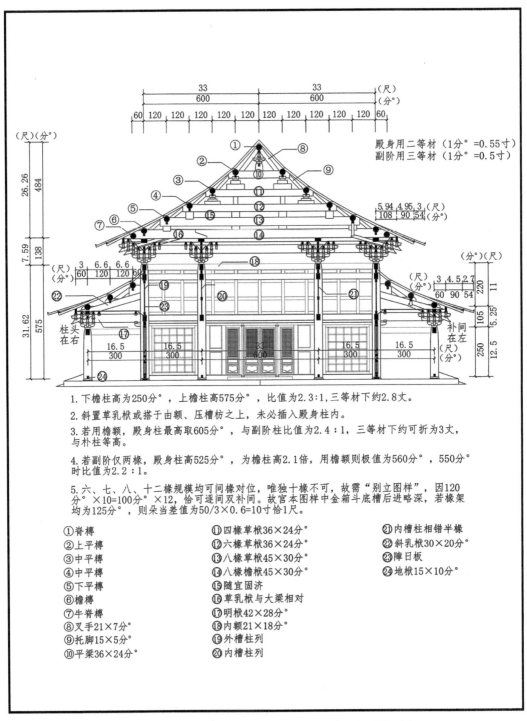

1. 下檐柱高为250分°，上檐柱高575分°，比值为2.3:1，三等材下约2.8丈。

2. 斜置草乳栿或搭于由额、压槽枋之上，未必插入殿身柱内。

3. 若用檐额，殿身柱最高取605分°，与副阶柱比值为2.4:1，三等材下约可折为3丈，与朴柱等高。

4. 若副阶仅两椽，殿身柱高525分°，为檐柱高2.1倍，用檐额则极值为560分°，550分° 时比值为2.2:1。

5. 六、七、八、十二椽规模均可间椽对位，唯独十椽不可，故需"别立图样"，因120 分°×10=100分°×12，恰可逐间双补间。故宫本图样中金箱斗底槽后进略深，若椽架 均为125分°，则朵当差值为50/3×0.6=10寸恰1尺。

①脊槫　　　　　　⑪四椽草栿36×24分°　　　㉑内槽柱相错半椽
②上平槫　　　　　⑫六椽草栿36×24分°　　　㉒斜乳栿30×20分°
③中平槫　　　　　⑬八椽草栿45×30分°　　　㉓障日板
④中平槫　　　　　⑭八椽檐栿45×30分°　　　㉔地栿15×10分°
⑤下平槫　　　　　⑮随宜固济
⑥檐槫　　　　　　⑯草乳栿与大梁相对
⑦牛脊槫　　　　　⑰明栿42×28分°
⑧叉手21×7分°　　⑱内额21×18分°
⑨托脚15×5分°　　⑲外槽柱列
⑩平梁36×24分°　⑳内槽柱列

图75　殿堂等七铺作（副阶五铺作）双槽（斗底槽准此，下双槽同）草架侧样示例

（图片来源：自绘）

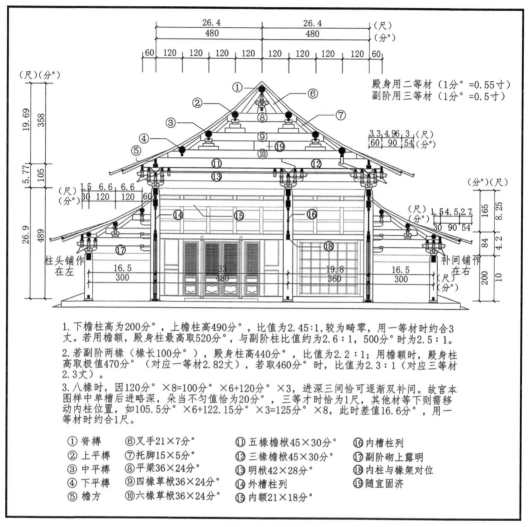

图 76 殿堂等五铺作（副阶四铺作）单槽草架侧样示例

（图片来源：自绘）

表内图中标注：

- 殿身用二等材（1分° =0.55寸）
- 副阶用三等材（1分° =0.5寸）
- 柱头铺作在左
- 补间铺作在右

1. 下檐柱高为200分°，上檐柱高490分°，比值为2.45:1，较为畸零，用一等材时约合3丈。若用檐额，殿身柱最高取520分°，与副阶柱比值约为2.6:1，500分°时为2.5:1。

2. 若副阶两椽（椽长100分°），殿身柱高440分°，比值为2.2:1；用檐额时，殿身柱高取极值470分°（对应一等材2.82丈），若取460分°时，比值为2.3:1（对应三等材2.3丈）。

3. 八椽时，因120分°×8=100分°×6+120分°×3，进深三间恰可逐渐双补间。故宫本图样中单槽后进略深，朵当不匀值恰为20分°，三等才时恰为1尺，其他材等下则需移动内柱位置，如105.5分°×6+122.15分°×3=125分°×8，此时差值16.6分°，用一等材时约合1尺。

① 脊榑　　　　　⑥ 叉手21×7分°　　　⑪ 五椽檐栿45×30分°　⑯ 内槽柱列
② 上平榑　　　　⑦ 托脚15×5分°　　　⑫ 三椽檐栿45×30分°　⑰ 副阶砌上露明
③ 中平榑　　　　⑧ 平梁36×24分°　　　⑬ 明栿42×28分°　　　⑱ 内柱与椽架对位
④ 下平榑　　　　⑨ 四椽草栿36×24分°　⑭ 外槽柱列　　　　　　⑲ 随宜固济
⑤ 檐方　　　　　⑩ 六椽草栿36×24分°　⑮ 内额21×18分°

副阶铺作	对应图样		殿身柱高份数	副阶柱高份数	殿身材等/丈尺	副阶材等/丈尺	上下檐柱高比（份数/丈尺）
表头							

√2柱檐比前提下的殿阁上、下檐柱高度关系　　　　表15

副阶铺作	对应图样		殿身柱高份数	副阶柱高份数	殿身材等/丈尺	副阶材等/丈尺	上下檐柱高比（份数/丈尺）
副阶与殿身所用材等不同，因此上、下檐柱的份数比例并不反映真实丈尺关系，殿身实际份数可在设计值基础上略作调减，以下数据均按十架椽规模殿堂推导								
六铺作双杪单昂	殿身用阑额	副阶不降材等	平柱高 660 分°	300 分°	二等，3.63 丈	二等，1.65 丈	2.2/2.2
		降材等	平柱高 600 分°	300 分°	二等，3.3 丈	三等，1.5 丈	2/2.2
		副阶减一等则殿身柱可降高 [300分° + 126分° + （90分° + 300分°）/2] × 0.05/0.55 = 56.45分°（按 60 分° 算），以平柱为准，不考虑柱生起的影响						

147

续表

副阶铺作	对应图样		殿身柱高份数	副阶柱高份数	殿身材等/丈尺	副阶材等/丈尺	上下檐柱高比（份数/丈尺）
六铺作双杪单昂	殿身用檐额	副阶不降材等	平柱630分°角柱690分°	300分°	二等，3.465丈	二等，1.65丈	2.1/2.1
		降材等	平柱570分°角柱630分°	300分°	二等，3.135丈	三等，1.5丈	1.9/2.09
		檐额高60分°，连跨数间不能弯折，各间缝用柱无升起					
	殿阁用檐额高51—63分°，额身压于平柱头上、两端绞入角柱内与其柱头取齐，故原则上平柱可再减短30分°，上下檐的柱高比例调整余地较大，理论上均能取得整数比，下同						
六铺作单杪双昂	八铺作双槽，殿身用阑额	副阶不降材等	平柱高630分°	280分°	二等，3.47丈	二等，1.54丈	2.25/2.25
		降材等	平柱高580分°	280分°	二等，3.19丈	三等，1.4丈	2.07/2.28
		副阶减一等则殿身柱可降高［280分°＋116分°＋（90分°＋300分°）/2］×0.05/0.55＝53.72分°（按50分°算），以平柱为准，不考虑柱生起的影响					
	殿身用60分°檐额	副阶不降材等	角柱670分°平柱610分°	280分°	二等，3.35丈	二等，1.54丈	2.17/2.17
		降材等	角柱620分°平柱560分°	280分°	二等，3.08丈	三等，1.4丈	2/2.2
五铺作单杪单昂	七铺作双槽，殿身用阑额	副阶不降材等	575分°	250分°	二等，3.16丈	二等，1.375丈	2.3/2.3
		降材等	525分°	250分°	二等，2.89丈	三等，1.25丈	2.1/2.31
		副阶减一等则殿身柱可降高［250分°＋105分°＋（60分°＋300分°）/2］×0.05/0.55＝48.6分°（按50分°算），以平柱为准，不考虑柱生起的影响					
	殿身用60分°檐额（平柱降30分°）	副阶不降材等	角柱高605分°平柱545分°	250分°	二等，3丈	二等，1.375丈	2.18/2.4
		降材等	角柱高655分°平柱495分°	250分°	二等，2.72丈	三等，1.25丈	1.98/2.17
		殿身柱降高范围同上，檐额跨间不能弯折，各缝柱间无生起					
	殿身用50分°檐额	副阶不降材等	角柱高600分°平柱550分°	250分°	二等，3.03丈	三等，1.25丈	2.2/2.2
		降材等	角柱高550分°平柱500分°	250分°	二等，2.75丈	三等，1.25丈	2/2.2
		殿身柱降高范围同上					
四铺作单昂	五铺作单槽，殿身用阑额	副阶不降材等	490分°	200分°	二等，2.67丈	二等，1.1丈	2.45/2.45
		降材等	450分°	200分°	二等，2.48丈	三等，1丈	2.25/2.48
		副阶减一等则殿身柱可降高［200分°＋84分°＋（30分°＋300分°）/2］×0.05/0.55＝40.8分°（按40分°算），以平柱为准，不考虑柱生起的影响					

副阶铺作	对应图样		殿身柱高份数	副阶柱高份数	殿身材等／丈尺	副阶材等／丈尺	上下檐柱高比（份数/丈尺）
四铺作单昂	殿身用60分°檐额，平柱降30分°	副阶不降材等	角柱高520分°平柱高460分°	200分°	二等，2.53丈	二等，1.1丈	2.3/2.3
		降材等	角柱高480分°平柱高420分°	200分°	二等，2.31丈	三等，1丈	2.1/2.31
	副阶减一等则殿身柱可降高40.8分°（按40分°算），用檐额时无升起						

八铺作双槽、七铺作双槽、五铺作单槽的殿身与副阶用材浮动范围较大，相应的丈尺数字与比例亦可变动。若副阶深两椽、间椽对位，殿身与副阶柱之材份与丈尺比例又将变化，加之副阶博脊高度、殿身阑额下是否留有空当等因素皆不可控，故上下檐之柱高比实际上是个非确定区间，大致围绕中位数2.2浮动

（二）厅堂图样份数解析及"随举势定其短长"的特殊情况

厅堂间椽对位，朵当即是椽长，折算份数较为简明。

若单檐，则围绕"松柱……充……或七间至三间八架椽至六架椽厅堂柱"句作图分析各椽数及举折峻慢情形下之柱檐比即可。以2.8丈松柱（上限）充八架椽屋平梁下柱或以2.3丈松柱（下限）充八架椽屋四椽栿下柱、六架椽屋平梁下柱时，算得下檐最高可用至六铺作双杪单昂[1]，这与《法式》厅堂图样的信息基本相符（但"八架椽屋乳栿对六椽栿用三柱"所绘为单杪双昂）。

若重檐[2]，仍在前述间架规模内作图考察：①以2.8丈松柱用于四椽栿下，八架椽屋殿身用六铺作双杪单昂时，上檐柱高411—432分°，副阶深两椽且下檐柱高不低于200分°，此时副阶可用至斗口跳；②六架椽屋时推算结果与之一致，殿身用五铺作，副阶至多四铺作，等第仍然较低。

一般认为厅堂柱高是在举架确定后自上而下引得，并非设计值（卷五"柱"条称"若厅堂等屋内柱，皆随举势定其短长，以下檐柱为则"），但在某些特定情况下，内柱、檐柱与副阶柱间仍会产生具有特殊意义的简洁比，并因其便于记忆、操作而发展为某类"范式"，此时屋身檐柱与副阶柱间的比值约略保持在2—2.2倍，由于副阶椽尾与屋身阑额之间的距离可以自由调节，因而总归可以将比值定格于一个简单整数上（图77～图82）。

通过作图分析可知，《法式》中存在着一套固有的形式比例设计原则，在立面上体现为"加斜制成"法则的广泛控制，在数值上则表述为各扩大模度（如柱高、朵当、架深、铺作高之类）规定份数间 $\sqrt{2}$ 的精密约束，这两者互为表里，是材份制度在几何与代数领域内的具体呈现。

1　需保证八椽规模下前后乳栿与前后三椽栿两种构架均可成立。若2.8丈内柱用于八架椽屋平梁下时，其檐柱高恰为300分°，可配六铺作双杪单昂；若2.3丈内柱用于八架椽屋四椽栿下时或六架椽屋平梁下时，檐柱高280分°，可配六铺作单杪双昂。

2　按《法式》卷十九"荐拔抽换柱栿等功限"条中，其"平柱，有副阶者……"下小字旁注"其厅堂、三门、亭台栿项柱，减功三分之一"，知厅堂亦可设副阶。

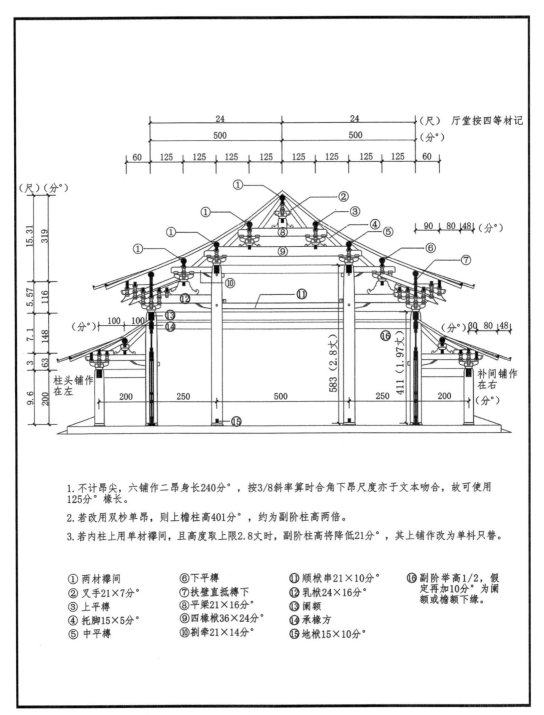

1. 不计昂尖，六铺作二昂身长240分°，按3/8斜率算时合角下昂尺度亦于文本吻合，故可使用125分°椽长。

2. 若改用双杪单昂，则上檐柱高401分°，约为副阶柱高两倍。

3. 若内柱上用单材襻间，且高度取上限2.8丈时，副阶柱高将降低21分°，其上铺作改为单枓只替。

① 两材襻间　　　⑥ 下平槫　　　　⑪ 顺栿串21×10分°　⑯ 副阶举高1/2，假
② 叉手21×7分°　⑦ 扶壁直抵槫下　⑫ 乳栿24×16分°　　　定再加10分°为阑
③ 上平槫　　　　⑧ 平梁21×16分°　⑬ 阑额　　　　　　　额或檐额下缘。
④ 托脚15×5分°　⑨ 四椽栿36×24分°⑭ 承椽方
⑤ 中平槫　　　　⑩ 劄牵21×14分°　⑮ 地栿15×10分°

图77　厅堂八架椽屋（上檐六铺作单杪双昂）前后乳栿用四柱下檐枓口跳草架侧样示例

（图片来源：自绘）

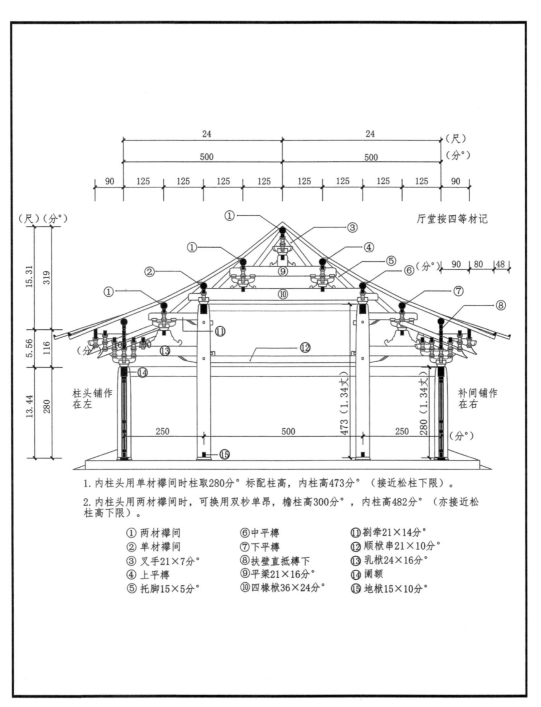

1. 内柱头用单材襻间时柱取280分°标配柱高，内柱高473分°（接近松柱下限）。

2. 内柱头用两材襻间时，可换用双杪单昂，檐柱高300分°，内柱高482分°（亦接近松柱高下限）。

① 两材襻间　　　　⑥ 中平槫　　　　　⑪ 劄牵21×14分°
② 单材襻间　　　　⑦ 下平槫　　　　　⑫ 顺栿串21×10分°
③ 叉手21×7分°　　⑧ 扶壁直抵槫下　　⑬ 乳栿24×16分°
④ 上平槫　　　　　⑨ 平梁21×16分°　⑭ 阑额
⑤ 托脚15×5分°　　⑩ 四椽栿36×24分°⑮ 地栿15×10分°

图 78　厅堂八架椽屋（六铺作单杪双昂）前后乳栿用四柱示例

（图片来源：自绘）

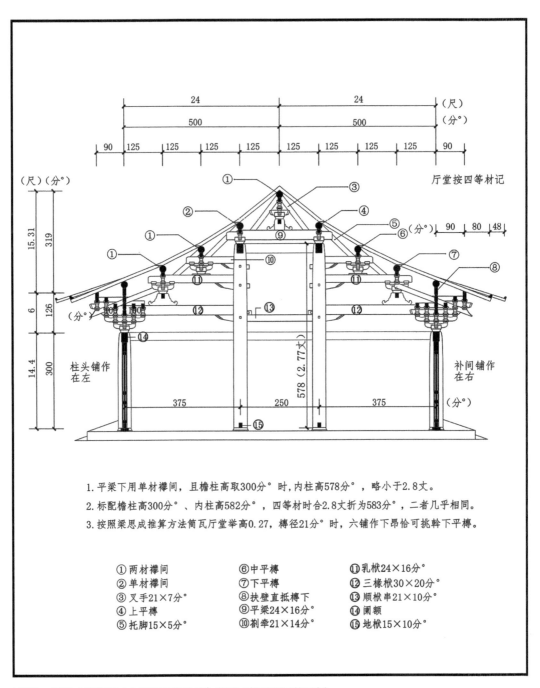

1. 平梁下用单材襻间，且檐柱高取300分°时，内柱高578分°，略小于2.8丈。

2. 标配檐柱高300分°、内柱高582分°，四等材时合2.8丈折为583分°，二者几乎相同。

3. 按照梁思成推算方法筒瓦厅堂举高0.27，槫径21分°时，六铺作下昂恰可挑斡下平槫。

① 两材襻间	⑥ 中平槫	⑪ 乳栿24×16分°
② 单材襻间	⑦ 下平槫	⑫ 三椽栿30×20分°
③ 叉手21×7分°	⑧ 扶壁直抵槫下	⑬ 顺栿串21×10分°
④ 上平槫	⑨ 平梁24×16分°	⑭ 阑额
⑤ 托脚15×5分°	⑩ 劄牵21×14分°	⑮ 地栿15×10分°

图79　厅堂八架椽屋（六铺作双杪单昂）前后三椽栿用四柱示例

（图片来源：自绘）

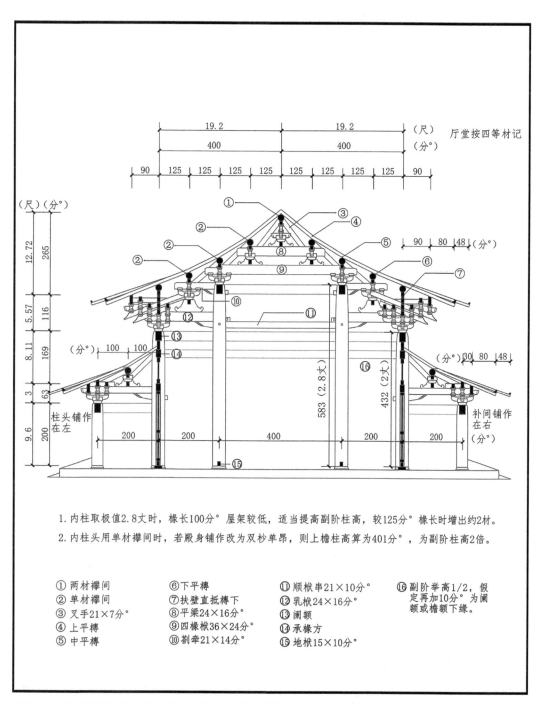

1. 内柱取极值2.8丈时，椽长100分°屋架较低，适当提高副阶柱高，较125分°椽长时增出约2材。

2. 内柱头用单材襻间时，若殿身铺作改为双杪单昂，则上檐柱高算为401分°，为副阶柱高2倍。

① 两材襻间
② 单材襻间
③ 叉手21×7分°
④ 上平槫
⑤ 中平槫
⑥ 下平槫
⑦ 扶壁直抵槫下
⑧ 平梁24×16分°
⑨ 四椽栿36×24分°
⑩ 劄牵21×14分°
⑪ 顺栿串21×10分°
⑫ 乳栿24×16分°
⑬ 阑额
⑭ 承椽方
⑮ 地栿15×10分°
⑯ 副阶举高1/2，假定再加10分°为阑额或檐额下缘。

图80 厅堂八架椽屋（上檐六铺作单杪双昂）前后乳栿用四柱，下檐料口跳草架侧样示例

（图片来源：自绘）

153

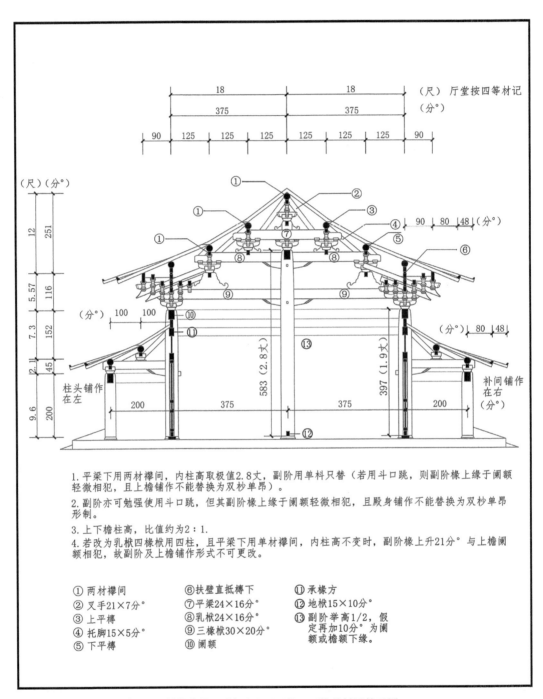

1. 平梁下用两材襻间，内柱高取极值2.8丈，副阶用单栱只替（若用斗口跳，则副阶椽上缘于阑额轻微相犯，且上檐铺作不能替换为双杪单昂）。

2. 副阶亦可勉强使用斗口跳，但其副阶椽上缘于阑额轻微相犯，且殿身铺作不能替换为双杪单昂形制。

3. 上下檐柱高，比值约为2：1.

4. 若改为乳栿四椽栿用四柱，且平梁下用单材襻间，内柱高不变时，副阶椽上升21分° 与上檐阑额相犯，故副阶及上檐铺作形式不可更改。

① 两材襻间　　　⑥ 扶壁直抵槫下　　⑪ 承椽方
② 叉手21×7分°　⑦ 平梁24×16分°　⑫ 地栿15×10分°
③ 上平槫　　　　⑧ 乳栿24×16分°　⑬ 副阶举高1/2，假
④ 托脚15×5分°　⑨ 三椽栿30×20分°　　定再加10分° 为阑
⑤ 下平槫　　　　⑩ 阑额　　　　　　　额或檐额下缘。

图81　厅堂六架椽屋（上檐六铺作单杪双昂）分心用三柱，下檐单栱只替示例

（图片来源：自绘）

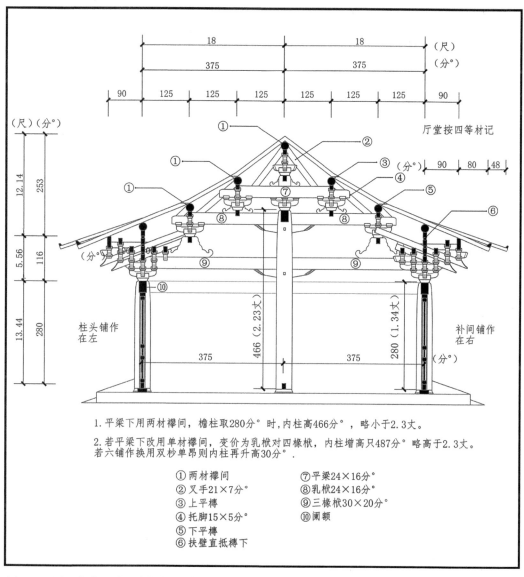

图82 厅堂六架椽屋（六铺单杪双昂）分心用三柱示例

（图片来源：自绘）

五、小结

本节主要通过三方面的工作论证《法式》是否存在立面控制方法：

（1）基于立面构图中的纵向"常量"（$\sqrt{2}$柱檐高度比）与开间高宽比例限制（柱高不越间广），推导铺作高（自变量）与其余数据（因变量）间的联动关系，并利用朵当与架深（以衔接前述数值）校核结论，寻求特定构图、比例与份数间的契合关系。

（2）基于功、材对应的原则，尝试在抽象的材份、比例数据与具象的丈尺规定间建立关联，并反馈、验证于功限的简洁赋值与料例的明确尺度之上。

（3）材份模数的优势在于以"变造"原则灵活控制建筑体量，但因铺作的存在，这种缩放并非以简单的等比关系呈现（同一架道模式可配合不同铺作产生不同外观形式，进深与面阔方向丈尺也未必完全关联），而是借由隐性模度（材份）在不同对象（铺作与架道的多种组合模式）上赋予不同"公式"实现，并别立图样以作补充。因此，"理想原型"的析出有助于我们探索不同"变造公式"间的内在关系。

第四章

《营造法式》『空间—构造』交互关系考察

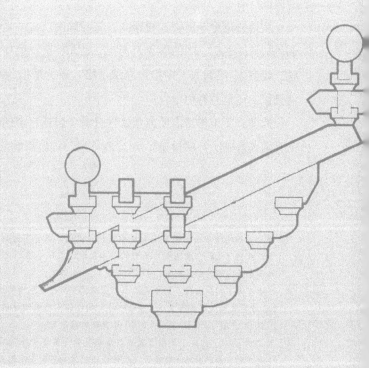

第一节 "缠柱造"复原与"楼—阁"概念辨疑

一、引言

围绕《营造法式》关于"缠柱造"的记载，目前对其楼层间构造关系已有多个复原方案，但构件间的安放位置仍有疑点。本节将"叉柱造"与"缠柱造"的对比从局部构造表现上升到整体结构层面，尝试证明两种"柱造"与"楼、阁"类型间的映照关系，并分析平坐在"楼、阁"概念分化过程中扮演的角色，从而提出契合重楼建构特质的"缠柱造"方案。

关于《法式》"造平坐之制"及楼、阁异同的研究，建筑史领域有三个惯常的切入视角：①研判文本中"平坐"制度的本质属性，它之于楼阁的意义是形式的、结构的抑或是空间的[1]？②辨析"平坐"中诸类名件（如棚栿、附角枓、柱脚方、地面方等），探明其位置、朝向、交接方式，由此复原叉柱造、缠柱造等具体做法[2]；③搜寻遗构或图像资料作为前两项工作的佐证[3]。

从构造角度辨析楼、阁异同，需明确两点，一是平坐、缠腰、披檐等层间交接或外缘附丽部分如何塑造楼、阁的形象差别？二是叉柱造、缠柱造、永定柱造与楼、阁的分类逻辑有无关联？要言之，《法式》中是否掩藏了楼、阁分型的判断标准？记录三种"柱造"的目的，是罗列例证，还是另有引申？

此类释文工作需借助内互文性分析（包括相似的构造描述及术语使用习惯）达成，本节尝试在前人基础上补阙拾遗[4]，对"缠柱造"提出新的复原方案。

---

1 梁思成从构造层面申述了辽金楼阁的技术价值，但受案例制约，关于"平坐"的认识停留在殿阁层间转换逻辑上，故将"结构"意义视为平坐的根本属性。文献［139］从"功能"视角出发，阐释了平坐的多元意义及其与楼阁层间构造的逻辑关系。

2 平坐可由不同构件按不同方式搭成，明晰构件所指是厘清构造分类的前提。关于叉柱造、缠柱造的不同复原方案（及对其技术边界的定义），均是对特定构件的不同解读导致的。如文献［79］、文献［15］、文献［140］、文献［141］、文献［139］、文献［116］等复原方案所见。

3 如文献［140］列举了莫高窟壁画多层塔及李寿墓室壁画城阙，以及法隆寺塔、法起寺塔、石手寺仁王门、双峰寺大雄殿及景宁时思寺钟楼等，来佐证缠柱造的不同表现形式。

4 主要补充了小木作内容。诸如各类隔承板壁，均直接与梁柱相交，且各帐座自身亦涵括众多槫、柱、额、栿，甚或需编竹抹泥填补空隙，又动辄跨间，其自重不可忽视。用于楼阁时，按原有复原方案仅以单、足材方木承托平坐显然是不够的，因此需对复原方案做出更新。

二、"缠柱造"相关名物辨析

《法式》涉及"缠柱造"的部分集中在卷四"平坐"条，前辈学者对于其中部分用语存在不同理解（如动词"拘""缠"及复合名词"棚栿"等），不像"叉柱造"概念已形成共识。因此，先逐条梳理如下。

（1）地面方。"平坐"条载："平坐之内，逐间下草栿，前后安地面方，以拘前后铺作。铺作之上安铺版方，用一材。四周安雁翅板，广加材一倍，厚四分至五分。"两处"前后"对照，可知"拘"铺作者是"地面方"而非"草栿"，那么地面方又如何使用？检视功限部分，楼阁平坐并无身槽内补间铺作用栱、枓等数的条目，可见平坐铺作只对外缘加工，暗层之内则罔顾形象[1]。地盘图样中仅分心枓底槽明确注为殿阁身，即或如此，平坐上之耍头、衬方头也不可能就此拉通、长尽两间（高跨比过于悬殊），故进深方向不会以单材方木拘拉前后檐铺作，那么"地面方"自然也不是此类构件[2]。《法式》相邻铺作间以多条方木牵系，但素方仅被塞入华栱、下昂侧面子荫内以防整体歪闪，"撑持"意味尚且大于"拘拉"，且就卷十八"楼阁平坐转角铺作用栱枓等数"条中"第四杪交角华栱二只，身长九十二分"与"交角耍头，七铺作四只，二只身长一百五十二分，二只身长一百二十二分"两处记载与"铺作每间用方桁等数"可知，平坐铺作的扶壁栱只由重栱加单道素方组成，较外跳上栱方还少一道，它们支顶柱缝尚嫌薄弱，又如何"拘前后铺作"？因此地面方也不能自扶壁内出，它只能搁置在铺作之上，也许就是一种特殊的"压槽方"。用于平坐的上昂图样中即明确描绘了压槽方，它如梁栿般嵌入衬方头内[3]，压在柱头方上[4]，以此增强铺作间的相互联系，其在外檐柱缝上兜圈，也正合"以拘前后铺作"之意。我们推测，之所以录以异名"地面方"，是因其在平坐中露明，位于柱缝最上层（地面石、压阑石等石质构件亦遵循同样的定名原则），同时还兼作"遮羞版"。

（2）铺版方。相关描述仅只"在铺作之上"和"单材"两点，此外尚见载于卷六"地棚"条："造地棚之制，长随间之广，其广随间之深，高一尺二寸至一尺五寸，下安敦桥，中施方子，上铺地面版……方子，长随间深，接搭用，广四寸厚三寸四分，每间有三路。地面版长随间广，其广随材，合贴用，厚一寸三分。遮羞版，长随门道间广……凡地棚施之于仓库屋内，

1　若地盘为金厢斗底槽或双槽，且身内通高时，则需考虑殿内观瞻，如独乐寺观音阁内槽铺作不仅未予省略或"随宜枝樘固济"，反而遍施彩绘。

2　文献［116］认为平坐铺作中之单、足材衬方头即是"地面方"，而"铺版方"并非铺作构件，顺身安搭与衬方头咬合。文献［139］则将单、足材衬方头视作"铺版方"，两者观点恰相反。

3　按大木作料例载：松方长两丈八尺至两丈三尺，广两尺至一尺四寸，厚一尺两寸至九寸，充四架椽至三架椽栿，大角梁、檐额、压槽方。据小木作制度中常出现的1.1丈、1.4丈开间值推算，最长时可跨两间；从长度及截面看，压槽方较之柱头方更适于"拘束"铺作。

4　《法式》中柱头方数量较少，未必能上抵椽腹（如卷十七"铺作每间用方桁等数"即可推知），与辽构在泥道栱与椽底间以素方多道叠实扶壁的做法不同。

其遮羞版安于门道之外，或露地棚处皆用之。"地棚中的"方子"指的就是平坐中的"铺版方"，即敷设地板的木龙骨。平坐与地棚本质上都是版材重复堆叠而成，因此又合称"棚栈"，地棚可以看作不设铺作的简易平坐，平坐若非悬空于楼阁层间的话，也可以看作是特殊的地棚[1]，两者异名同实，构造次序和铺设方向都应一致。地棚"方子"（即铺版方）顺进深方向每间安三路，平坐亦当与其相同（或按照楼地面荷载变化随宜增添）。由于补间铺作每间不过两朵，这方子显然不能由衬方头或耍头后尾延展而成，而只能是额外压在铺作上的独立名件——它应该就是地面方，与棚栈间的构造关联较之与铺作间的也更加紧密。此外尚有"遮羞版"一项，用于围蔽地棚边缘，高度应与棚身相称，因压槽方广两尺至一尺四寸，刨除其咬进衬方头中的部分后，与地棚高度恰好接近，故有以压槽方兼作地面方、铺版方的推测。

（3）柱脚方。《法式》造平坐制度内"普拍方"条小字旁注称："若缠柱造，即于普拍方里用柱脚方，广三材，厚两材，上坐柱脚卯"，可知该名件与叉柱造、永定柱造无关；卷十九"城门道功限"条也提到"跳方，柱脚方、雁翅板同。功同平坐"。在门阙间使用大跨度杆件的做法由来已久，汉画像砖往往于所绘两母阙间连以单檐廊道，斜撑下方木纵横堆叠（横木间隔设置，垫以梁头，其上承托纵向通跨之"柱脚方"）。按平坐别名"阁道""墱道""飞陛"等，可知凡属此类悬空横挑立柱者都需以柱脚方承接，小木作"佛道帐""壁藏"等条目内亦大量出现柱脚方、鋜脚等地栿类构件，兹不赘述。长期以来，关于柱脚方的争议聚焦于其施用方向[2]，而藉由分析城楼平坐，有助于厘清其眉目——城门道功限中，记载了包括洪门栿、狼牙栿、涎衣木、檐门方等多种大跨构件，连同竖立的排叉柱在内，所用方料长度普遍在两丈四尺左右，檐门方甚至"长两丈八尺，广两尺，厚一尺二寸"，两丈四尺也正是单个城门道的极限宽[3]——问题是普通城楼并不能取用九开间的上限，即便皇宫正门宣德楼在扩建后也仅只七间，更常用的间广尺寸或许集中在两丈上下。以《清明上河图》所绘城门为例（图83），马面与阔五间的城楼等宽，但城门仅只一道，此时至少当心间两平柱下方虚悬，需要在门道上方顺面宽方向密布方木支撑。柱脚方断面定为45×30分°，三等材时合2.25×1.5尺，与檐门方一样，需从"长方"上下得[4]，其尺度巨大，足以承托平柱。反过来，若令柱脚方沿进深方向放

1　按《法式》文意，平坐本不限于楼阁，也可指代用于架空交通的构筑物，其别名（一曰阁道，二曰墱道，三曰飞陛，四曰平坐，五曰鼓坐）亦透露出与地棚同质的意思。

2　文献［79］主张柱脚方应垂直于普拍方，且其实质为平坐阑额，文献［116］提出壁画资料中所显示的上下层间变开间数或间广值的"缠柱造"做法并不能等同于《法式》的文本记载，两者不宜混淆；文献［15］更是将柱脚方视作平坐铺作上的明栿。与之相反，文献［140］、文献［141］、文献［139］则基于平安时期木塔上的柱盘构件，认为柱脚方应平行于面宽方向，但囿于对平坐本质的差异化认识，其复原方案各有不同。

3　《法式》卷六"版门"条规定其制"高七尺至二丈四尺，广与高方"，依据水平真尺和柱础半径推算，也可得到法式体系下建筑最大面阔取二丈四尺的相同结论。

4　按《法式》卷二十六"大木作料例"记，"长方，长四十尺至三十尺，广两尺至一尺五寸，厚一尺五寸至一尺二寸，充出跳六架椽至四架椽"。三等材时尚较檐门方略大，因其上承心间内外槽柱及屋架荷载，推测柱脚方用料应更大，一等材时可达"广厚方"尺寸，长五到六丈，可充八架椽栿并檐栿、绰幕、大檐头（额）。《法式》提到"檐"字的构件有"檐栿""檐额"与"檐门方"，对照可知，此处"檐门方"或许指的就是重层建筑的"柱脚方"。

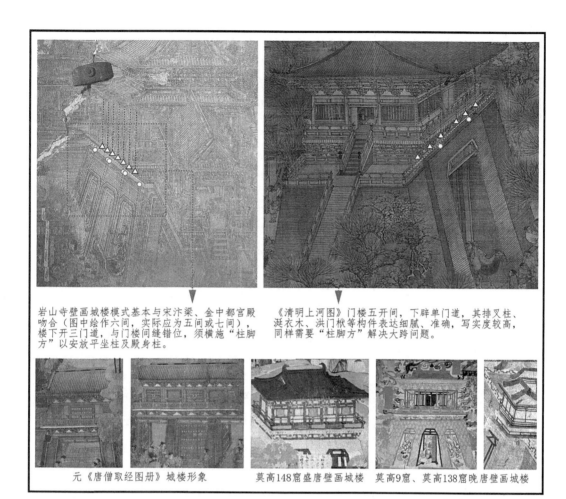

岩山寺壁画城楼模式基本与宋汴梁、金中都宫殿吻合（图中绘作六间，实际应为五间或七间），楼下开三门道，与门楼间缝错位，须横施"柱脚方"以安放平坐柱及殿身柱。

《清明上河图》门楼五开间，下辟单门道，其排叉柱、涎衣木、洪门枕等构件表达细腻、准确，写实度较高，同样需要"柱脚方"解决大跨问题。

元《唐僧取经图册》城楼形象　莫高148窟盛唐壁画城楼　莫高9窟、莫高138窟晚唐壁画城楼

图83　间接建筑形象中所见"柱脚方"形态

（图片来源：引自文献 [76] [142]）

置，则势必有所违碍——首先，包括心间平坐柱在内，部分殿身柱悬空无处落脚；其次，按最大椽平长7.5尺算，3至4丈的长方可折为四到六椽，若视柱脚方为勾通平坐前后柱间之"阑额"，姑且不论其断面与平坐柱匹配与否，巨大的高跨比也难免带来失稳的风险，遑论承托上部城楼的心间缝架（此时平坐柱虚垂）；再次，按锯作要求，大料如长方是不允许就料裁截的，无论槽型如何，缩短其长度以满足建造需要，有削足适履之嫌。

柱脚方不宜沿进深方向配置的推想，同样得到唐宋时期城门、楼形象的支持（图84）。我们知道，门道数与城楼间数不一定相等，两者边缝并非必然重合（如汴京宣德门于徽宗朝扩建前，仅用城楼五间，下开三门道）。敦煌唐代壁画也显示，彼时普通州城常采取五开间城楼下开双门道的模式（文献 [76]），门道间的隔墙宽度未必与城楼间广严格对应，即便两者等距，因城门道较隔墙为宽，则城楼两次梢间缝上柱亦必悬于门道上方；若隔墙较城楼间广窄短，则平柱悬置的可能也更大。再者，州以下普通县、寨多用三开间城楼，下开单门道，《法式》城

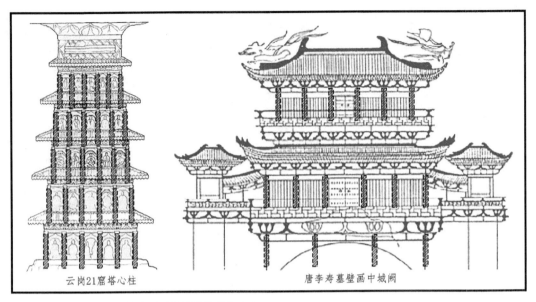

云岗21窟塔心柱　　　　　　　　唐李寿墓壁画中城阙

图84　早期多层建筑形象中逐层柱缝错位现象示意
（图片来源：引自文献［143］）

门道似无等级区分，通宽两丈四尺，现存方三间小殿的通面阔多在三丈左右，城楼规模若准此，则平柱同样将虚悬于门道外侧。为解决城楼柱子的支撑问题，显然需要顺面阔方向骈列柱脚方多道。

（4）棚栿。平坐制度记"楼阁平坐，自七铺作至四铺作，并重栱计心，外跳出卷头，里跳挑斡棚栿并穿串上层柱身"，按《法式》叙述习惯，能参与"挑斡"者多是细长构件的尾端，如上下昂后尾、昂程等，且多用在补间铺作上，棚栿既然可被"挑斡"，自然应当顺面阔方向配置，以与平坐铺作相平行。[1]两者的关系可以从三方面考察：①它们的字义相互连属。许慎《说文》载："棚，栈也。编木横竖为之，皆曰栈、曰棚，今谓于上以蔽下者曰棚。"段玉裁注《通俗文》曰："板阁曰栈，连阁曰棚。析言之也。许云：'棚，栈也'，浑言之也。"《九章算术·商功章》载："负米往来七十步，其二十步上下棚除。"刘徽注称："棚，阁也。除，邪道也。"又《仓颉篇》释"棚阁"曰："楼阁也，谓重屋复道者也。"由是可知，规格材木骈列而成的简易构筑物都可称为"棚""栈"，而底层架空的多层结构谓之"阁"，若阁的架空面以下部分为棚栈构成，则于阁底仰视自然可见，也因此"棚""栈""阁""平坐"四个概念彼此牵涉，《法式》平坐中的某类梁栿遂被称作"棚栿"，且与楼面板紧密关联。②空间关系

1　文献［116］提出的复原方案中，棚栿当柱头缝用，且插入上层柱身，相当于耍头及最上一跳华栱所在分位，此时补间铺作不参与挑斡。平坐补间耗材甚多，功能若限于架设楼地面的话，似乎檼搭方材即可，此时遍置补间则只为满足形式需要。若认为补间应担负更多结构功能，则棚栿的安置方向或可变动。

上，棚栿与天花紧接。卷二十五"泥作功限"中屡次提及"仰泥需缚棚阁者"，仰泥[1]是天花的别称，此处的"棚阁"指代的是局部构造而非建筑整体，若作"平坐"理解应更合于文意。阁中的隔层高度可适当调节，平坐用"永定柱造"时其铺设分位最高，此时平坐补间需有所"挑斡"方能确保内外平衡，此时棚栿起到了"压跳"的作用。③《法式》小木作制度中，隔承板壁类构件较多，且通联跨间，高广逾丈，额、栿、槫、柱皆备，并遍用地栿。若佛阁之经藏壁藏，官署之厨库龛帐[2]等，动静荷载皆不可忽视，仅凭单、足材广之"地面方"实难稳妥支撑，必得更粗巨的梁栿代劳。综上所述，我们认为"棚栿"应是楼地面之补强构件，位于铺作以上，紧靠"地面方"并顺身放置，两端插入楼身上层柱内，其上承载沿进深向敷设的"铺板方"，它同时兼作搭立门窗、板壁的地栿[3]，端部处理与栿项入柱类似。如此理解，则所谓"逐间下草栿"并紧跟"前后安地面方"句便顺理成章：此处之"草栿"即是功限中的"棚栿"，它与"地面方"都是顺身安置且相互紧贴，故文本叠相接续；同时进深方向上同一高度分位处也需设置类似之"草栿"以彻底稳固柱脚；最后，"棚栿"之下可由平坐补间铺作"挑斡"。

三、"楼""阁"构造异同辨析

"楼""阁"虽常并称，但两者的字义有明显区别，各自依凭的构造思维和形成的空间效果也截然不同，本不应混作一谈。《说文》释"楼者，重屋也"，它反映的是屋架纵垒的意向，即具备相同结构层次和空间要素的单元竖向叠加，每重复一次即单独展出屋檐（并有可能添缀缠腰以造成逐层副阶的外观）；阁则将底层架空，需经平坐之类结构中转才能设立屋宇，而找平层未必需伸出屋宇之外形成回廊乃至腰檐，屋架、平坐甚至底层支柱围合的棚栈之间也无需逐一边缘对齐，各层间的构造与空间布设并不严格呼应。

敦煌壁画中的多层建筑因此可分作两类：各层开间数相同，但通面阔自下而上递减，底层屋面延伸至檐柱缝以内者为"楼"；而底层不施腰檐、平坐用"永定柱造"，仅保留顶层屋面完整者为"阁"（图85）。"楼"逐层出檐，各层自首步架起即必须上承屋面，每层通面阔都需较其下一层缩进约两架（在多层楼阁塔中收进值更加轻微），若上下层间广均等、间数不变，

1　"仰泥"犹仰尘。（宋）李昉《太平广记》卷一五三引唐人卢肇《逸史》"李公"条："李公曰：'鲶见在此，尚敢大言！前约已定，安知某不能忽忽酬酢？'言未了，官亭子仰泥土坏，方数尺坠落，食器粉碎，鲶并杂于粪埃。"又同书卷一八三引（五代）王定保《唐摭言》"房琯"条："无何写试之际，仰泥土落，击翻砚瓦，污试纸。"

2　既往复原方案受独乐寺观音阁影响较大，但其内贮大像，穿破地面，平坐仅需托举外槽供人登临即可，因此用单、足材方木承接已足够（然其楼地面与门窗仍不免变形塌陷）。《法式》所服务的对象或与之不同，举开封大相国寺资圣阁为例，其上有五百罗汉铜铸等身像，又汴京大内太清楼上贮书，稽古阁存历代书画及古鼎彝器，龙图、天章、宝文诸阁供奉帝王御集、御书并祭祀礼器，此数例的平坐楼面所承重量都不小，构造方式或有异于观音阁。

3　明代建筑曲阜孔庙奎文阁、北京智化寺万佛阁等在通柱间都以粗大枋木辅助拉接承重。

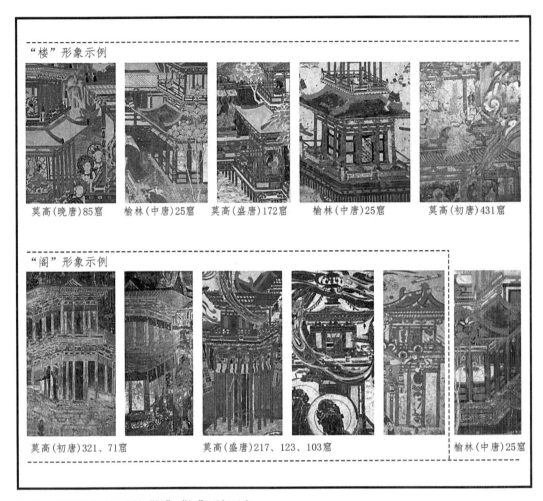

图 85 敦煌唐代壁画中的"楼""阁"形象示意
（图片来源：引自文献［76］）

则柱子必然逐缝错位，上层柱根悬空，必须以"柱脚方"之类的粗大方料承托，这也正是缠柱造各层空间变化远较叉柱造剧烈的原因。

《法式》在论述平坐时，首先阐明涉及上层柱支撑方式的叉柱造、缠柱造概念，继而定义结构层的转换途径即普拍方、柱脚方用法，最后通过介绍永定柱造回应平坐柱的安置逻辑，可见在李诫的观念里，叉柱造、缠柱造只关乎平坐铺作以上部分，而与平坐柱及其下部分无涉。平坐柱若落地则成为用"永定柱造"的阁，若虚垂则需以梁栿隔截，此时即产生了重楼形象。

由此，澄清了几组相关概念：①叉柱造与缠柱造并非两种可以随宜互换的结构选项，而是分别和阁、楼两大建筑类型关联，不可混淆；②平坐的内涵更多地指向空间而非构造，它与叉柱造、缠柱造间并无从属之意（前人研究多认为平坐应具有结构转换的内涵，是《法式》篇目编排将其与几种柱造放在一起引发心理暗示，以及对辽宋遗构的刻板印象造成的）；③阁的层间构造可不设梁栿，如有平坐，则确保其内有华栱叉平坐柱脚即可；平坐中的大型栱、方构件，均是针对用缠柱造的楼而设的。

在"阁"中，次第穿插的各层柱脚均需立于柱头与平坐铺作上，平坐兼具"层间转换"的结构功能和"承接回廊"的空间功能，对于以竖向穿插为基本特征的"阁"类建筑是不可或缺的，它体现为贯通内外的水平层。在"楼"中，情况正与之相反，由于逐层叠压，屋面必须延进檐柱缝内，且每层均涵括屋身与（局部）屋盖以造成重屋形象，逐层间依靠柱脚方的转换收放面阔取值，平坐的作用仅限于支撑檐下回廊，附丽于檐柱外侧，故称"缠柱"。

因此，楼、阁中的平坐有所不同，前者更侧重空间塑造，结构上可被替代，规模上大小随宜，对于配属的铺作并无严格限制，亦无需成层（如敦煌初唐第431窟壁画建筑，底层只用单斗只替，平坐用耙头栱配人字栱的极简组合）。后者结构意味更加彰显，叉柱造需依赖整圈平坐铺作实现，且等级不可过低（若在四铺作以下则平坐柱无从插接锚固）。两者造成的外廊尺度也差别明显，前者因柱脚方可在下层屋面上自由定位，使得回廊宽度与铺作脱钩，可用包括斗子蜀柱在内的简易做法挑托平坐外缘，便于推敲比例；后者则必须基于铺作的整体尺度确定外廊挑出规模，整体较为狭促，计衬方头在内也不过三到五个跳距而已，形象更拘谨，调节余地不大（图86）。

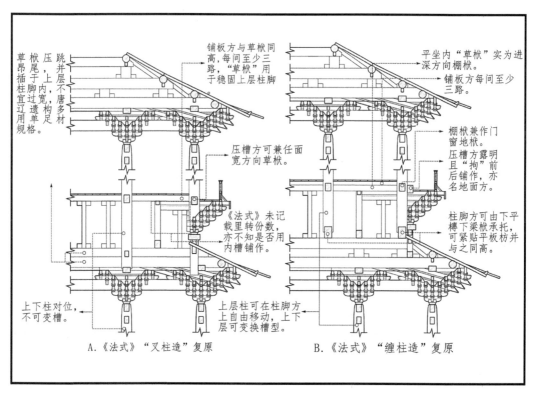

图86 《营造法式》 "叉柱造"与"缠柱造"做法比较

（图片来源：自绘）

四、"缠柱造"复原方案及其证明

《法式》卷十六、十七"楼阁平坐补间/转角铺作用栱枓等数"条详述了缠柱造时各分件的材份取值，据之可进一步量化其空间关系。平坐补间的衬方头长于耍头30分°，两者里跳身长恒为180分°与150分°，这组定值与下檐铺作里跳取值间或许存在联动关系——殿阁椽平长上限值七尺五寸，合三等材150分°，一间两椽对位布设时，槽外两架深300分°，恰好是高铺数（七、八铺作里转四跳，标准跳距30分°，总长最大可达120分°）时下檐铺作里转总长与平坐枓栱里跳最长身值（即衬方头端部）之和，此时平坐铺作后尾压内槽中缝，在殿身用金厢斗底槽与双槽时可有效拉接槽身内外[1]。不仅衬方头，当椽架规模略小时，内外槽上的耍头亦可有效拉结。

考察具体构造，"缠柱造"似存在某种固定的空间范式：下檐铺作后尾刚好挑斡平坐内"柱脚方"，平坐铺作的衬方头或耍头后端则恰延伸至屋身内槽中缝处，也即上层连同平坐在内较底层缩进一个步架。既有研究虽有主张柱脚方横置者，但对其与下层梁栿间的关系未作更多探讨，仍将其放入"叉柱造"时的位置（下檐铺作里跳范围内），这导致上层角柱无处安放——柱脚方顺面宽向跨过角间时并不能如清式顺扒梁那样找到合适位置安放，且其断面过于宽大，需砍削端头后绞入铺作并外伸一跳，不唯于结构性能有损，且仅垫以进深梢间内之压槽方亦嫌不稳，同时大角梁也因后尾短促而有外翻之虞。故我们按上下层间缩进一步架之预设展开复原：此时角间施抹角方，即可承托上层角柱并将荷载匀分至角间两面之乳栿、丁栿上，大角梁也可顺势插入并"挑斡"上层角柱。

《法式》缠柱造虽未规定上层屋宇的收缩距离，但平坐里转与下檐铺作里转之和等同进深一间之广[2]，考虑到等开间时上、下檐柱缝错位，推测缩进值以一个步架为宜，如此则柱脚方恰受底层补间铺作后尾挑斡，以减少跨中挠度，敦煌壁画中的唐代重楼也表现出收进到下平槫缝的倾向。

值得注意的是，《法式》强调平坐扶持楼体的作用，按功限中平坐转角铺作栱昂等身长数据推知，平坐柱与上层柱间距32分°，两者紧贴，它放弃了使用"缠柱造"时楼宇平坐可灵活设置的优势，要求平坐与上层柱紧密勾连（图87）。

1　若殿阁身用一等材，则椽长七尺五寸合125分°，槽外两椽总深250分°，耍头里转仍可拉六铺作。文献［27］提出，仅在取一等材时，最大椽长才能稳定折算为125分°合7.5尺，若材等递减则这两个数值也相应缩小。无论如何，下檐枓栱里转折算值限定在100～125分°的区间内是可靠的。

2　若因槫、柱错缝或殿内移柱等原因导致进深梢间广大于两标准椽长时，平坐衬方头或耍头可偏离内槽中线，按文献［27］以六等材折算开间值，1.5丈与1丈分别折合125分°与100分°（7.5丈折合一等材125分°即最大椽长），按四开间十架椽、逐间双补间计，此时每间312.5分°，间、椽错位，每间介于两至三椽间，大约留有两跳的调整余地。若按文献［140］的理解，以150分°为最大椽长，则同样条件下尚有四跳的调整余地。

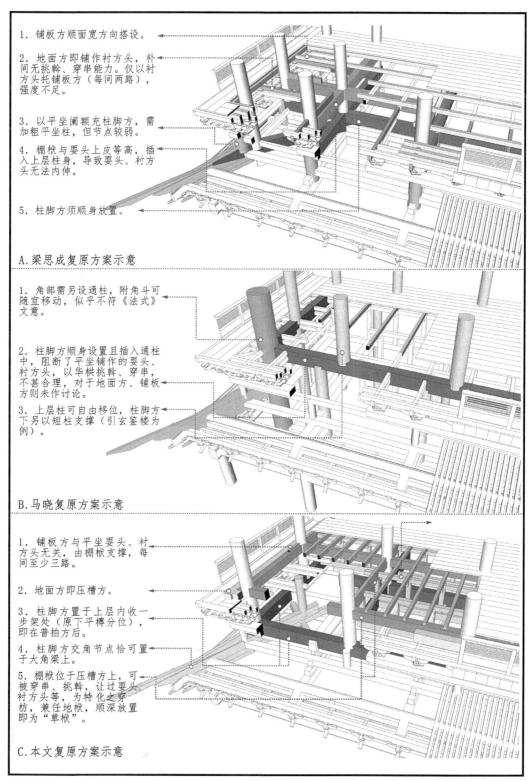

1. 铺板方顺面宽方向搭设。

2. 地面方即铺作衬方头，补间无挑斡、穿串能力。仅以衬方头托铺板方（每间两路），强度不足。

3. 以平坐阑额充柱脚方，需加粗平坐柱，但节点较弱。

4. 棚栿与要头上皮等高，插入上层柱身，导致要头、衬方头无法内伸。

5. 柱脚方须顺身放置。

A. 梁思成复原方案示意

1. 角部需另设通柱，附角斗可随宜移动，似乎不符《法式》文意。

2. 柱脚方顺身设置且插入通柱中，阻断了平坐铺作的要头、衬方头、穿串，以华栱挑斡、穿串，不甚合理，对于地面方、铺板方则未作讨论。

3. 上层柱可自由移位，柱脚方下另以短柱支撑（引玄鉴楼为例）。

B. 马晓复原方案示意

1. 铺板方与平坐要头、衬方头无关，由棚栿支撑，每间至少三路。

2. 地面方即压槽方。

3. 柱脚方置于上层内收一步架处（原下平槫分位），即在普拍方后。

4. 柱脚方交角节点恰可置于大角梁上。

5. 棚栿位于压槽方上，可被穿串、挑斡，让过要头衬方头等，为特化之穿枋，兼任地栿，顺深放置即为"草栿"。

C. 本文复原方案示意

图87　"缠柱造"不同理论模型关键差异示意

（图片来源：自绘）

五、"缠柱造"做法变迁与"楼""阁"概念混淆

现存明清多层木构多采用通柱（全面或局部），与《法式》记载的楼、阁式样有所区别，但仍留有衍化痕迹可资追溯。

大量重檐三滴水的案例中，上层柱都穿过屋面落在下层外廊双步梁中缝处，缩进态势明显，这是"楼"意向的遗存，但上下层檐柱并不错缝，也不见柱脚方的遗留，仅限梢间逐层内收[1]，受到大幅压缩。除角柱外，诸檐柱均上下层对齐，降低了施工难度，但将收分集中于梢间内消解也带来立面"羁直"的弊病。

以下通过两个案例来探讨明清楼阁与"缠柱造"的渊源。

曲阜奎文阁底层柱列等高，槽上遍布压槽方，富于殿阁遗韵，但其上层做法殊异：平坐柱上接二层缠腰柱，殿身柱则缩进较远，两者并不紧邻，也不符合"缠柱"意向。然而，逐层副阶并非常态，南宋、元代界画中的重檐形象也多是在平坐上架设披檐形成，若其上层仅施单檐，则不难令外檐柱贴合平坐柱。

祁县镇河楼则更加接近"缠柱造"的原貌，有别于奎文阁，它的平坐柱立于柱脚方上而与底层檐柱错位，上层缠腰柱虽内收约一柱径后插于平坐铺作里跳上，但未能继续向下延伸以"缠绕"平坐柱。此外，在上层内收约一步架后，内柱亦随之移动，以压缩内槽空间为代价避免角间枓栱相犯，此时"缠柱造"的上层柱下遍布柱脚方，这种情况约略与《法式》城门道相似（图88）。

舍此而外，北京鼓楼、智化寺万佛阁、雍和宫大佛楼，以及西安钟鼓楼、平武报恩寺万佛阁等实例（图89），都可视作自"缠柱造"重楼衍化而来，它们与原型间的差异体现为两点：①为调节间广、避免上下层柱缝错位而淘汰了"柱脚方"（代价是压缩梢间，使得上、下层的明、次间广不能调整），②受穿斗思维影响大量采用通柱（一般限于两个结构层且亦可上下对缝接续）。明清河西工匠自成传统[2]，遗存至今的多层建筑也颇具"重楼"特征，其上层虽有回廊，但普遍不设平坐，因下层屋面缓和，有"檐如平川，脊如高川"之称（文献［144］），不致遮蔽上部，自然也就无需设置暗层以抬升二层标高。

1　唐辽殿阁各间广取值相等者多，宋金以后自心间向外递减的做法普及，这是角间做法差异导致的。直至五代的若干方三间小殿上，仍保留了设置角栿拉结内外柱的传统。多层建筑若维持角间正方，上下层间的收进差值就无法利用梢间消化，而只能均摊到各间中，导致上下层檐柱逐缝错位，也就只能利用缠柱造来解决。《法式》虽不设角栿，允许角间非方，但从朵当不匀亦不过一尺的规定看，通融的程度有限，各间面阔差值也不太大。南宋以后夸示心间，间广逐间递减才成为主流做法，同时铺作退化，体量缩小使得设计时可不用过于顾虑角间科栱相犯的问题，方能将各层收进累积的畸零尺寸悉数在梢间内消化。

2　明代于河西建置卫所，带来大量江淮地域建筑做法，但亦留有若干早期遗痕，如大角梁平置且由抹角栿承托的结角方式迥异于江南以补间辅助转角铺作挑斡下平槫且斜置大角梁的习惯，反而更接近北地宋式传统。

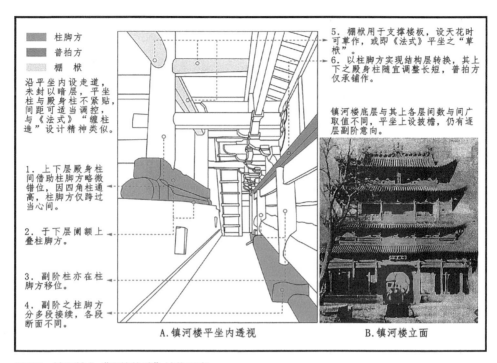

图例：
柱脚方
普拍方
棚栿

沿平坐内设走道，未封以暗层，平坐柱与殿身柱不紧贴，间距可适当调控，与《法式》"缠柱造"设计精神类似。

1. 上下层殿身柱间借助柱脚方略微错位，因四角柱通高，柱脚方仅跨过当心间。

2. 于下层阑额上叠柱脚方。

3. 副阶柱亦在柱脚方移位。

4. 副阶之柱脚方分多段接续，各段断面不同。

5. 棚栿用于支撑楼板，设天花时可草作，或即《法式》平坐之"草栿"。

6. 以柱脚方实现结构层转换，其上下之殿身柱随宜调整长短，普拍方仅承铺作。

镇河楼底层与其上各层间数与间广取值不同，平坐上设披檐，仍有逐层副阶意向。

A．镇河楼平坐内透视

B．镇河楼立面

图88　镇河楼之"准缠柱造"结构示意

（图片来源：自绘）

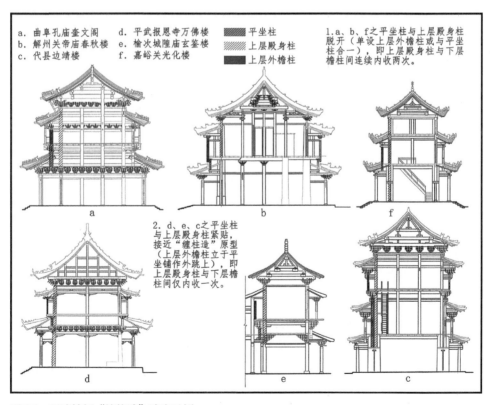

a. 曲阜孔庙奎文阁
b. 解州关帝庙春秋楼
c. 代县边靖楼
d. 平武报恩寺万佛楼
e. 榆次城隍庙玄鉴楼
f. 嘉峪关光化楼

图例：
平坐柱
上层殿身柱
上层外檐柱

1. a、b、f之平坐柱与上层殿身柱脱开（单设上层外檐柱或与平坐柱合一），即上层殿身柱与下层檐柱间连续内收两次。

2. d、e、c之平坐柱与上层殿身柱紧贴，接近"缠柱造"原型（上层外檐柱立于平坐铺作外跳上），即上层殿身柱与下层檐柱间仅内收一次。

图89　明清楼阁"缠柱造"遗痕示例

（图片来源：底图引自文献［144］［145］［146］［147］）

六、小结

"缠柱造楼"以单根构件（柱脚方）代替"叉柱造阁"的繁复空间（平坐）来实现层间转换，构造逻辑更加直接，简省整体材耗的同时也提升了空间利用效率（平面调节更加自如），敦煌壁画中即常见此类不设平坐的重屋或高塔形象[1]，但《法式》已将"楼阁"并称（如卷十七之"楼阁平坐补间铺作用枓栱等数"条，卷十九"荐拔抽换柱栿等功限"条也是将殿宇楼阁混作一谈），时人即便仍了解两者差异，也已无意详加区分。尤其"阁"源自"阁道""栈阁"之类的构筑物，也许级别较低，这就诱发了将"阁"伪装成"楼"的倾向，"阁"在构造上只有一道屋盖，其余诸层檐口都是在平坐外缘架设回廊、覆以披檐的结果，但不可否认的是，到辽宋时两者的外观差异已不明显。同时，楼阁互称，却未必是骈列关系，或可表达"如楼之阁"的意思，或因性质相关而共同描述多层建筑（如"樯橹"即以桅杆与船桨指代战舰）。隆兴寺转轮藏殿与代县边靖楼等案例不用叉柱造，而是围绕平坐柱架设披檐，大概也是从"阁"向"楼"转化的一种方式。

第二节　歇山做法的"真假"判别

一、引言

作为官式做法的简化与背反，"假歇山"可被视作歇山缘起与发展的一面镜鉴，对其内涵的勾勒仰仗于构造、空间与形象三方面的综合考察。本节以歇山"两厦"空间的成因差异为经，以结角与出际构件的组合模式为纬，尝试细分"假歇山"的类型并爬梳这一概念的缘起。通过比对"假歇山"与官式做法的设计逻辑与空间组织，探析"假作"的原因及其发展脉络。

关于歇山屋面的起源迄今尚无定论，无论是源自内亚游牧民的庐幕拼组（文献［121］），南岛语族的船型屋切削（文献［148］），还是两折式屋面反映的母屋与庇屋直接叠合（文献［149］），都不乏案例支撑。正因歇山意涵兼及形态、空间与结构，与之相关的亚类繁多，以至于学界逐渐采用"假歇山"之类的名目来描述各种变异做法。

按"歇山"一词最早见载于《元史》卷二十八，至治二年（1322年）二月庚子"罢上都歇山殿及帝师寺役"，泰定元年（1324年）十一月甲辰"作歇山盝顶楼于上都"；《辍耕录》卷二一"宫室制度"记"御苑……歇山殿在圆殿前，五间，柱廊二，各三间"。它与《营造法式》

1　如敦煌莫高窟初唐第340窟、盛唐第323窟、五代第61窟等所绘之佛塔。

九脊殿或厦两头造在构词方式上有所区别：宋以前侧重于表达屋面自身的直观特征（如脊数）或屋面间的组合方式（如《集韵》释"厦"为旁屋，"厦两头"即是在主屋两山隔出批厦；或作"杀"解，即自山面斜切出批檐），元明以后则参考山花与山墙间的位置关系定名[1]。某些地区甚至基于典型构件的形象特征，将歇山称作"爪角顶"（见刘致平. 成都清真寺［J］.营造学社汇刊第七卷一期，"爪"指子角梁，老角梁称"爪把子"）。

歇山本无所谓真假，其形成途径自由多元（文献［150］），自20世纪80年代起，随着园林与民居研究的深入，才逐渐出现以"假""类""半""小"等定语修饰、限定"歇山"概念的现象，以此描述不完全符合官式做法却又明确具备张扬翼角的民间样式，如朱光亚在谈到园林建筑"互否"关系时举留园为例："曲溪楼墙后有建筑无法后展，场地狭窄，以功能论，此楼大可不必，然位置重要，当年园主不惜以一坡顶假歇山的技巧营建此楼（即该建筑实为半幢）……"（文献［151］）；彭福礼记苗族"掌墨师"时称："象雀鸟一样，张开翅膀在天上飞，这就是假歇山顶的吊脚楼建筑在山坡上给人们的艺术感受"（文献［152］）。张雅楠将"假歇山"的特征描述为："山面不依靠立架而仅以斗栱、枋材出挑形成较浅的出檐，与前后坡屋面相接形成完整屋檐。在形式上，此类歇山做法出檐短促，略显拘谨，但仅以外观视之颇可与采用顺趴梁做法的明清歇山形象相匹敌。……这是一种以简易手法形成歇山屋面形象的地方做法，常被称为'假歇山'"（文献［153］）。张卓远、方歌亦曾尝试给出严格定义："所谓假歇山建筑就是从外看具备歇山顶建筑之轮廓，内部主体结构实为硬山建筑之做法，只是前后两坡屋面转过角梁后在两山墙外变为一层'披檐'或'挑檐'，木构架完全不用顺梁或趴梁"（文献［154］）。

然而，歇山"假作"所背离的，到底是其形象、结构、材质还是功能？其判别标准是否合理？"假作"所反映的技术背景又为何？这些都有待讨论。我们知道，《工程做法》中已有称某些构件为"假"的习惯，如"假檐柱""假桁条头""假柁头"等（亦有用"代"字的，如"代梁头"），此类构件皆无结构功能，只用于补足形象缺失。有趣的是，刘敦桢在《牌楼算例》中虽同样提到"假箍头"做法，但在描述屋面形态时，却不以砖/琉璃所砌歇山为假[2]。这种不

1　按《尔雅》释"歇"为"竭也"，《方言》称"歇，涸也"，《说文》亦曰"息也，一曰气越泄。"则"歇山"或指山花架未伸至山墙即"息"，若不封板，更有"泄"气（通风）之用。又《左氏传》称"忧未歇也"，杜预曰"歇，尽也"，故"歇山"本义，或在于以山花收束屋面于山墙之内。

2　见文献［155］，如"三间四柱七楼琉璃牌楼"之"一·总释：正楼次楼三座用歇山，夹楼二座用夹山（即悬山），边楼二座系内侧山外侧歇山……"刘敦桢区分真假的标准，似乎更偏重于功能层面，如在《真如寺正殿》一文中谈道："在明间前、后金柱之上，构人字形假屋顶一层，使自下往上，不能望见真正的脊檩……"（《园冶》已提出假屋面的概念，如"重椽，草架上椽也，乃屋中假屋也……"），而不甚纠结于构架之"规范""真实"与否。

论（结构）"真假"，只看（外观）"繁简""今古"的态度也被刘致平所继承[1]，由此可知，前辈建筑史学者并未设立标准以判别歇山做法之"文野"。

当研究视角扩展到乡土建筑，甚至据之开展设计创作时，官式做法已不足以涵括多样的实例，这就催生了"半歇山"[2]"类歇山"[3]"小歇山"[4]之类的概念。在谈论一座歇山建筑怎样偏离了"基本范式"时，既有研究似乎总坚持着一条基于结构"规范性"的评价红线，那么，"假"所凸显的"真"到底有什么标准呢？这种基于形象与构件间联动关系的判别依据在技术文本中（如《工程做法》）是否成立？甚而，"假作"现象能否成为一条追溯歇山起源的有效线索？正如福柯在《知识考古学》中所主张的，"常识"不应被认为是理所应当、免于审查的，唯有借助系谱学的方法层层挖掘它被逐步建构起来的过程，唯有将观念基础从不言自明的状态中抽离出来，才能解放建立于其上的问题。因此，有必要将"假歇山"概念的提出与流行视作一个观念史问题来考察。

牵涉歇山"真假"的研究虽多，却基本限于实例描述，鲜有系统梳理其建构逻辑的尝试。因此，本文基于融贯构造、空间与形象的立场来论述"假作"的类型与源流，并将厘定"真""假"的判决标准视作切入点。所谓的"假"，到底是指两夹与正堂屋架在仰视时是否存在明确分界（主次空间相互融通还是显著区分）？抑或是转角构造对于整体构架的侵彻程度（外缘与内筒是否可以拆分并各自独立）？还是屋顶诸坡面间连接方式的连续与否（以两折屋面整体拼接，还是在两坡外加设披檐，甚至将屋面揉成整体）？"真假"间的界限，是由形式、材质决定（如在山墙上利用斜岔伸出的戗脊来模仿木构折角）？还是要兼顾构造方式与构件种属

---

1 文献［156］第三章"屋顶构架"节提到："沈阳北陵（昭陵）的隆恩殿是清初建的，三间周围廊式。它的歇山的山花刚好落在三间的山墙分位，而不是落在山墙廊柱的分位以及向内一檩径的规定……这是较古的做法，不用采步金草架柱子……在早年的歇山博风板分位多有向里的，不像明清官式那样的向外扩张，这是值得注意的。有很多明、清殿座的歇山部分结构，时常令人感觉复杂不易明了，其所以如此，即因不是像早年将歇山山花做在山墙上，然后用周围廊，而是将歇山山花做在房间最末端的角柱之内少许（因之必须用扒梁，梁上立柱架山花）……在辽、宋的山花是缩在博风板后面，即是在采步金的分位上，而不再另做草架柱子等将山花板推出。歇山下的屋檐可窊进博风板以内，这样雨水便可以不致渗入屋顶，而外观更加华丽。这种做法为什么被改变了呢？实际上是不应该改的。"

2 采用"半歇山"概念者，设计领域较早的有文献［157］："我们把福建民居半歇山顶的斜线形象加以简化处理……"；文献［158］："朴庐……这里所取的半歇山式屋顶便源于民居建筑……"；民居研究领域有文献［159］："全楼居高脚干阑……屋顶盖小青瓦（也有的用杉树皮或茅草覆盖），呈悬山式或半歇山式……"

3 "类歇山"概念多用于吊脚楼，如文献［160］："鄂西干栏院吊脚楼在外观上最有魅力和最有可辨识性的是厢房屋顶上的半歇山，它覆盖走栏称作'丝檐'。所谓'半'者，靠座子屋里边那一端而不歇山，而是或者悬山（硬山）与座子屋正面檐口平行；或者不设檐，正脊直接与座子屋正脊丁字相交……正脊折转，成为厢房，则山面不再用悬山，而是另加单搭披檐，看似为一种'类歇山'。歇山在空间构图上属于'尽端式'，可以从构造上把屋顶'锁定'，结束生长趋势。"又如文献［161］："鄂西吊脚楼屋顶形式在堂屋部分多为悬山式，厢房部分为'类歇山'……'类歇山'即在厢房的山墙面，屋顶的下方与之相隔一段距离另设以单坡屋面，用于走廊的挡雨遮阳"；又文献［162］："吊脚楼正屋为悬山屋顶，厢房为悬山屋面和覆于其山面走栏之上的单坡雨搭共同构成的'类歇山'屋顶，它们屋面交接部分是整个屋顶的关键所在。"

4 使用"小歇山"概念者如文献［163］："凹字形平面的虎溪精舍在屋面转角处伸出一小山花，形成小歇山，打破了通长十一开间立面的单调，又避免了屋面转折的生硬……大雄宝殿通长十三开间，重檐歇山顶上随屋脊转折，立面上又伸出二对称小歇山，从而丰富了外观……"这里的"小歇山"应是指的抱厦。

的差异（如是否出际，山花架、搏风架与山墙、次梢间缝梁架的位置关系）？若能析清这一问题，即可较准确地定义"假歇山"的概念。

二、"假歇山"形制分类

若以清官式为比照范本，则"假歇山"虽表现形式多样，"假作"的动因仍可归为提升规格、构造趋简与空间化整。由于两坡以下部分并无区别，故需探讨的仅是形成外缘的过程差异（是由翼角延展周环得来？还是四出披厦后逐段拼插而成？）。考察两厦与转角的生成方式，总结翼角的形成机制如下（图90）：

（1）只在山面外（或悬山顶内）加出披檐，其下不附设落地柱支撑，从而省却了角缝梁、柱甚至角梁本身，"角间"极度欠发达或干脆付之阙如。

（2）环绕两坡主屋围出周圈（或半圈、3/4圈）外廊，此时转角结构完整，仅省略了收山后的山花架，以边贴直接承托山尖，"角间"被限定在主体之外，无从参与屋架对室内空间的二次分割（如自系头栿上垂帷幕或安板障隔出"夹室"，不同于在内柱上安装照壁、截间，此类隔断系与梁架取齐得来）。

（3）小亭榭构造简易，将梁、檩倒置后，以周圈檐檩承托圆作梁栿，在一间范围内分上部空间为三段（或如艺圃乳鱼亭在檐檩上架抹角月梁，托递角梁、角梁与交圈金檩），构成极度简化的歇山屋面。

（4）基于视觉联想的"示意性"假作，仅在墀头饿檐砖上安置折角饿脊、横置排山勾滴，以瓦作翼角象征屋面四出的意向，但其下并无角梁等木构支撑，只能算是一种利用形象诱导的"符号表达"，实例如西安东岳庙寝殿。

为便于表述，我们姑且借用《法式》"厦半间""厦一间"概念。前者可用于殿阁，因铺作等第较高，角昂转过一架即止，其屋盖巨大且收进不多，翼角较为短促，立面形象严整拘谨，山花垂于丁栿之半（若梢间双补间则达1/3或2/3处），藏于草架内无从感知，两夹空间独立与否仅受柱列限制，不受系头栿与山花架影响。后者则可用于厅堂，角缝转进两椽后，直接搭接在次梢间缝梁上，此时为保持屋面与柱框层的比例均衡，"推山"幅度较大，但翼角展出仍较

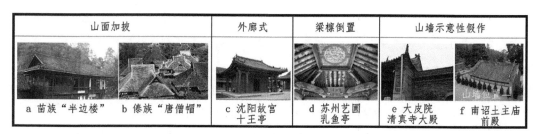

图90 "假歇山"转角方式示意

（图片来源：照片a、b、f引自文献[164]，c、d、e自摄）

厦半间时多，立面形象更加舒展；室内因无平棊遮蔽，可仰见位于内外柱圈间空槽之半处的山花架，柱网与梁架相互错缝，系头栿悬垂于上，易于引发空间分割的联想。

然而，此类变化在"假歇山"中却无法实现，因其要么是木构架的简单叠加，如（1）（2）；要么是发生在山墙上的有限折减，如（4）；或是缺乏次梢间缝柱子而使得梁栿错位无从影响空间感受，如（3）。它们都不同于做过收山处理的"典型"歇山（山花架错动于柱缝之外，形成角间，从而折出翼角）。

考察参与结角的构件种属，歇山"假作"可归纳为四种模式：

（一）穿斗架自山面出披檐（图91）

最简约的组合方式是"挑枋＋挑檐檩"，它在两坡屋面下方直接扩出交圈披檐并搭设角梁，但其下无柱落地，檐部压在插入柱身的挑枋上，且仅挑出约一步架，廊下空间局促。实例有顺德清晖园惜阴书屋、佛山邯郸别邸"一棹入云深"（文献［165］）、吉安燕山书院祭殿（文献［166］）等。其次是"插栱＋挑檐檩"，在闽台殿宇中较为常见，多用在上层檐下，如悦城龙母庙大殿（文献［167］）。再次是"穿枋＋檐柱"，为解决插栱或挑枋出挑距离受限的问题，自檐檩下设柱支撑，虽外观类似周围廊歇山，但生长逻辑却正相反（先有出檐，再补柱子），同时穿斗架的属性也决定了其山花不能与山墙错缝，只能连贯"编织"形成整体，实例如贵州镇远青龙洞建筑群、广州番禺余荫山房深柳堂、东莞可园擘红小榭等。

傅熹年在谈论北宋民居时引王希孟《千里江山图》，将此类情况概括为："有些房屋在悬山顶四周加引檐，形如歇山顶。实际上，二者所用材料不同，从中可以看出古代歇山屋顶产生的雏形，但还不能算歇山顶"（文献［168］），这一结论或许是考虑到角缝缺失导致构造不完整而提出的。

（二）抬梁式自外附加围廊

"假歇山"廊下空间逼仄，若单纯增加步枋长度又会导致披檐坡度趋缓，不利排水且山面椽无法搭在边贴承椽方上（此时无踩步金），因此必须在步枋中段架设驼墩、蜀柱，另增檩条一圈以抬高外廊坡度，这就与周围廊歇山做法趋近，若在外檐柱列上增置枓栱则更接近官式形象，但其山墙仍直贯脊下，并无错缝山花，角梁也直接插金造。由于缺乏踩步金与顺、趴梁，这类歇山仍可视为"假作"得来，但已可充任较高规格的用途（文献［169］），如沈阳昭陵隆恩门与实胜寺佛楼、韩城西庄法王庙法王殿、沈阳故宫东南崇楼北庑房等（图92）。

山陕祠庙也常在悬山屋身外附加围廊，且为节约成本或因应地形，常令外廊在兜过前檐两角后终止于两山任意一棵内柱分位，而非"副阶周匝"。此类实例如韩城北营庙寝殿、武乡会仙观三清殿等多是一次修造完成，并非陆续增扩所致；反而有些周围廊案例改造痕迹明显，如西安东岳庙大殿，据庙内弘治五年（1492年）重修碑记知政和六年（1116年）始建时为悬山五间，明季改修时未变间架，而外增回廊、内移柱位，形成歇山外观（图93）。

另一种亚型多集中于寒区，为保暖计，将山墙砌至脊檩之下，不再另设山花架（自然也无"山"可收），围廊梁枋均插入墙中，类似硬山搁檩，实例如沈阳昭陵配殿、福陵隆恩殿

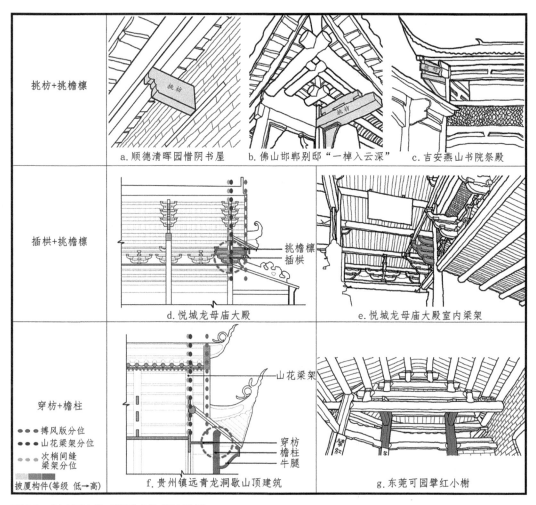

图 91 穿斗架中的"假歇山"做法示例

（图片来源：底图 d 改自文献［167］，底图 f 改自文献［164］）

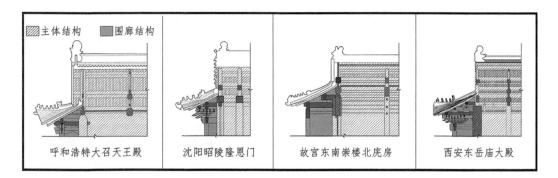

图 92 围廊式"假歇山"示例

（图片来源：部分底图改自文献［169］）

（图94）与太原龙泉寺大殿。

（三）"异构同形"逻辑下的梁檩倒置

唐以后木构件的种属划分趋于细致，梁、枋、额、槫等部材的断面尺寸、形状、榫卯做法逐步定型且彼此异化，尤其在官式建筑中，为明确等级序列而将同类构件分作多个标号，是为"同构异形"；作为这一趋势的背反，园林、民居建筑荷载轻省，柱、梁、檩等杆件截面也相近，存在彼此灵活混用、替换的可能，这是"异构同形"。此时檐檩反置于梁下，起到了圈梁的作用，在不用内柱的"一间"范围内实现了斜角起坡，梁既可"移减"，屋面当然可以自由权衡。

（四）"视觉诱导"逻辑下的假作戗角

这可算是悬山改歇山诸多方式中，成本最低廉者，兹不赘述。

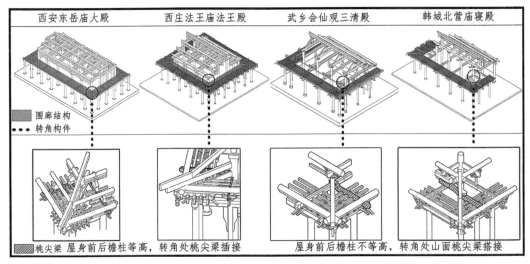

图93 "假歇山"外加周围廊或局部廊做法示例
（图片来源：自绘）

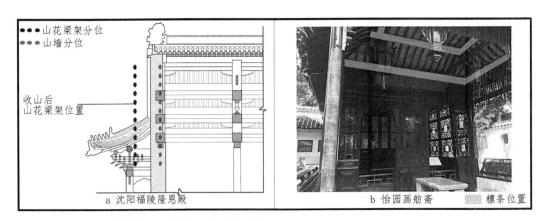

图94 硬山加廊与梁檩倒置式"假歇山"做法示意
（图片来源：底图 a 改自文献 [169]，b 系自摄）

三、"假歇山"设计方法解析

"假歇山"构架经过大幅简化，这导致其立面形象缺乏调节余地，看上去"似是而非"。对于插接披檐的穿斗架来说，无论以何种构件撑擎翼角，檐出与总进深相比总是较小的，这导致山花占比过于巨大，"歇山"特征不能彰显；而悬山外接围廊后的效果正与之相反，为便于营造，其屋垂与外廊次梢间缝常常取平，不再外推山花使之单独成缝，使得山花占比过小，与收山过度者相似（图95）。

歇山构成牵涉三个关键问题：一是角梁的支撑方式，二是山花架、次梢间缝与搏风（草架）缝间的联系与承托方式，三是出际部分的比例权衡与支垫方式。以下围绕这三点分析"真、假"歇山的异同。

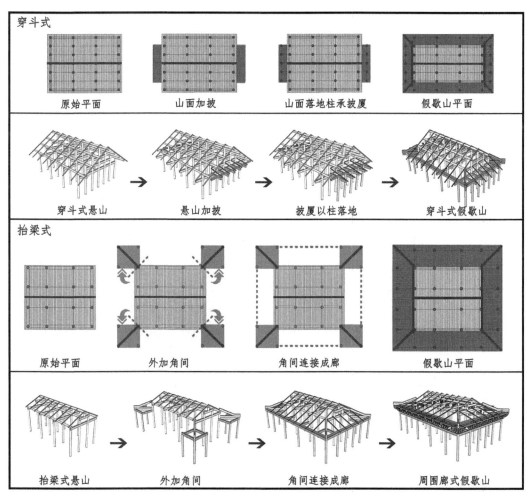

图95 两种"假歇山"的生成逻辑示意

（图片来源：自绘）

清官式做法中，角梁后尾一般按插金、扣金或挑金处理，无论哪种均已深入两坡之内，与之连成整体。"假歇山"的檐廊附丽于主屋之外，内角柱必须落地以供角梁插接或搭压。此时外廊梁枋插入殿身柱内，为维持山花尺度，廊、金柱间高差较大，也就无法像宋金九脊殿一样，在用次梢间缝梁架承托斜置丁栿、角梁后，再于后者背上压系头栿以安山花架，这也导致"假歇山"缺乏向内、外侧推移山花以微调出际的能力。对于外廊不兜圈者，也存在转角与主体设计局部脱钩的可能，如金末建成的武乡会仙观三清殿。该构前廊与侧廊不等宽，为令三面合坡，其交圈槫位置较低，此时前者屋面过于缓和，与殿身间折角太大，故较后者多设槫条一道，令其局部峻起后过渡至前坡。其递角梁与正面乳栿均插入内柱，但山面柱却向前檐挪错位置，使得梁、方及角梁均搭压在前檐乳栿上而非插入内柱身，以此减少开卯。情况相似者还有正定隆兴寺摩尼殿、朔州崇福寺弥陀殿、大同华严寺薄伽教藏殿，均将山面椽尾直接搭在次梢间缝梁上，不在丁栿上单设山花架，这或与上述几例较大的规模有关（开间数多，不欲山花过度推出影响正面比例权衡），其安置逻辑简单，与"假歇山"有异曲同工之妙（图96）。

典型的"《法式》型"歇山中，山花凹于曲栏博脊之内，这时在梢间之内（丁栿之上），山花架与支、封槫梢的搏风版架（含顶破屋面的夹际柱子及槫子、丁栿不对位时单用的系头栿等在内，至多可算"半缝"）间存在较灵活的距离分配方案。清官式做法外推山花架，令之与搏风版架紧贴后简化为一缝（也可认为山花架的支撑构件已被夹际柱子与系头栿演化而来的草架柱、踏脚木取代）[1]。"假歇山"则进一步将之放置在山墙上，连踩步金带踏脚木一并略去，仅

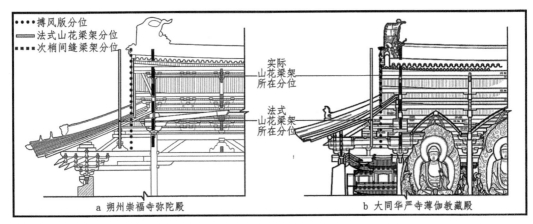

图96　崇福寺弥陀殿、华严寺薄伽教藏殿山架分位示意
（图片来源：底图改自文献［170］［171］）

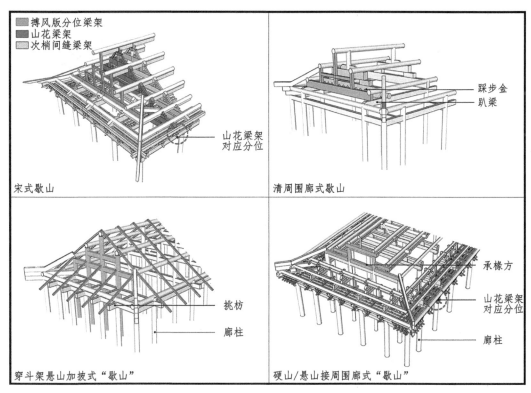

图 97　各类歇山缝架配置情况示意

（图片来源：自绘）

在次梢间缝梁上另安承椽方一道以承山面椽与子角梁尾（图97）。《营造算例》记"大木小式做法"时，已无"榻脚木、草架柱子、穿梁"等事项，可知小式山花并不悬出，普遍采取"假作"之法。

除前述第③类"梁檩倒置"外，其余几种"假歇山"即便去除围廊也无碍于主体，各部分的融贯程度较低。歇山"假作"使其在群组中拥有更高的辨识度，既有助于防雨、遮光，形成"灰空间"，对于提升建筑等级也是一种快捷有效、成本低廉的途径。比较"真、假"歇山的工序、工艺与工费，后者消除了顺、趴梁或抹角梁在正缝与山檐柱间的层层勾连，大幅节省了人工物料，得到广泛传播也未足为奇。

四、"假歇山"产生过程溯源

如前所述，"假歇山"的形成方式有别，源头也各异。第①类做法最为古老，在清江县出土新石器时代晚期陶器上已有所见（船形屋顶长脊短檐，两际悬出，下设披厦），此类形象在晋宁石寨山贮贝器、侗族木楼山面偏厦"商昂"及东南亚乡土住居、奈良春日神社等不同史地、类型建筑上屡见不鲜（图98）。在较晚出现的抬梁建筑，如莫高窟第296窟南壁绘北周

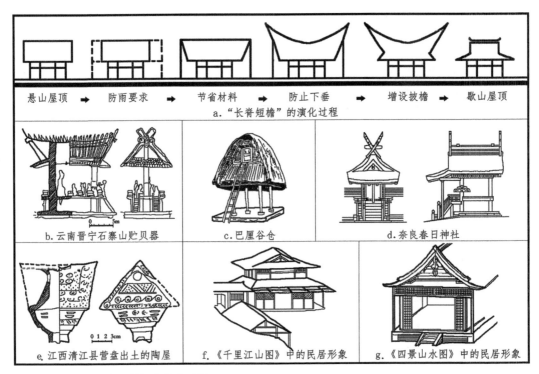

图 98 早期歇山形象及其衍化线索示例
（图片来源：引自文献［148］［172］）

"五百强盗成佛图"中后殿图样上（甚至晚至乾隆朝绘成的《陶冶图》中），类似形象仍在持续出现，不同之处仅在于披檐已挑出深远且以柱承托。赵春晓将之称作"类歇山"，认为其与北朝至隋时盛行的"两段式歇山"的本质区别在于戗脊的有无（文献［125］），进而质疑了歇山由悬山加披进化得来的观点[1]。

这促使我们进一步思考"假歇山"源头的多元，其"假作"表现的差异映射的正是不同原型的生成逻辑。就干阑式歇山而言，其特征凝练往往与高床居住、穿斗架等概念相互伴随，附加披檐的动作或可视作一种分割空间的手段，属于"减法"操作。由于只针对两山操作，不产生兜圈外廊，因此是局部和不彻底的，形态上常缺失戗脊与翼角，如安岳民居中的"马屁股"、傣族吊脚楼中的"唐僧帽"、景颇族的"诸葛冠"及凯里苗寨半边楼的"岩角"等做法[2]。日本古坟时代味田宝塚出土房屋纹镜绘有四栋不同样式（伏屋形、高床式与平房式）的歇山建筑，与我国西南民居肖似，常用作证明日本稻作文明源出滇池一带。干阑的居住面位于二层，

1　如文献［169］称："'类歇山'，本文所指并不具备歇山顶的基本特征，作为一种原始的权益做法，只是某方面看起来像歇山的屋顶形式，此类建筑屋顶在历史的各个时期一直存在于民间建筑中，形制比较简陋。所以称其为'类歇山'，以说明它并不是歇山顶，区别于《歇山沿革试析——探骊折扎之一》一文中的'原始歇山'概念。"

2　文献［164］称："所谓'岩角'，即半个开间大小，设于端部，近似于偏厦，上部屋顶接正面屋坡转至山面，形成歇山屋顶，因以得名。一般正房带一个岩角，也可两山墙面均带岩角。"

谷仓地坪也多有抬升，悬山出檐难以完全遮蔽下部结构，这就要求随宜挑出腰檐、眉檐以避风雨，穿斗架中的"假歇山"或即因此而生。

悬山/硬山加周围廊的做法出现较迟，已难以据实例溯清祖源，说法众多莫衷一是，如陈伯超认为"外廊式歇山"源自满族民居，是满人对汉地悬山做法不得要领、照猫画虎的结果[1]；张卓远和方歌则认为"假歇山建筑既可以说是早期歇山建筑发展演变的一种形式，又可以说是一种'边缘化'的官式建筑"（文献［154］），这从其与清单步梁周围廊式歇山的相似性即可一窥究竟。当然也存在更加激进的观点，如张一兵认为"一部分歇山式建筑物的山面向墙面靠近乃至最终重合，先是出现了山面下部加'披檐'（或称'腰檐'）的'假歇山'，其中一部分'披檐'退化后，悬山部分也随之退化，由此就产生了高出于屋面之上又装饰性较强的硬山屋顶"（文献［174］），将歇山"假作"视为其向硬山顶退化过程中的过渡环节。

歇山"假作"的根本标志在于山花架与山墙面重叠，但这并非创新，而更应视作对于古制的回归——法隆寺金堂上层的山花架即位于边贴分位上，重檐带来的丰富轮廓、较远的出际、纯木构的山墙与平行设置于山花架内侧的小屋组（不用大叉手）一定程度上弱化了山面上、下两段取齐导致的羁直感，但也表明山花架与山墙错缝并非必然要求（其山面约略相当于《法式》次梢间缝位置），至少在"一材造"前提下，虚弱的纵架列方尚不足以单独支撑山花架的额外荷载。同样的情况在朝鲜半岛的传灯寺大雄殿、凤停寺大雄殿、观龙寺大雄殿等例上也有所见，李华东将之解释为"高丽向朝鲜过渡的转型期，对突然大量引入的多包系建筑（技术），（工匠）仍在摸索和消化之中……"（文献［176］）（图99）

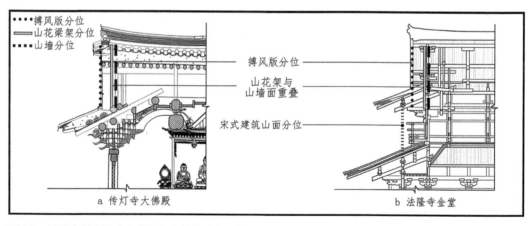

a 传灯寺大佛殿　　　　　　　　　　　　　　b 法隆寺金堂

图99　日韩实例中歇山山花架与山墙缝重合现象
（图片来源：引自文献［172］［175］）

1　史展对陈伯超在文献［173］中的论断提出了不同看法，认为诸如清福陵与沈阳故宫中路歇山建筑中以硬山顶山墙封砌山花的做法是为了更好地因应东北的寒冷天气："采用硬山施踩步梁加周围廊的歇山做法更多的是歇山形式地方演绎的展现，而不能简单总结为是沈阳工匠技艺落后，对歇山构造掌握不足的结果。"

规格材水平叠垒是法隆寺西院伽蓝的根本特征，这也有助于解释"两段式歇山"的缘起：金堂上层仍可视作在母屋外圈附加边廊的结果，但边廊部分却并未被柱列围合起来，而是依靠云栱和尾垂木大幅挑出，此时垂木（椽子）必须与尾垂木（下昂）保持平行以利于传力，且角度不能过于峻急，以免滑落；而考虑到视觉效果与排水需要，母屋上部梁架又必须相对陡峭，这便在两架椽子间形成较大夹角，且为了在压住下层椽尾的同时支垫上层椽头，在两者间敷有素方一道（它本身还需满足自下延展的材栔格线），这就进一步拉开了两层椽的间隙，折角之大已不适于用版栈、灰泥抹平，遂各自结瓦，形成两段式屋顶。

五、小结

对于歇山"真假"的判定，除了几个缝架的构造关系外，尚需考虑其折射出空间的不同组织模式。魏晋以前，因木构架整体性较薄弱，夯土墙对于空间的形成负有主要责任，堂、室、夹、厢等不同单元叠加形成房屋主体[1]，廊则附属其外成为向院落的过渡。推测当不厦两头造时，脊檩或位于堂、夹分界缝上，后室与前楹也各自对应一道檩条；当转角造时，因屋架欠发达，两折式歇山顶形成的六个坡面由墙体及前檐双楹分别承托，瓦脊与承重墙投影重合，成为堂、室分隔的直观标志（图100）。

随着木构技术不断成熟，隋唐时除山墙外已无需在室内遍设实墙，主次空间（宗屋与庑）的边界逐渐由（实）墙转为（虚）梁，下部空间得以贯通。辽宋建筑中上部屋架与下部柱网错位的趋势愈发明显，正如《法式》造角梁之制所记，九脊殿系由"两梢间用角梁转过两椽"得来，这说明歇山屋架已不再遵循加法逻辑分部件逐一拼贴，而是先自平面取出方形角间单元，以其对角线（角梁）的末端连线决定山花架分位，从作为"原型"的两坡屋顶中，或局部（殿阁）或整体（厅堂）地切割出两梢间沿对角线内部伸展的屋盖部分，从而形成歇山，收山位置则尽可能与补间铺作取齐。部分金元遗构利用大额承梁，移减柱位，并通过压槽枋、檐栿截断柱、檩关联，使之自由错缝，令屋架与柱网各行其是，导致歇山形象的生成途径日益自由，不再受前述加、减法逻辑的约束，从而走向另一极端。

作为对这种"无秩序"的背反，山花架与柱框重新连属、屋架上下空间恢复对位成为明清官式歇山的基本诉求，在"复古"过程中，约定俗成的收山/出际范围大幅度减小，诱导工匠在节省工本、保持室温等不同理由的驱策下，直接以山墙承托或替代山花架，促成了"假歇山"的产生，而存留于踩步金外端的破碎且不直观的"两厦"空间终于被彻底消除，歇山"假作"的几种范式也于焉具足。

---

1 （宋）李诫《营造法式》"释名·释宫室"条记："夹室，在堂两头，故曰夹也。"同书"总释下·檐"条："屋垂谓之宇，宇下谓之庑，步檐谓之廊。"又（清）李斗《工段营造录》"堂"条："正寝曰堂，堂奥为室，古称一房二内……今之堂屋古谓之房，今之房古谓之内……"

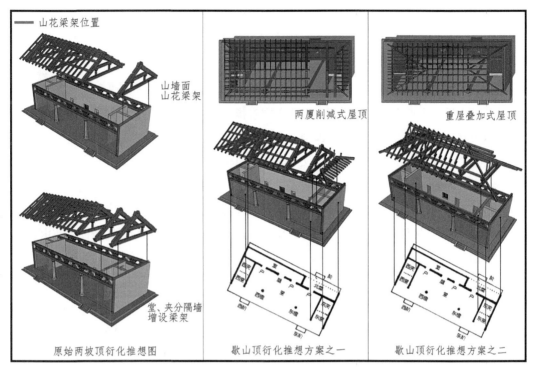

图100 堂、夹分隔与厦架生成方式的推想

［图片来源：据（清）张惠言《仪礼图》自绘］

第三节 《营造法式》名件称谓所示"方位"意识——以"照壁"为例

一、引言

作为反映我国古代建筑技术与工程管理最高成就的经典著作，《营造法式》素以文本严谨与图幅精审驰名，其技术用语的规范性与科学性尤为突出。本节通过梳理"照壁"词义多次转折的历程，分析北宋末年的工程术语构词特征，进而窥测工匠的方位意识与构件表记逻辑，借助释名传统爬梳室内分隔方式的发展脉络。

《营造法式》的编撰始于神宗朝，是熙丰变法中诸多《法式》之一种，旨在节恤国力。后因体例欠佳，哲宗废止元祐六年（1091年）所颁旧本，敕令将作少监李诫"重别编修"，元符三年（1100年）成书，于徽宗崇宁二年（1103年）奏准海行，成为反映我国古代政府立法干预、控制土木营造的代表性著作。为便于推行，李诫在编纂过程中"考究经史群书，并勒人匠逐一讲说"，参酌不同匠系用语异同，筛选出技术语汇的基本规范，藉由叠缀古语单音字，有效避免了歧义，体现了标准化、定型化、专业化的特征，但间或也有例外，譬如"照壁"。

二、"照壁"一词的歧义表现

语言的本质是人们组合有限字词以表述无限意指，其表达形式与意义间常呈现一对多的关系，当这种多义性未能有效排除时，即会产生歧义，吕叔湘、赵元任对此早有阐述。20世纪80年代末，语言学界进一步围绕歧义与多义、歧义与模糊、歧义与笼统、歧义与修辞、歧义与歧解等方面展开讨论，以考察某一语词形式表达多种语义内涵的可能（文献［177］）。

"照壁"在一般语境下特指建筑组群入口处的短墙，但在《法式》"小木作制度一"诸条目中，则常与"版""屏风骨""方"等词尾连用，意指封合室内空间的特定板障，性质由名词变作方位短语，位置由室外转入室内，高度由地面升至柱框之上，材质由砖石改为竹木，从而在不同年代（两宋及其前后）、不同使用主体（工匠与非工匠）、不同语境（技术的与日常的）间造成了歧义。

在汉语词汇的发展过程中，词义变化常与惯用语更新相伴随，两宋之际专有名词的双音化趋势即是如此，以下从语义沿革和词位转移两方面考察"照壁"的歧义表现。

（一）语义沿革

考察"照壁"词源，发现其最早出现于南北朝。萧子显撰《南齐书》，卷十九记"永元中，御刀黄文济家斋前种昌蒲，忽生花，光影照壁，成五采，其儿见之，余人不见也"，此处"照"字用作动词，与"壁"字间并非固定搭配。至韩愈《送文畅师北游》"昨来得京官，照壁喜见谒"句，则已特指入口屏墙，从两个单音词组成的动宾短语进化为一个双音名词。

作"屏障"义解时，"照壁"略等同于周秦以降的"屏"[1]"树"[2]"塞门"，即东周界分"外""家"之"萧墙"[3]、两汉之"罘罳"[4]，在元明清杂剧小说中，则已普遍记作"照壁"。[5]

照壁发源已久，在岐山凤雏西周建筑群遗址中已出现类似残迹；秦汉之照壁仅用于庙堂、宫殿及陵墓，魏晋时逐渐下沉至官宦阶层（文献［178］［179］）；唐宋流行堆塑、绘画于

---

1 《说文·尸部》："天子外屏，诸侯内屏。"《荀子·大略》称："屏，蔽也。"是为门屏而非屏风，即独立于室外的土质矮墙。施用位置反映了身份等级。

2 "树""屏"同指门内或门外的土墙。《论语·八佾》记孔子批评管仲僭越礼制："邦君树塞门，管氏亦以树塞门。"

3 《论语·季氏》："吾恐季孙之忧，不在颛臾，而在萧墙之内也。"（魏）何晏《论语集解》引（汉）郑玄注称："萧之言肃也。墙谓屏也。君臣相见之礼，至屏而加肃敬焉，是以谓之萧墙。"《尔雅·释宫》："屏谓之树。"（宋）邢昺释曰："屏，蔽也……立墙当门以自蔽也。"（清）郝懿行称："屏以土为墙，是今之照壁。"

4 《广雅》："罘罳谓之屏。"（明）顾炎武《日知录》称："罘罳字虽从网，其实屏也。"

5 如关汉卿《望江亭》中，谭记儿在衙门后堂"转过这照壁偷窥"衙门前厅的夫君；又《红楼梦》第六回记："周瑞家的将刘姥姥安插在那里等一等，自己先过了照壁，进了院门。"

壁上，使之成为艺术创作的载体。[1]除由砖石砌筑外，还有布质者，最初多见于军队中需临时设帐的场合[2]，后亦渗透至民间，如清代将领杨遇春在崇州修建自邸时即曾缝制布幛一幅权当照壁以围蔽内眷（文献［181］）。

至若"照壁版"等复合词，目前主要见于《法式》。按适用对象又可分作"殿阁照壁版"与"廊屋照壁版"，前者用于殿中两后内柱间，以"合板造"填塞于门楣之上、阑额之下空档，即清式走马板或横批窗位置，下设"照壁屏风"以分隔室内空间；后者施于殿廊下檐或副阶的阑额、由额之间。两者都用于填塞空隙以遮蔽视线，不使望透，在木构名件中皆作定语用。同时，其"起屏障作用的影墙"的基本义也得以保留，如（宋）周必大《二老堂诗话》记："黄门复出扬声云：'人齐未？'行门当头者应云：'人齐。'上即出，方转照壁，卫士即鸣鞭。"。时至今日，举凡《辞源》《辞海》《中国古建筑术语辞典》《中国大百科全书（建筑卷）》等专书中，照壁多被定义为"衬托性小品"，《法式》中"照壁版、方"等定位空间的含义已基本消失[3]，这正从反面印证了宋末技术用语的特殊性。

（二）词位转译

"照壁"由两个单音词合成，其词义转变反映了单字组合过程中的义位演变情况。按"照"字本义有二：①表示方向，释为"对""向"，作介词；②表示投映，释为"照射"，作动词。"壁"同样有名词、动词两种义位，前者释为"垣也，矮墙"，后者释为"辟也，所以辟御风寒也"。组合为"照壁"后，"壁"的动词义位不再参与词义建构，其义指析作两端：①朝向壁面，此时主体为人或物，他与界隔空间的壁体间存在一种对立的方位关系；②映照在墙上，壁身承载投射其上的形影，作为界面暗示着空间的前后渗透与延续。两层词义属性不同，却都强调着界分空间的意识。

至于《法式》中用于小木作名件前缀的"照壁"，则在基本义层面上发生了语素改变：其中"版""方""屏风"等保留原义，"照壁"则经义位转移，改作形容词用，意为"映照、正对壁面"或"竖直如壁般可见"，以描述沿着柱列壁立的系列隔截构件。通过借用"照壁"区分空间的基本义来提示空间隔断发生的具体位置与装置类别，从而析出其作为"构件"的引申义，完成词义转借。

三、《营造法式》隔截类构件的定名原则

《法式》以"总释"开篇，旨在系统辨析"诸作异名"问题，在统一"名""物"所指的同

---

1 如（宋）万齐融《阿育王寺常田碑》中有"照壁空存，摇落青园"句；又（宋）邓椿《画继》卷九载郭熙见杨惠之塑山水壁事，"又出新意，遂令污者不用泥掌，只以手抢如涂，抹泥于壁，或凹或凸，俱所不问。干则以墨随其形迹，晕成峰峦林壑，加之楼阁人物之属，宛然天成，谓之照壁。"

2 如文献［180］卷二十有"密院、学士院并设于禁内，规模极雄丽，其照壁悉用布。"

3 如文献［182］于"照壁"词条后单设"照壁屏风骨"一段。

时也划定了语义场的边界，以求杜绝词意的含糊乖舛，将新造术语推展到全国范围的营造实践中去。然而，具体到室内分隔时，却不再另立新章，而是沿用了容易造成歧义的"照壁"，去表达其在别种语境下未曾担负过的"室内隔断"的意指，这又是为何？

（一）明确空间向背

《法式》的一大特点在于体例明晰，李诫以树状结构展开类聚划分，在总释、总例统筹下，十三个工种按制度、功限、料例与图样四个层次重复铺陈，从而将各名件解说透彻。两宋之于隋唐，在技术上持续进步的一个表现是精细加工的木质装修取代织物，成为界分室内空间的主要媒材，"版"表达了建材性质与基本形态，"照壁"则反映了它的发生位置与空间特征——背板安于后内柱间即成"照壁屏风"，用以障卫主座，其上方的板障即是"照壁版"。"照壁屏风"以额、地栿、槫柱等构成边框，内施桯木，再于大方格眼网架上糊纸帛成型，其上自内额至平槫间另设"照壁版"封合遮蔽，可用"合板造"或"编竹抹泥造"制作，用于顺面阔方向，与前后檐下槏扇门窗相对。相应的，《法式》中顺进深方向的隔断称作"截间版帐""截间格子"，意指其垂直于水平展开的诸间之上，左右滑移以横向分割室内空间。但"截间"亦可转过90°后沿正脊方向使用，如对应于可启闭的"四扇屏风"，即有整面固定的"截间屏风"（图101）。

"截间"与"照壁"均为动宾结构，当属互文，但"截"字仅有隔断的意味，动作并无确切方向，因"间"四面皆有，与之垂直的"截间"自然也是可竖可横；而"照"字则内含发光与受光、看见与被看见的区别，动作主体具有方向性，"壁"字在接受光照、目视的同时也引导出标识正方位的轴向关系。此外，截间界分的空间并无本质差异，照壁则区隔出动静迥异的前、后场域，两者无疑是判然相别的。《法式》中，与"照壁"词义牵连的还有卷十三"泥作

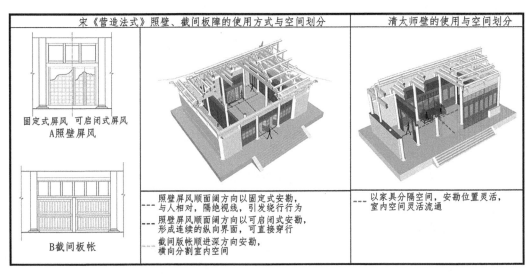

图101　宋、清隔截类构件使用与空间划分

（图片来源：自绘）

制度"中的"画壁"。"画"的本义有二：①划分界线[1]，②绘制图画。"画壁"特指壁画依凭之墙，是剥离①、引申②并结合"泥壁"含义后合成的新词。

李诫特撰"诸作异名"一篇以辨析术语，集中解决历时性的"古今异名"与共时性的"方俗语滞"问题，这体现了他敏锐的语感和清晰的逻辑，也从侧面反映了宋儒"格物致知"的治学态度与宋末建筑行业高度复杂的发展状况。

（二）规范空间秩序

《法式》谈及斗八藻井时，规定"凡藻井，施之于殿内照壁屏风之前，或殿身内前门之前、平棊之内"，前者如应县净土寺大殿，后者如宁波保国寺大殿，施用位置的差异体现了南北方对于礼拜空间与圣域空间装饰优先度的不同认识。藻井用于照壁屏风之前，将室内隔成前深后浅的两部分，两者分别从天顶与背屏烘托尊像。同时，藻井的"体量渐变"（各层自下而上由方转八角再转圆并逐层内缩）与照壁的"单元重复"（在唐辽或闽浙实例中由多层规格枋材叠合）均含有强烈的秩序感，从而凸显其所指向的尊像空间的特殊性。

此外，"照壁"一词还暗示着人在建筑内部的动势，它既是行走的，也是观看的，这其中潜藏的主体意识表明建筑及其体验者之间已形成一套互动系统，"照"壁之人与人照之"壁"相对，一方面壁是人所观照的对象（尤其在置有坐屏、尊像或绘有图画时），另一方面人被壁所阻绝，须得绕行通过，从而催生了对其后未知空间的好奇，预示着室内各部关系的叠进与无穷尽，最终诱发了移步换景的设计意图。

这种转喻和隐喻的构词手法进一步从节点沉浸到构件层面，造成了《法式》名物传统中的拟人、象物现象。在表达空间方位时，李明仲惯于以其预期读者（工匠）最为熟知的事物（身体）去类比于最需他们明辨的事件（建造），借用建筑与人体间的密切关联，以器官类比于构件，以便于通俗、准确、快捷地表达构件的安放位置、安勘顺序及受力特性，此类术语包括"耍头""橼腹""苫背""昂身""柱脚""垂脊""枓耳""栱眼"等，能够最为简要生动地描述对象的本质属性，进而节省营造过程中的信息交流成本。当这一类比手段集中施用于同一构件的不同部分时（如梁头、梁尾、梁肩、梁背、两颊、枨项等），它在整个结构体系与空间组织中的相对位置关系其实已被清楚地界定，不劳另述，这与《法式》借用"照壁"描述板障的施行位置，是有异曲同工之妙的。

四、《营造法式》工程术语传统的延续与变调

两宋之际彻底摈除了低坐起居传统，垂足坐的结果使得家具类别发生变化，构造方式也由箱板拼组进化至杆件榫接的阶段，家具、装折与建筑结构进一步趋同（文献［183］），发展至

---

1 《说文》谓："画，界也，象田四界，聿所以画之。"

明清，三者的边界逐渐模糊，既有以家具分隔空间的做法[1]，也不乏赋予木质装折岐藏陈设功能的创举（如碧纱橱、百宝格之类）[2]，各类槅扇、飞罩、落地罩的使用更令得室内各部分隔而不断、阻而不绝，视线流通，气象生动。

中堂装饰亦随之发生改变，背屏本身不再是涂绘对象，而成为糊贴、悬挂字画的底板，其名称亦由"照壁版"衍化为"太师壁"，以显示屏障主座（太师椅）的位置属性，此时定义背板的主体已由入室后眼观照壁的客人变为倚靠座椅的主人，虽仍借用家具暗示方位，向背、主从关系却已彻底颠倒。

作为室内装折的"照壁"，至迟在明末江南士人的意识中仍得以保留，如文震亨《长物志》卷一·室庐"照壁"条记："得文木如豆瓣楠之类为之，华而复雅，不则竟用素染，或金漆亦可……有以夹纱窗或细格代之者，俱称俗品"，陈植注称"按明清厅堂、轩斋建筑，明间后方多用屏门、窗格或木板为虚壁，今所称照壁指此，非指门外之照壁而言"（文献［185］）；又"海论"条："楼梯须从后影壁上，忌置两旁……"，陈植认为"按明清两代建筑，一般厅堂后边，多设四扇或六扇屏门，如有楼梯即安置其后，影壁殆即指屏门，与前文照壁意同，今人所称之照壁、影壁，均与此异"。计成《园冶》"梁架"条提到："将后童柱换长柱，可装屏门，有别前后，或添廊亦可"，屏门以立屏骈列为门，即"装折"条所谓"堂中如屏列而平着，古者课一面用，今遵为两面用，斯谓'鼓儿门'也"，其日常闭合如壁，遇事则临时启卸，是对照壁屏风的合理变革。

明清易代，室内隔截彻底改称"屏门""纱隔"，"照壁"彻底回归到室外影墙的原始义上，如《园冶》以"隐门照墙"指代影壁（文献［186］），《工段营造录》"装修作"在提及室内装潢时，提到木壁板墙、碧纱橱、飞罩、屏风等，而"影壁"已专指入口影墙。

显然，此时的定名原则倾向于直白地陈述材质、工艺或功能特征，而不再反映其与整体空间的位置关系（如据形象、功能等差异，直观地将"罩"表达为"几腿罩""炕罩""圆光罩"之类），这与《法式》从体例编成到功材计算都深刻影响《工程做法》《营造法原》等专书的史实间颇多错位，应是建筑工种的划分趋于细致，施工队伍各司其职，而不再将大、小木作的设计视为一个相互关联的整体导致的结果。

"照壁"一词的词义转变历程反映了两宋至明清时期建筑行业的变迁图景，从室外"影墙"到室内"隔断"，再到回归原义，语义辨析指向的其实是人们空间意识的历时性变化，它如同一个标本，印证了室内装潢方式与家具的整体发展情形，《法式》记载了"照壁"被借用于室内空间分划的史实，体现了李诫将空间关系暗藏于视觉关系中的独特匠心，这种在工程术语中代入主体意识的整体化定名趋势，正是两宋时期建筑技术日趋精进的生动体现。

1　如《鲁班经匠家镜》图绘中之"面架""素衣架""花架"之属，均可分隔空间。

2　如《闲情偶寄》居室部"书房壁"条记："……糊纸之壁，切忌用板，板干则裂，板裂而纸碎矣。用木条纵横作槅，如围屏之骨子然……屏不用板而用木槅，即是故也……壁间留隙地，可以代橱，此仿伏生藏书于壁之义，大有古风……莫妙于空洞其中，止设托板，不立门扇，仿佛书架之形，有其用而不侵吾地……"见文献［184］。

第五章

构件样式视角下的构架
发展脉络考察

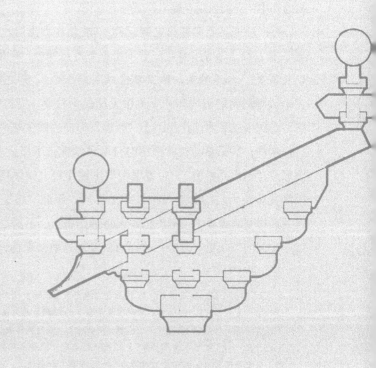

第一节　华头子"斜置"现象与"昂桯"挑斡做法

一、引言

　　本节以实例中华头子构件不同于《营造法式》文本记载的构造表现为线索，对宋元以后铺作中出现的大量斜向构件的种属做了新的梳理和分类，特别是对"昂桯"概念进行了辨析解读，并尝试据其差异剥解《法式》的多重技术源头。进而，藉由华头子斜置这一构造现象，探讨大量斜向铺做构件的组合规律与拼装原则，以此追溯明清溜金科栱的原型，并对其多个衍化亚型的发展脉络做出了简要陈述，以期揭示木构技术在宋元之后多元并存、相互融合的历史状貌。

　　《法式》关于铺作中斜向构件的描述，大致限于下昂、上昂、挑斡三类，关于其相互关系与判定标准，前辈学人已有精辟论述[1]。近年来，又有学者发幽探微，对长期存疑的"昂桯"概念进行了阐释，这无疑是技术史研究的一大进步，本文受其启发，将视野扩展至文献之外的多样的实物遗存中，对前人观点提出些微补充意见。

　　按《法式》卷四昂之制记称："若屋内彻上明造，即用挑斡，或只挑一科，或挑一材两栔[2]。谓一栱上下皆有科也。若不出昂而用挑斡者，即骑束阑方下昂桯。如用平棊，自槫安蜀柱以叉昂尾；如当柱头，即以草栿或丁栿压之。"据之解析实例时，"挑斡""昂桯""束阑方"三个关键词间的指代和约束关系无疑最为重要，而过往研究关于这段小注的诠释始终含混不清，直到朱永春明确指出：①"昂桯"即昂去除尖端后的剩余部分，本身不出跳，其长度不受材份制约；②昂参与挑斡平槫时分两种情况，下昂造表现为"昂尾挑斡"，而不过柱缝的昂桯则形成"不出昂挑斡"，后者尾端伸出铺作科、栱序列之外，斜撑平槫，与组织于铺作内部、以简化里跳为目的的上昂构件截然不同。至此"昂桯"与"挑斡"两组概念的外延部分及相互关系得到清晰界定，但也出现了将铺作中上、下昂之外的斜向构件一概归类为昂桯的倾向[3]。由于实例的情况更加复杂，故而有必要对这些倾斜构件的分类依据和衍化脉络做出详细考察。

1　如文献［187］提出需从功能、位置与受力状态区分三者；文献［188］主张抛开受力因素，单以施用位置作为区分标准；文献［108］则从文本措辞出发厘清了昂桯概念的内涵。

2　下昂首端经一材两栔（27分°）＋椽檐方（30分°）或撩风槫配替木（30—33分°）后到椽底，计57—60分°，尾端无论只挑一科（配替木后高18分°）还是一材两栔（配替木后高39分°），其与椽底间距都小于首端，这说明"挑斡"较之屋面首步架具有更大的倾角，也比下昂更加陡峭。

3　如文献［108］在论定初祖庵大殿外檐补间铺作时，将其真昂后尾下紧贴的一段斜向垫木也称作"昂桯"，而将"昂桯挑斡"定义为广泛存在于铺作内部的昂桯构件的特殊构造状态。即：铺作中，除上昂外，后尾不直接挑斡下平槫的一切斜置构件均是"昂桯"。

二、《营造法式》语境下"昂桯"与"挑斡"的涵括关系

《法式》对于构件或构造做法的分层描述甚为严格，是单独列为净条还是附于小注，个中意味大不相同。上昂、下昂自不待言，"挑斡"亦有四处提及[1]，反观"昂桯"则始终只在小注中出现，可见它并不是一种形态和位置均有成法的常备构件，而是作为未完工的备料随时支用[2]。与昂桯不同，挑斡既可宽泛地形容斜撑或支挑受力的方式与状态，本身又是一类构件[3]，同时还是昂尾的三种处理方法之一，其词义是多元的，并不能根据小注反证凡挑斡处必用下昂或昂桯。决定"挑斡"构件断面大小、倾斜角度与组织形式的，是其与所"挑斡"对象间的绝对距离与位置关系。举上昂为例，其"昂头外出，昂身斜收向里，并通过柱心"，它没有昂嘴加工的需要，可以直接自昂桯料上下得，同时也骑跨柱头方与束阑方，故"总释上·飞昂"条小字注称："又有上昂如昂桯挑斡者，施之于屋内或平作之下"，即上昂同样可以如昂桯般参与挑斡平槫（虽然是间接的）。

质言之，"昂桯"是自章材上下得的造昂用的原始料，我们可对其继续加工得到上昂或下昂，但在《法式》语境下，其本身并不能因形态的特殊（未加工）而获得与昂相并列的地位，这与实拍栱虽广泛使用却仍不能见载于"栱"条是一个道理。较之下昂造，昂桯在挑斡平槫时具有填平铺作后尾与槫间欠高的独特能力，这是藉由其与下昂完全不同的斜率设定实现的，因此也反过来证明它并不从属于下昂的序列。

至于"不出昂挑斡"，则极可能源自北宋末存在于汴梁地区的某个非主流匠门做法。我们知道《法式》的低等级铺作无法以昂尾直接挑斡平槫（必须借助蜀柱或一材两栔等手段凑足昂尾与槫间的欠高），但这不代表《法式》之外的技术体系也无法做到。不妨假设，某位匠师本已习惯了以下昂直接挑斡平槫的操作技法（下昂斜角极陡），在某次实践中却偶然地截去了昂尖（或许是为了调节铺作总高而在外跳改用了卷头造，或许是为了使用平出折下式假昂），不管原因为何，昂的后段仍需跨过束阑方以保证其与扶壁间的交接方式不变[4]（否则就是体系性的改变），这使得返回"昂桯"原始形态的这根下昂异化为特殊形式的"昂桯挑斡"。李诫或许因某种机缘注意到了这种做法，认可其合理性的同时又不能满意于其对铺作外观形象的削弱，故以小注附录于文内。

总括而论，我们认为"昂桯"概念是广泛存在于北宋的各营造体系间的共性存在，但以之

1　其中两处在大木作制度一"飞昂"条，一处在小木作制度一"版引檐"条，一处在大木作功限一"楼阁平坐补间铺作用栱、枓等数"条，前两处指构件名称，后两处指构造做法。

2　考诸字义，桯字可指木杆，如《康熙字典》释为："又柱类，《周礼·冬官考工记》：'轮人为盖，达常围三寸，桯围倍之。[注]：达常，斗柄下入杠中者。桯，盖杠也，足以含达常。'"在《法式》中，软门边框也称作"桯"，其长度并无规定，随门之大小按需裁充用。

3　在《法式》"造昂之制"中两次提到"即用挑斡"，考察文本中关于"用"字的语境，如"若四铺作用插昂""昂栓并于第二跳上用之"等，其前后所跟都是构件而非做法，则此处的挑斡也应作为名词解释，且该构件可用多种斜杆充任，用法与下料规格多样，未必局限于"昂桯挑斡"一种形态。

4　此时下昂残端（昂桯）的斜率保持不变，与之相交诸部件的榫卯亦无需变更，这当然为工匠节省了大量精力。

作为挑斡则并非官式的原创，而应是李诫转借自某种非主流实践做法的结果。它在挑斡下平槫时（此时成为特例"昂桯挑斡"）较其他的正规做法（如上、下昂）更为有利，但更多时候只是组织于铺作里跳，而不直接与平槫发生关联，此时它更近似于"斜撑式上昂"，因施用位置与受力状态均不确定，故不可视之为具备特定含义的成熟构件。此外，必须注意的是李明仲有对同一物件里外部分各自命名的倾向，如外侧称华头子里侧称华栱，又如转角列栱等，由是观之，则昂身外跳称昂里跳称挑斡亦不无可能。此时失去昂尖的昂桯或被视作"不出昂挑斡"[1]，而昂尖完好的下/上昂则可被视作"出昂挑斡"。

三、《营造法式》"挑斡"与"上昂"在实例中的衍化情况

作为科栱平衡自身的一种手段，"挑斡"的本质或可概括为：末端位置固定（压于平槫分位下）而前端位置随意（组织在铺作内）的一类非必备构件（可脱离科栱单独存在），它既可以伸过柱缝骑跨束阑方（即《法式》所载"昂桯挑斡"）或呈杠杆受力（如虎丘二山门、真如寺大殿），也可以简化为斜撑的原始形态，甚至直接插于柱身或丁头栱上。在华北地区，挑斡构件有前端支点逐渐内移的趋势，直至其下端立于里跳华栱头上，使受力状态接近斜柱的小偏心受压。晋南的一些实例中（如绛州州府大堂、稷山青龙寺腰殿、新绛白台寺正殿等），挑斡立于要头之上，其上下缘延长线与下方的假昂或插昂上下皮线约略重合或平行（图102），该处反映的信息是挑斡源于被要头截断的真昂。与此相反，仅搭放在要头之上而不与昂发生对位关系的挑斡实例亦不在少数，这些都反映了挑斡做法的随意和来源的多端。

上昂用于内檐及平坐下，起减跳作用，其形态短促，收于铺作里跳之内偏心受压，定义远较挑斡严格和清晰。与之相似，"昂桯"的含义也应被赋予更明确的限定。我们并不认为"昂桯"是一类独立制备的构件，以之挑斡平槫既非《法式》原生的创举，也非李诫所欲提倡的主流做法；铺作内除上昂外的其他诸多斜向构件也并非都可被归类为"昂桯"——只有明显退化自真昂者才符合其定义。因此，日本禅宗样建筑中昂下的斜向垫托构件是否能够统称为"昂桯"或许值得讨论[2]。

概言之，在为斜交式双昂中的下道昂定性时存在两种情况，其一，在下道昂逐渐退化为插昂或平出折下式假昂的过程中，其昂身被水平方向构件截断后残留于束阑方附近，此时即为"昂桯"，圆觉寺舍利殿、安国寺释迦堂、定光寺佛殿及甪直保圣寺大殿都属此类；其二，

---

1 遗构中"不出昂挑斡"并不罕见，如中坪二仙宫正殿补间、西李门村二仙庙正殿补间、稷山青龙寺腰殿后檐补间、虎丘二山门柱头及补间、洪洞水神庙明应王殿（其里跳"挑斡"上下皮延伸至外跳可准一跳，应为转自真昂的"昂桯"）等。

2 文献［109］将将所有组织于铺作内跳且不参与挑斡的单材广厚构件都归为"昂桯"，但其间存在细微区别——这些案例中，部分里跳斜向构件外伸后可准一跳，部分外伸后处于华头子分位，部分则完全缩于里跳不能外伸，它们或有可能分别来自于"昂桯""斜置华头子"与"斜撑式上昂"的残余。

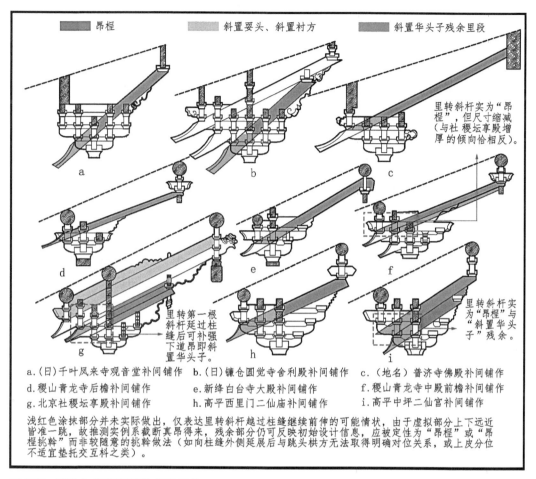

图中图例及标注：

■ 昂桯 ■ 斜置耍头、斜置衬方 ■ 斜置华头子残余里段

里转斜杆实为"昂桯"，但尺寸缩减（与社稷坛享殿增厚的倾向恰相反）。

里转第一根斜杆延过柱缝后可补强下道昂即斜置华头子。

里转斜杆实为"昂桯"与"斜置华头子"残余。

a.（日）千叶凤来寺观音堂补间铺作 b.（日）镰仓圆觉寺舍利殿补间铺作 c.（地名）普济寺佛殿补间铺作
d.稷山青龙寺后檐补间铺作 e.新绛白台寺大殿补间铺作 f.稷山青龙寺中殿前檐补间铺作
g.北京社稷坛享殿补间铺作 h.高平西里门二仙庙补间铺作 i.高平中坪二仙宫补间铺作

浅红色涂抹部分并未实际做出，仅表达里转斜杆越过柱缝继续前伸的可能情状，由于虚拟部分上下远近皆准一跳，故推测实例系截断真昂得来，残余部分仍可反映初始设计信息，应被定性为"昂桯"或"昂桯挑斡"而非较random的挑斡做法（如向柱缝外侧延展后与跳头栱方无法取得明确对位关系，或上皮分位不适宜垫托交互枓之类）。

图102 遗构中"昂桯挑斡"做法示意

（图片来源：底图改自文献［26］［30］［53］）

下道昂自枓内伸出斜撑上道昂，此时其受力状态更接近上昂，镰仓系唐样遗构、上海真如寺大殿、金华天宁寺大殿等均属于此类。

显然，实例中铺作的斜向构件种属与搭配方式都远较《法式》的记载丰富，昂桯、挑斡、上昂、下昂的概念无法涵括全部情况，这就引出了文本记录之外的一类重要斜向构件，我们暂且称之为斜置华头子。

四、华头子"斜置"的定义与施用逻辑

在对昂桯、挑斡、上昂三组概念进行甄别之后，我们重新审视初祖庵大殿补间铺作昂后尾下的垫木，它到底应该如何定义？文献［108］称其为昂桯，但若将昂桯视为真昂的残余，则它应当和昂一样，向外延展若干距离后可准一跳，而此处的垫块只是随昂敷设，并不单独出跳；而若将其视为昂的替代品，则何以要配合真昂重复使用？且无论如何定义，昂桯的断面总

归与昂相同，初祖庵（图103）（同样的还有济源奉仙观三清殿）的昂下垫木则制作随意，断面比例关系并不满足材的约束。再次，该构件也不具备挑斡平槫的动机，其虽然收于铺作内部，斜率也与真昂相同，但首端并未内移支撑昂身，作为垫块，它的功效甚至不如楔靴。

基于以上理由，该构件被定义为昂桯似乎值得商榷。我们归纳其特征：①位置固定在昂下，②功能限于垫托（而非斜撑）昂身，③形态与断面构成随意。显然，这些都迥异于已知的铺作内斜置构件，而更接近于一根倾斜放置的华头子。

《法式》大木作制度一"飞昂"条下简略记载了华头子的施用位置、尺度及造型依据，"枓口内以华头子承之。华头子自枓口外长九分，将昂势尽处匀分；刻作两卷瓣，每瓣长四分"，又在大木作功限一"殿阁外檐转角铺作用栱枓等数"条中多次述及其在不同铺作中的使用数量，基本形式为"第几杪，外华头子、内华栱。一只，长几跳……"大体来说，华头子并不很受重视，与其类似的还有小栱头、华栱头、卷头、丁头栱等，但从有限的信息中我们还是可以归纳出如下几点特征：①华头子完全从属于下昂，下昂造是华头子存在的先决条件；②华头子只是华栱端头的细部做法，而非独立构件。

华头子的构造作用是逐步增强的，在唐辽时期，它露明甚微甚至完全卧入交互枓口内，作用仅限于承托昂身，甚至连调整交互枓水平高度的功能都不具备；《法式》中四、五铺作昂上

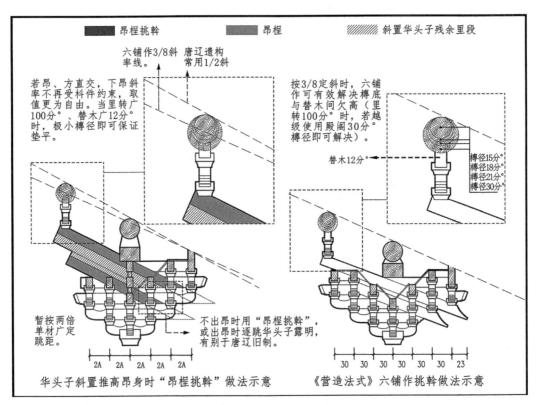

图103　实例所见"华头子斜置"做法与《营造法式》昂尾挑斡做法对比
（图片来源：自绘）

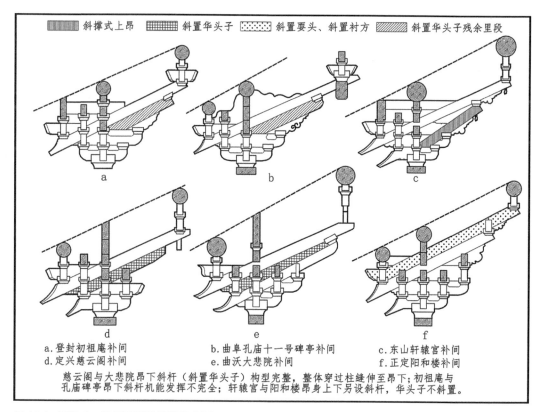

图例：斜撑式上昂　斜置华头子　斜置要头、斜置衬方　斜置华头子残余里段

a.登封初祖庵补间
d.定兴慈云阁补间
b.曲阜孔庙十一号碑亭补间
e.曲沃大悲院补间
c.东山轩辕宫补间
f.正定阳和楼补间

慈云阁与大悲院昂下斜杆（斜置华头子）构型完整，整体穿过柱缝伸至昂下；初祖庵与孔庙碑亭昂下斜杆机能发挥不完全；轩辕宫与阳和楼昂身上下另设斜杆，华头子不斜置。

图104　遗构中：随昂斜置构件做法举例
（图片来源：底图改自文献[8][189][190][192][193]）

交互枓并归平，此时华头子吐出较远，但六铺作以上交互枓要下降2—5分°，从而大幅压缩了它的露明尺寸。虽然如此，总归还是承担了抬升下昂起始分位的作用。元明以后，北方遗构中华头子增大的趋势明显，且逐步出现了斜置的倾向，此类实例众多且兼及朝野[1]（图104）。

举定兴慈云阁与先农坛太岁殿为例，其各自的补间铺作均为真、假昂上下配合，华头子外端伸出较远并隐刻三卷瓣，里端并未做成要头，而是呈秤杆状随真昂上彻平槫（后者更加彻底），断面与昂相当且两两实拍。从案例的时空分布看，华头子斜置是金元以后普遍施行的构造做法，它导致了三个伴生现象：①真昂起算分位抬高并咬接跳头慢栱；②真昂跳头交互枓与其内各跳归平，令栱与慢栱上下缘对齐；③各跳真、假昂上遍用斜置构件。这种大胆加强斜向构件的趋势迥异于唐宋以来提倡在铺作里转使用华栱规整叠垒的传统，是一种较为彻底的革新，也开启了假昂体系下溜金枓栱的先声。

值得注意的是，太岁殿补间铺作使用了多道平行斜向构件，相互实拍成片后共同挑斡平槫。这其中，最下道斜杆的形态类似上昂，但两者受力状态不同；第二道斜杆的上下皮延长线与假昂

1　现存实例中以万荣稷王庙建成年代最早，且该现象在河东与汾河流域分布最为集中，存续时段最长，或许正是祖源所在，明初、中期开始在官式建筑中大量出现。较为人熟知的实例有太谷真圣寺、登封初祖庵、长子西上坊汤王庙、绛县太阴寺、济源奉先观、孟州显圣王庙、定兴慈云阁、曲阳北岳庙德宁殿、先农坛太岁殿、故宫神武门等。

195

嘴正相重合，这就说明在工匠意识中它们是同一根构件被假昂身打断的产物——若将假昂改换成华栱，则该构件基本符合昂桯的定义；若将下两道斜杆均延展过柱缝，则它们将自动转化为另一组下昂与斜置华头子。此时斜置华头子的性质相当复杂，它兼具下昂、挑斡乃至上昂的局部构造功能，而好处也很明显——从《法式》平、斜不同的诸多外跳构件间分别制榫被直接简化为统一与华头子上皮相贴合，继而彻底解决了各层构件间因存在夹角导致的歪闪失稳隐患。多道斜置构件与真昂平行实拍，无疑改变了《法式》铺作中各斜杆峻缓不一导致的偏心受压问题，真正实现了从单一昂到"组合昂"的转变。事实上，《法式》小注的"昂桯挑斡"做法也更可能出自此类大量使用斜置华头子的匠门。此时昂端交互枓与柱缝上齐心枓归平，昂的前端支点抬高，被截断（或原本就未曾加工）昂尖的昂桯在不调整斜率的前提下依然可以完成对下平槫的挑斡；舍此之外，华头子等斜置构件本身亦可被横向构件截断后构成挑斡。当两者并存时，似存在华头子在上、昂桯在下的固定组合关系，实例如故宫神武门下檐补间铺作（图105）。

再次审查初祖庵大殿、奉仙观三清殿等处补间铺作昂下垫木，或许视之为斜置华头子的残

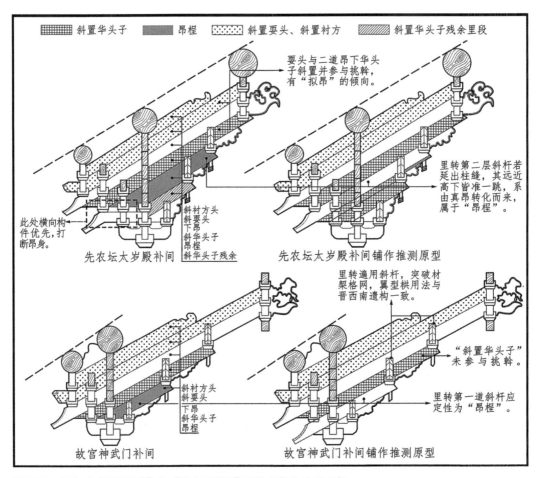

图105 明官式"昂桯挑斡"与"华头子斜置"现象间伴生关系示意
（图片来源：底图改自文献［194］）

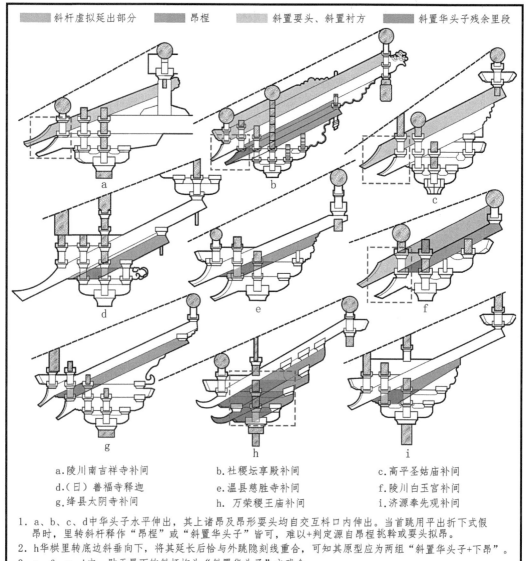

図例：
斜杆虚拟延出部分　　昂桯　　斜置要头、斜置衬方　　斜置华头子残余里段

a　　b　　c

d　　e　　f

g　　h　　i

a.陵川南吉祥寺补间　　　b.社稷坛享殿补间　　　c.高平圣姑庙补间
d.（日）善福寺释迦　　　e.温县慈胜寺补间　　　f.陵川白玉宫补间
g.绛县太阴寺补间　　　　h. 万荣稷王庙补间　　　i.济源奉先观补间

1. a、b、c、d中华头子水平伸出，其上诸昂及昂形要头均自交互枓口内伸出。当首跳用平出折下式假
　 昂时，里转斜杆释作"昂桯"或"斜置华头子"皆可，难以+判定源自昂桯挑斡或要头拟昂。
2. h华栱里转底边斜垂向下，将其延长后恰与外跳隐刻线重合，可知其原型应为两组"斜置华头子+下昂"。
3. e、f、g、i中，贴于昂下的斜杆均为"斜置华头子"之残余。

图106　遗构中"斜置"华头子残余痕迹示意
（图片来源：底图改自文献［30］［53］［95］［191］）

余更为合适，同样的情况在万荣稷王庙大殿[1]上也有反映。以上案例均去汴洛未远，在此大胆
推测，这类以"华头子斜置"为特色的营造匠门自北宋起已崭露头角，或许藉由着诸如海陵王
营建燕京的机会逐步向北渗透，并在明永乐前后获得了大展身手的舞台（图106）。

1　始建于北宋早中期的万荣稷王庙大殿逐跳华头子露明，铺作里转昂下的木楔上置三斜枓，里转第二、三跳华栱后尾未
　 做分瓣卷杀，而是径直抹斜，徐怡涛称之为华楔栱，其上亦置斜枓。延展三者边缘可知，最上层斜向垫木下皮约与外
　 转头跳横栱里侧下棱相合、里转二跳下皮与头跳平出假昂隐刻弧棱线相合、里转头跳下皮则与泥道栱外侧下棱相合，
　 三组精准的对位关系绝非偶然所致，设若未用横置构件隔绝，它们将分别构成两组斜置华头子与真昂的组合。

五、华头子"斜置"现象溯源及其衍化轨迹觅踪

晚唐五代开凿的榆林十六窟南北壁上所绘楼阁是目前已知较早表现斜置华头子做法的形象，在六、七、八铺作中均有系统的使用。上节选择了若干遗构实例，简单钩沉了华头子斜置的形制与构造意义，但陈述现象并不能直接阐明表象后的动因、应对问题的策略及匠系演化的方向与过程，这需要我们围绕前述华头子斜置的三个伴生现象加以系统解析。

如所周知，唐辽与宋金时期的铺作设计在补间形象方面存在本质差异，前者的柱头铺作在外檐拥有绝对优势地位，因此利用减铺、减跳等手段处理补间铺作是最为成熟可靠的选择。此时若补间减铺但用昂形制同于柱头，则将导致头跳华栱过长；若补间不减铺且同样令昂尾挑斡平槫，则因开间尚小而效果不彰（实际上除奉国寺大殿外唐辽补间多限于承托天花）；若补间全卷头造，基于交互枓隔跳归平的需求，其与柱头铺作均用隔跳计心，而不能达成《法式》提倡的逐跳重栱计心的绵密外观。这种情况自北宋起发生了改变，因建筑开间尺度增大、补间朵数增多，为强化铺作间的拉结能力需增加更多素方，尤其是为了柱头下昂造与补间卷头造之间形成良好的搭配，必须令交互枓逐跳归平。在不盲目增大材广的前提下，只能通过垫块托举、整体抬升下昂起算分位予以解决，但这也带来了昂身脱离交互枓口且与跳头栱方错交、多道平行昂间空隙增大并突破栔高从而难以用料件垫托等问题，弥补的途径则视地域不同而存在显著差异。

约略而论，宋元以降的南北方遗构呈现出显著的差异。华北的情况正如我们在上节所述，在使用多道平行下昂时引入了"斜置华头子"构件，以其垫托上下层昂间的空隙，其前端伸出并刻卷瓣，后端紧贴昂身上彻平槫，集空间填塞与构造补强两项功用于一身。厅堂构架中，为加强槫下诸构件的一致性，甚至耍头、衬方头等均有可能被一并斜置处理，从而产生大量平行实拍的"类昂"组件，最终形成一个片状整体。此时，大量多出的斜向构件较《法式》的水平叠栱做法会造成更多的材木消耗，但为取得跳头归平的效果仍是值得的，且重复消耗小料终究比盲目增大材广以致消耗更多大料来得节省。《法式》对此虽不予收录（低铺数时的昂桯挑斡做法因所费材木甚少而成为特例），但实例中可说比比皆是。

江南尤其是宋两浙西路地区则更倾向于使用斜交昂，也因此带来不同的处理方法。同样为实现高铺数下外跳交互枓归平的目的，在填补因昂身抬高而产生的空隙时，工匠主动调整了各道昂间的夹角，以下道昂尾斜撑上道昂身使两者自身稳固夹持，此时斜置的华头子外端仍可露明，但里侧被迅速截断，成为上下两道昂间的垫块。从外观上看斜交双昂翚飞腾凑之势更为明显，同时垫块也比通长的木条省料，但这种做法毕竟不符合两宋官式建筑对于外檐形象整饬规则的诉求，因而也未被《法式》采纳。基于该思路的实际案例可参考时空距离均极接近的武义延福寺和金华天宁寺。前者省略了"斜华头子"垫块的露明部分，补间铺作的下

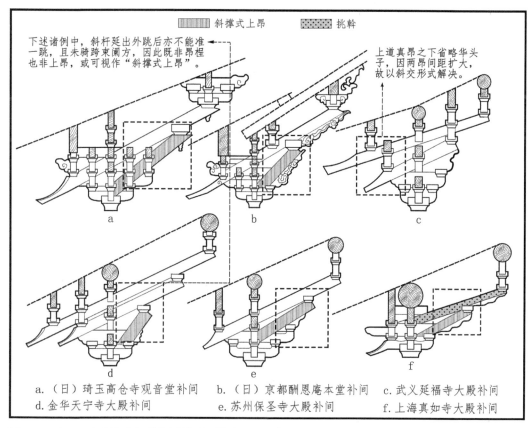

图 107 宋元江南建筑（含"禅宗样"）"斜撑式上昂"做法示意

（图片来源：底图改自文献［41］［109］［195］［196］［197］）

道昂被华头子推高约单材广，昂、方交接位置则略高于素方外侧下棱[1]，其逻辑是在头昂平出一跳的同时抬升一足材广，因跳距短，故昂身较陡；后者则更多地依循"只于交互枓口内出昂"的传统模式，其上、下两道昂的斜率约略相当，但头昂遵循平出一跳抬升一单材广的逻辑。延福寺与天宁寺的过渡形制折射出新样式普及过程中的反复和变异，前者下道昂延续古制、上道昂向新制靠拢，后者则刚好相反（图107）。

我们再看日本中世唐样建筑，其对于原型构架做法与细部样式的忠实仿写自是无需赘言，仅就昂身与扶壁栱方的交接方式而论，它更多地遵循了唐辽华北的传统做法，而未曾与其宋元江南的祖型（昂与栱方错交）保持同步——其逐跳昂下华头子均露明，并将昂身向上推高（但不足单材广），昂、栱交于栱身下棱（或略高）并延展至泥道齐心枓口外沿。采取逐跳出

---

1 这说明延福寺下昂垂高的设定经过慎重考虑，结合二昂的搁置位置可知其具有重新调节铺作次序的功能。二昂前端抬升单材，相较于头昂则抬升了一足材，后端与素方接于半材高位置，可以将其抬高以形成平行双昂。此处采用斜交昂的形态只是为了减省用材或协调首步架举高。显然，唐辽以来平出一大跳抬升一足材的做法，与《法式》系统下的逐跳抬升昂身做法在此并存，目的都是令各跳上交互枓与柱缝齐心枓归平。为协调两种组织方式，匠人对头昂上皮与扶壁素方的交接位置做了精细推敲。

华头子抬升昂身的策略必然带来上下两道昂间空隙过大的问题，在解决途径上，京都唐样与镰仓唐样同样发生了分化。

前者坚持平行双昂，但不同于华北地区在两道昂间广泛采用"斜置华头子"垫塞，而是径直增大昂身垂高予以解决，同时放大头昂尾端所挑小枓的尺寸，使之填补与槫间欠高，华头子则进一步缩小后夹于真昂之间，并未引发其他种类斜向构件的产生。京都唐样中采用此类做法的典型遗构包括功山寺佛殿、泉涌寺佛殿、永保寺开山堂、不动院金堂及善福寺释迦堂等。

后者选择斜交双昂，其与苏南地区的差别主要体现在下道昂的退化上——镰仓唐样建筑倾向于在保持上道昂真昂属性和挑斡能力的同时，不断减省、削弱下道昂身，引导其向插昂或假昂的方向转换，里转则以斜置木杆托举上道昂后尾，这些斜向构件截断了平伸过柱缝后的华头子，且若延长其上、下皮线使之伸展至外跳，则其上下、远近皆准一跳，恰使跳头交互枓坐于其上，也即该类斜向构件实为"昂桯"。随着时代衍进，晚期案例中的此类"昂桯"前端逐步内移，其上皮延长线渐渐从跳头交互枓底外侧转到内侧，直至完全缩于里跳，至此，其性质已异变为"斜撑式上昂"。在江浙宋元建筑中可以明确看到这种演化趋势，如甪直保圣寺大殿铺作里转斜撑上缘延长后可引至外跳交互枓底内侧，到了金华天宁寺大殿则已完全缩于里跳。较之京都唐样，镰仓唐样的华头子体量明显增大，同时基于构造稳定性的考虑，每以横向构件截断斜向构件，这些都是技术的进步。支持上述推论的案例主要有圆觉寺舍利殿、正福寺地藏堂、定光寺佛殿等，而建成于元明之际的苏州文庙大成殿、东山轩辕宫正殿等构上都出现了平出折下式的下道假昂搭配里跳斜撑式上昂的固定组合，这应该就是斜交双昂体系的最终衍化形态了。

六、小结

通过前述分析，我们可以得出以下推论：

首先，在遗构中广泛存在着除《法式》记载的"下昂""上昂""挑斡"之外的斜向铺作构件，从与昂的关联性出发，或可将其归类为斜置的华头子，其存续的时空区间主要集中于宋末至明中叶的华北地区，其技术体系或曾轻微影响了《法式》的编纂。

其次，《法式》原生语境中并不存在单独的"昂桯"构件或做法，昂桯源自里转大量采用平行斜向构件的匠门，华头子斜置是它们更加常见的表现形式。李诫并未全面采纳此类匠作传统，而只是转借了其中一类构件，将其附录于实现途径众多的"挑斡"做法中。《法式》主张的斜挑平槫构件，有且仅有下昂与挑斡两种，昂桯挑斡只是挑斡的一个子类。

最后，宋元以降，江浙及日本禅宗样建筑铺作中的斜置构件大体可分为"昂桯"与"斜撑式上昂"两类。普济寺佛殿断开的昂身与插昂昂头正可为这一推断作注：其内伸部分是真正骑束阑方的"昂桯"，同时也起到了"挑斡"平槫的功用，它逐跳昂上的交互枓均已归平，除未曾使用斜置华头子外，与前述慈云阁等构的做法已无大的差别；到善福寺释迦堂上则更进一步，已是斜置华头子的完成形态（图108）。

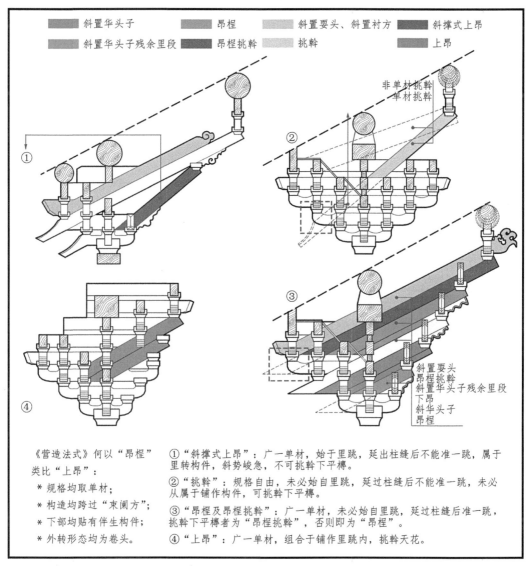

图 108　铺作斜置构件种属分类依据
（图片来源：自绘）

第二节　基于挑斡复原的殿、厅、堂"空间—结构"差异考察

一、引言

前节围绕《营造法式》铺作中各类斜置组件的类属关系，尤其是下昂、上昂、挑斡、昂桯的性质差异等问题，展开了系统回顾，学界近年来关于"昂桯""挑斡"辨析方法的成果较为丰富（文献［108］［109］［187］［188］），关于此类研究的前提、思路及方向，极有继续挖掘的必要。

①过往研究对前述斜杆构件的性质判定是否还有修订余地？如"挑斡"是否必然地与低等级、随宜应用相联系[1]？又如"昂桯"被释作下昂截断昂尖后的剩余部分，那么若反过来截断昂尾仅保留昂身前段的话，是否也可视作一种"昂桯"？②"挑斡"是否也有可能存在某种标定斜率（哪怕仅作为一种典型范式用于示例）？从而与铺作中其余构件的轮廓线维持重合，以降低榫卯制作难度。③彻上明造时挑斡等斜杆能否替代下昂有效托举下平槫（下昂过于平缓，槫子本身规格亦较多，使得昂下欠高存在多种填补方式）？"昂桯挑斡"到底是对上、下昂制度的补充，还是与之平行的独立门类[2]？

对此提出两条观点：就前述①②而言，提供若干可供选择的固定斜率（或至少给予较为明确的定斜原则）有利于快速、标准地处理平、斜置构件间节点，确保开刻榫卯的位置、形态与深浅尽量简明，而不必逐一放样制备，拖累施工效率，这体现了《法式》制度的规范性，因此在文本信息不尽充足的前提下，仍需从更多元的视角（包括图学解析）去探究"挑斡"的性质。对③来说，"昂桯挑斡"的补注实则暗示了一种类似上、下昂间混搭使用的可能。

二、"上、下昂"并用与"昂桯、挑斡"并用

"昂桯"与"挑斡"皆有支挑的功能，两者的折角往往不同，它们能否搭配使用？与之类似的"上、下昂""挑斡、下昂"甚或三者间的组合皆有实例，但都是以较陡峭的上昂或挑斡去支托较平缓的下昂，是否存在其他的配合形态？举日本安国寺释迦堂为例，可知实例中存在两类斜杆端部榫接、折叠于扶壁缝上的情况，这与我们习见的宋式下昂造铺作存在两项差别：①昂身不上彻平槫，而截断于正心缝上；②里跳不用卷头。对于前者，它既非下昂也非插昂，能否被视作某种"昂桯"？对于后者，细究《法式》文本，可知里外跳各自使用斜杆也无不可[3]。

图样部分的地盘分槽信息也同样支持上、下昂合用的推想。由于《法式》殿阁中并无如佛光寺大殿般纯粹的回字形构架，与之最接近的金厢斗底槽中，后进内槽向山面各自延展[4]，导致其下无法使用上昂（各列槽分别使用上、下昂时，压槽方标高不能取齐，若要并存，必须保证内、外槽完全隔绝），若上昂的应用条件如此苛刻，则何以要在"飞昂"条中大费周章详加阐释？（实例中

---

1 文献［187］指出《法式》图样并未记载"挑斡"与"昂桯"的具体信息，目前的认识多总结自乡土遗构。北方实例多集中在耍头、衬方头分位，与铺作结合并不紧密；南方实例则有起始于栌斗或第一杪里侧末端者，斜向上后截断各层华栱后尾，甚或直接插于柱身上挑托檐槫。后者实为昂的异化类型，除形态不同外，其他一切属性皆无本质差异。

2 文献［108］将"又有上昂如昂桯挑斡者，施之于屋内或平坐下"句释为名词间的骈列关系，即"骑束阑方下昂桯"意为越过"束阑方"后塞入"昂桯挑斡"构件，"束阑方"特指并干壁上的多道素方，"下"字作动词"使用"理解。

3 昂桯挑斡附于总释"下昂"条下，大木作制度"总铺作次序"条称："凡铺作，并外跳出昂，里跳及平坐只用卷头，若铺作数多，里跳恐太远，即里跳减一铺或两铺"，本意只是里跳若纯用卷头，传跳过远时可以减跳，而非必须使用卷头，否则就与图样及"又有上昂如昂桯挑斡者，施之于屋内或平座下"句相矛盾，何况使用上昂时里跳本就传跳有限，根本无需减跳。法无所禁即可行，故而可以认为《法式》并未否定上、下昂合用的可能。

4 文献［198］辨析了"分心斗底槽"与"金箱斗底槽"的名称来源并分析了后者与唐辽回字形殿阁的区别。

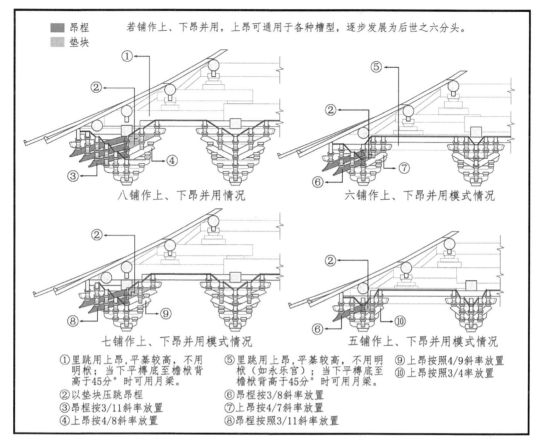

图109 《营造法式》铺作内上、下昂并用模式示意

（图片来源：自绘）

更为常见的挑斡尚且仅以小字旁注）只能认为里外跳分别施用上、下昂在宋代属于搭配[1]（图109）。

由此进一步反思《法式》文句，则"飞昂"条中"若昂身于屋内上出"句的所指当为昂尾上彻槫下之意，则其后紧接的"若不出昂而用挑斡者，即骑束阑方下昂桯"中，"不出昂"是否与之互文？即指代与既有研究相反的情形：截断昂尾令其不再上行，而是改用"挑斡"来实际挑托平槫，仅保留昂首维持外檐的下昂造意向。此时越过柱缝不远即去除后段的下昂被描述为一种"昂桯"，"下"字则作介词理解，意为"挑斡"被组织进铺作里跳后，压在束阑方下仅存的昂首之上以维持内外平衡。所谓"又有上昂如昂桯挑斡者"则是描述"外跳下昂＋里跳上昂"和"外跳昂桯＋里跳挑斡"的组合在外观形态与构造原则上的相似性。

如此一来，就把挑斡视作一种成熟的、与铺作联系紧密的构件，便可内在地排除"昂尾挑斡""昂桯挑斡"等次级概念，解决"即用挑斡"句中无法判明"挑斡"作动词还是名词理解导致的歧解。通篇研读此段文字，"挑斡"的简略与"上昂"的翔实反差强烈，大胆推测两

1　文献［199］指出《思陵录》记载有枓栱里、外跳同时使用上、下昂的情形。

者间存在文意互补，李诫或许是基于减省篇幅、避免重复论述的考虑，将更多笔墨倾注在"上昂"上，仅以旁注透露两者关联。上述猜想能否成立，还需通过作图推导，检验"昂桯""挑斡"的搭配在构造与算法上是否可行[1]。

三、"昂桯挑斡"做法构造复原与算法推析

前章曾探讨《法式》上昂的可能斜率，提出五至八铺作分别取3/4、4/7、4/9、4/8的推论[2]。那么关于挑斡是否也有可能存在一个用作范本的"最佳"斜率？理论上它应当满足四个条件：①数值简明；②导致各分件间构造关系合理；③可使高等级（七、八）铺作也挑斡下平槫；④不糜费构件。通过作图验算，发现挑斡在取推测的最陡上昂斜率（五铺作3/4）时对上述条件的吻合度最好。

考察里跳构造，又分两种情况：①当逐层出卷头时，挑斡取3/4斜率时在28分° 跳距内恰升高一足材[3]，头昂在2—5分° 降值内可交扶壁于交互枓口外棱、素方内侧下棱与素方中缝三处，实拍时挑斡真高17分°、垂高21分°，若留出2分° 隐刻空槽以凑齐单材高，则隐刻线与构件边线的水平间距恰为3分°（枓平宽）；②当用挑斡时（类似用上昂）情况更加复杂，逐铺比较后制成（表16），并绘图示意（图110—图113）。

各铺作挑斡构造关系最简时对应份数勾股比例　　　表 16

铺作配置	特征点交接位置	数理关系	备注
八铺作	①挑斡边线过里跳令栱上齐心枓斗口外棱；②隐刻线过素方外侧下棱	里跳于84分° 跳距内下降63分° 高度，斜率3/4（图111）	若不考虑隐刻线对位，则挑斡上皮可在斗平外沿、栱方外侧的中线与下皮间自由选择。对位关系与里跳令栱上同
七铺作	①挑斡上皮过骑枓栱内慢栱上的齐心枓平外棱，继续向外延想过扶壁齐心枓底外棱；②向内延伸过里转第四杪上素方侧上棱	①股长23＋15-2＝36分°；勾高21＋6＝27分°，斜率3/4；②股长35＋3＋10＝48分°；勾高21＋15＝36分°，斜率3/4	此种构造关系重复数次后，最下层挑斡的下皮距里转第三杪上交互枓过近，无法有效以承托
七铺作	①挑斡自里令栱上齐心枓平外沿按3/4斜率引到扶壁处；②自扶壁齐心枓底外沿向下引线，与挑斡边线交于素方2/3处；③在前述基础上将挑斡垂直下移1分°，其上皮距枓底6分°，且过里转第二跳头栱方中线	（图112）	①不与任何特征点重合；②挑斡边线过里转第二跳头栱方时不与构造边线重合，偏离中线越1分° 距离；③挑斡与里转第四跳头栱方间无边线对齐关系；与枓底的6分° 间距等同槩高，体现了材槩控制

1　如前节所述，宋金遗构的下昂斜率多在五举左右，仅够挑斡一材两槩，仍无法直接挑斡一枓，除非使用多道"昂桯挑斡"以积累高度，故可将挑一枓的情况归于"挑斡"而将挑一材两槩的情况归于"昂桯挑斡"。

2　为探究不同铺数间上昂的斜率递变规律，将控制六铺作上昂角度的三角形底边端点选在扶壁处交互枓底外沿，它与七铺作斜率均为4/10，但其后尾托令栱处形态不佳，若将其股长端点改定在枓底内沿，则算得斜率变为4/7，构造问题亦得到解决。

3　按功限部分规定，跳距有28、25分° 可供选择，用前者时与3/4斜率适配，用后者时则需额外增加枓平3分° 后凑足28分°，得到同样结果。

续表

铺作配置	特征点交接位置	数理关系	备注
六铺作	挑斡起点与八铺作时相同	股长 15 + 13 = 28 分°；勾高 21 分°，斜率 3/4（图 113）	里转头跳长 27 分°，距理想值 28 分°。错动的 1 分°应源自控制上昂端头落在交互枓底内棱的需要
五铺作	同上，扶壁与骑枓栱间对位关系好，挑斡与上昂算法、形态、位置一致，可互换	股长 25 + 3 = 28 分°；勾高 21 分°，斜率 3/4（图 114）	挑斡边线与里跳令栱关系不佳，股长拼凑位置与六铺作时相反
四铺作	无	无	不能用上昂，无对应情况

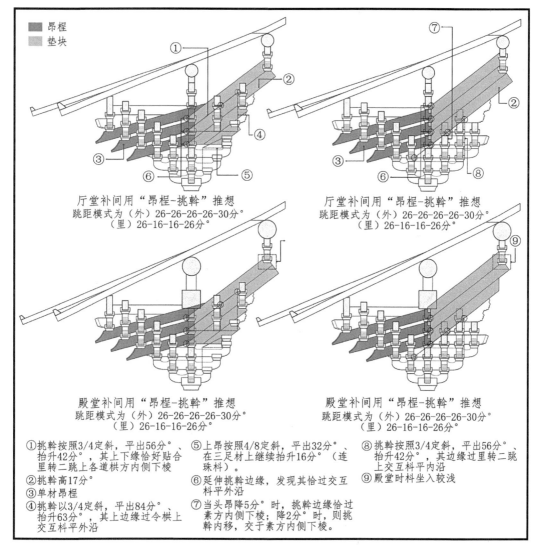

厅堂补间用"昂桯-挑斡"推想
跳距模式为（外）26-26-26-26-30分°
（里）26-16-16-26分°

厅堂补间用"昂桯-挑斡"推想
跳距模式为（外）26-26-26-26-30分°
（里）26-16-16-26分°

殿堂补间用"昂桯-挑斡"推想
跳距模式为（外）26-26-26-26-30分°
（里）26-16-16-26分°

殿堂补间用"昂桯-挑斡"推想
跳距模式为（外）26-26-26-26-30分°
（里）26-16-16-26分°

①挑斡按照3/4定斜，平出56分°、抬升42分°，其上下缘恰好贴合里转二跳上各道栱方内侧下棱

②挑斡高17分°

③单材昂桯

④挑斡以3/4定斜，平出84分°，抬升63分°，其上边缘过令栱上交互枓平外沿

⑤上昂按照4/8定斜，平出32分°、在三足材上继续抬升16分°（连珠枓）。

⑥延伸挑斡边缘，发现其恰过交互枓平外沿

⑦当头昂降5分°时，挑斡边缘恰过素方内侧下棱；降2分°时，则挑斡内移，交于素方内侧下棱。

⑧挑斡按照3/4定斜，平出56分°、抬升42分°，其边缘过里转二跳上交互枓平内沿

⑨殿堂时坐入较浅

图 110　八铺作"昂桯—挑斡"组合示意

（图片来源：自绘）

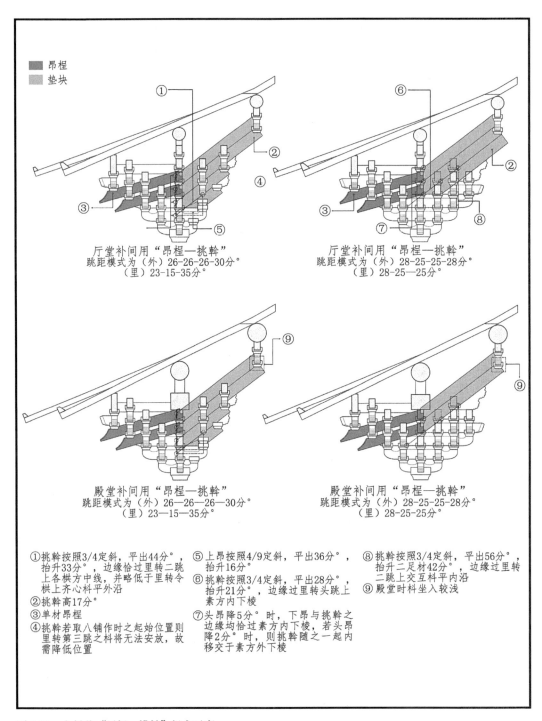

■ 昂桯
■ 垫块

① 挑斡按照3/4定斜，平出44分°，抬升33分°，边缘恰过里转二跳上各栱方中线，并略低于里转令栱上齐心枓平外沿

厅堂补间用"昂桯—挑斡"
跳距模式为（外）26-26-26-30分°
（里）23-15-35分°

厅堂补间用"昂桯—挑斡"
跳距模式为（外）28-25-25-28分°
（里）28-25—25分°

殿堂补间用"昂桯—挑斡"
跳距模式为（外）26—26—26—30分°
（里）23—15—35分°

殿堂补间用"昂桯—挑斡"
跳距模式为（外）28-25-25-28分°
（里）28-25-25分°

① 挑斡按照3/4定斜，平出44分°，抬升33分°，边缘恰过里转二跳上各栱方中线，并略低于里转令栱上齐心枓平外沿
② 挑斡高17分°
③ 单材昂桯
④ 挑斡若取八铺作时之起始位置则里转第三跳之枓将无法安放，故需降低位置

⑤ 上昂按照4/9定斜，平出36分°，抬升16分°
⑥ 挑斡按照3/4定斜，平出28分°，抬升21分°，边缘过里转头跳上素方内下棱
⑦ 头昂降5分°时，下昂与挑斡之边缘均恰过素方内下棱，若头昂降2分°时，则挑斡随之一起内移交于素方外下棱

⑧ 挑斡按照3/4定斜，平出56分°，抬升二足材42分°，边缘过里转二跳上交互枓平内沿
⑨ 殿堂时枓坐入较浅

图111　七铺作"昂桯—挑斡"组合示意

（图片来源：自绘）

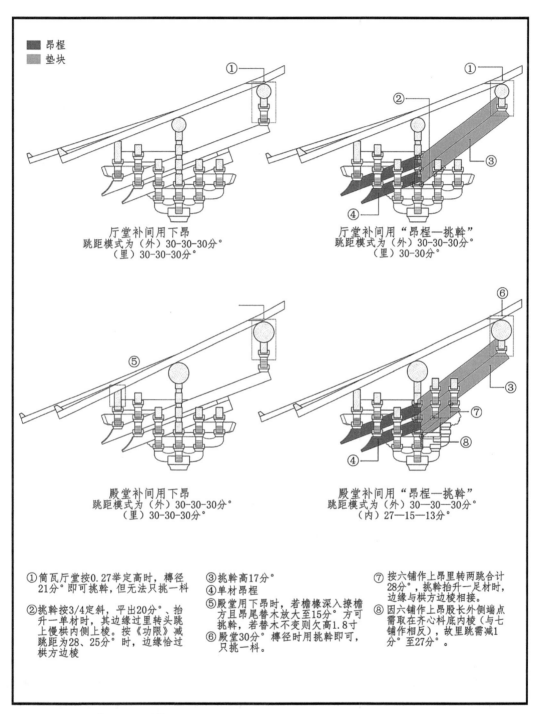

图例
■ 昂桯
■ 垫块

① 厅堂补间用下昂
跳距模式为（外）30-30-30分°。
（里）30-30-30分°。

② 厅堂补间用"昂桯—挑斡"
跳距模式为（外）30-30-30分°。
（里）30-30分°。

殿堂补间用下昂
跳距模式为（外）30-30-30分°。
（里）30-30-30分°。

殿堂补间用"昂桯—挑斡"
跳距模式为（外）30-30-30分°。
（内）27—15—13分°。

① 筒瓦厅堂按0.27举定高时，槫径
21分°即可挑斡，但无法只挑一料。

② 挑斡按3/4定斜，平出20分°。抬
升一单材时，其边缘过里转头跳
上慢栱内侧上棱。按《功限》减
跳距为28、25分°时，边缘恰过
栱方边棱

③ 挑斡高17分°。

④ 单材昂桯

⑤ 殿堂用下昂时，若檐椽深入撩檐
方且昂尾替木放大至15分°。方可
挑斡，若替木不变则欠高1.8寸

⑥ 殿堂30分°。槫径时用挑斡即可，
只挑一料。

⑦ 按六铺作上昂里转两跳合计
28分°，挑斡抬升一足材时，
边缘与栱方边棱相接。

⑧ 因六铺作上昂股长外侧端点
需取在齐心科底内棱（与七
铺作相反），故里跳需减1
分°至27分°。

图112 六铺作"昂桯—挑斡"组合示意
（图片来源：自绘）

207

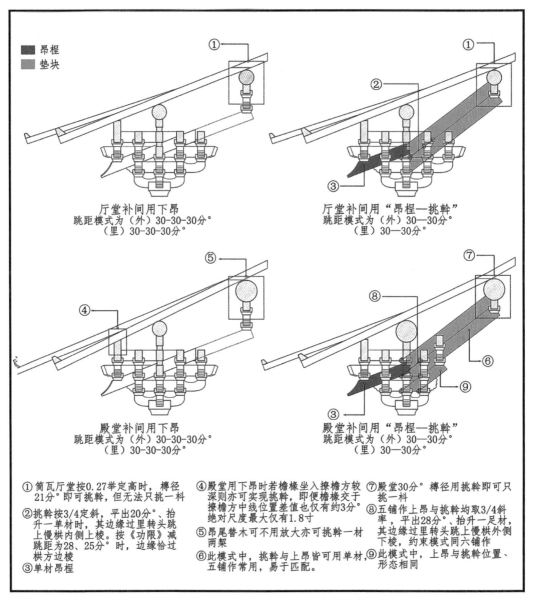

厅堂补间用下昂
跳距模式为（外）30-30-30分°
（里）30-30-30分°

厅堂补间用"昂桯—挑斡"
跳距模式为（外）30—30分°
（里）30—30分°

殿堂补间用下昂
跳距模式为（外）30-30-30分°
（里）30-30-30分°

殿堂补间用"昂桯—挑斡"
跳距模式为（外）30—30分°
（里）30—30分°

■ 昂桯
■ 垫块

① 筒瓦厅堂按0.27举定高时，槫径21分°即可挑斡，但无法只挑一科

② 挑斡按3/4定斜，平出20分°、抬升一单材时，其边缘过里转头跳上慢栱内侧上棱。按《功限》减跳距为28、25分°时，边缘恰过栱方边棱

③ 单材昂桯

④ 殿堂用下昂时若檐椽坐入撩檐方较深则亦可实现挑斡，即便檐椽交于撩檐方中线位置差值也仅有约3分°，绝对尺度最大仅有约1.8寸

⑤ 昂尾替木可不用放大亦可挑斡一材两架

⑥ 此模式中，挑斡与上昂皆可用单材，五铺作常用，易于匹配。

⑦ 殿堂30分°，槫径用挑斡即可只挑一科

⑧ 五铺作上昂与挑斡均取3/4斜率，平出28分°、抬升一足材，其边缘过里转头跳上慢栱外侧下棱，约束模式同六铺作

⑨ 此模式中，上昂与挑斡位置、形态相同

图113 五铺作"昂桯—挑斡"组合示意
（图片来源：自绘）

通过表16，可以看出上昂造畸零的里跳跳距设置在与挑斡搭配后即可产生简明的解释，如果认为《法式》挑斡的理想斜率可被标定为3/4，则它为何不同于上、下昂随铺数有序增减的数列规律，而反映出鲜明的非级差思想？或许是因为挑斡的唯一功能诉求是上挑平槫、合理改善槫下构造，3/4（挑斡斜率）减去3/11（高铺数下昂斜率）后恰为2/5（常见檐步坡度四举），这意味着相对应的下昂与挑斡可从一根单材素方上交角解开。截去尾段后的下昂残存部分（即昂桯）越过柱缝后压在挑斡之下，里、外跳上的斜置构件交互叠压咬合，最上一道下昂贴在挑

幹背上，这也许是插昂的一个原型[1]。镰仓唐样建筑的铺作形制与本复原方案最为接近，如安国寺释迦堂的里跳挑幹直抵槫下，将下昂斩断后两两紧贴，其他六铺作案例则头昂退化为插昂、里跳斜杆抵托二昂，而非擎举平槫（因此不将之视作挑幹），若其头昂退化不完全，则将呈现出与安国寺释迦堂相似的状态，相似的意向在沅陵隆兴寺大殿与南宋界画《筑建图》中亦可见到，这显然是一种不甚主流但确实存在过的历史做法，它虽然形态怪异，却不宜轻易否定，推测其原因在于《法式》囿于檐下比例考虑，将下昂斜率设定地较为和缓，这与举折日渐峻急的事实间产生了不可调和的矛盾，最终只能以这种分裂的形式各自应对内外。

四、"彻上明造"是否等同于"厅堂"

本节提出的三个问题中，"彻上明造时挑幹等斜杆能否替代下昂有效托举下平槫"引发了系列的数据验证工作。通过推导，发现在采取3/4斜率时，七、八铺作亦可确保"挑幹"下平槫的绝对能力（包括各种举高、槫径及槫下构造情形），可有效消解槫下欠高，且如表16所示，除七铺作外的其他铺数在里转横栱设置与上昂造相同时，挑幹与扶壁栱方边缘对齐关系均极完美。问题在于，七、八铺作仅适用于殿阁，尾端本就没入天花之内，上叉蜀柱即可，又何须大费周折去挑区区一材两栔甚至单栔？

由此，反思"彻上明造"的意涵，似乎它仅指代不设平棊、平暗，上部梁架可见的情况，而与构架类型无关。只有当殿阁也不设天花、露明屋架时，才能解释七、八铺作里转（数值上）可用挑幹的现象。由于《法式》中关于昂桯、挑幹的文字不涉及具体数字，因此仅凭定性解读无法触及具体的构造细节，更无法直观体现数理规律，仍需结合作图加以分析。

《法式》图样中，八架椽屋乳栿对六椽栿用三柱的草架侧样常被作为典型用于复原探讨[2]，其中尤其以陈彤的复原方案（文献［116］）最为全面，最有助于引起发散性的思考——月梁是否真的需要做到《法式》规定的巨大尺度？

（1）该方案基于架深110份°前提展开，这将导致梁间距离不足[3]。故宫本《法式》图样中各道月梁背上的坐枓均较齐心枓略大，而稍小于栌枓（以满足"如柱大小不等，其枓量柱材，随所宜加减"的原则来灵活调整骑栿枓规格）。复原图样中施用于六椽栿背上的骑栿枓明显较小、五椽栿背上骑栿枓更是仅剩枓平，这使得坐枓过于单薄。导致该问题的原因是各道月梁过广，压缩了安设隔承构件的空间。

1　若里跳用挑幹、外跳用下昂，昂身必然被当中截断。插昂又称"挣昂"，或许就是描述昂身彻底挣脱扶壁束缚、与柱缝解脱约束关系的意思。山西金元建筑中常见的外跳用插昂、假昂，里跳用挑幹的做法或许与之同源。

2　梁思成在复原中认为此例的厅堂月梁过于粗大，无法安放；张十庆也认为这一构型与江南厅堂间渊源深厚，但六椽栿过于粗巨并不适宜。陈彤认为后者应有丁头栱补强月梁栿项，前者则是对于屋架举折数误读导致的，若按简瓦厅堂0.33举、板瓦厅堂0.3举计算，即可顺利安放月梁。我们认为梁思成关于简瓦厅堂屋架取0.27举的算法可行，下文详述。

3　只有按椽平长125分°、0.27举及21分°槫径作图，才可以在下平槫缝两材槃间下勉强塞入栌枓。陈彤复原方案按0.33举推算时梁下空间尚且不足，若按0.27举作图则梁间距将更加通仄。

（2）按其推得五、六铺作下昂斜率27/71，这与前文的推测值3/8（27/72）极为接近，但若按0.33举高计算，则六铺作厅堂只有在越级使用殿阁30分°槫径时才可勉强挑斡，若仍用21分°厅堂槫径，则六椽栿下隔承空间虽可放宽，补间槫下的9分°欠高（按六等材折算接近4寸，不可忽略）却又无从弥补。陈彤提出的复原方案通过降低头昂上交互枓分位来解决此问题，但昂底皮仍通过扶壁内齐心枓平外沿，即通过加大下昂斜率来抬升昂尾高度，这使得耍头长度被压缩到《法式》规定的65分°以下，且将单杪双昂六铺作的总高降至110分°，仅略高于五铺作（105分°），无法彰显级差，似乎不甚妥帖。

（3）陈彤复原方案中六椽栿下用以丁头重栱承托，显然是为了加强节点强度，但多出的一足材将导致60分°广的月梁端头阻挡两根下昂上彻槫下——头昂被完全截断，需代之以插昂或平出折下式假昂；二昂亦须砍削梁背后才能从凿出的槽口内穿过承槫，这多少涉嫌"剜刻梁面"，也与《法式》的规定略有违背。综上，这三点问题都难以解决，除非厅堂本就无需用到如此巨大的月梁（图114）。

按"大木作制度二·梁"条称："五曰厅堂梁栿，五椽、四椽广不过两材一栔，三椽广两材，余屋量椽数，准此法加减"，即直梁造时栿广36分°即可，而后文紧接着以42分°殿阁明栿为例阐释月梁制度，值得注意的是在它减去6分°"挖底"深后，有效受载高度与直梁相同，理论上可适用五、六椽跨距。图样中除前述2—6架分椽方案外，所有其他厅堂月梁至多用到四椽栿，完全可由此42分°月梁担任（即或梁首绞铺作收为足材，仍保留一足材的有效截面）。再

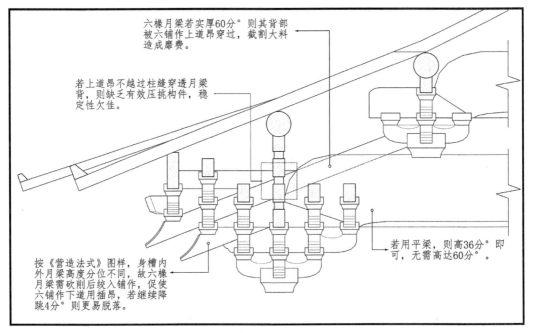

图114　《营造法式》厅堂六椽月梁绞铺作构造示意

（图片来源：自绘）

者，按"若直梁狭，即两面安槫栿版，如月梁狭，即上架缴背，下贴两颊，不得剜刻梁面"句，若厅堂所用六椽月梁的密实部分果真高达60分°，已与殿阁檐栿相当，又何须再加缴背墩添？何况图样中梁头皆绞入铺作，它们均由整木制成，何以跨度越大结构强度反而越小？四、五、六椽栿依次叠压，三者中六椽栿截面损失最大，几乎达到有效部分的1/3，这显然不合理。

此外，厅堂梁栿可"上架缴背"，是否意味着其可见高度应分作虚、实两部分？也许有效受力的实木不超过42分°，再以"缴背"凑齐余下虚高来提升规制。唯其如此，前述诸八架椽厅堂复原方案中六铺作上道昂与梁端的矛盾才能妥善解决（昂身自缴背间空隙穿过后压跳于上架梁或枓栱之下，无需砍凿实心大梁导致靡费大料）[1]。拼帮的另一个好处是可自由调节梁背中段缝隙的宽度，使坐枓卡接其内，并可在枓下随宜安放垫块来调节其高度分位，以便灵活选择单、重栱。

因此，厅堂本就不应用到六椽以上大梁，所谓"六椽栿以上，其广并至六十分止"当是另有所指。我们认为，四椽以上的粗硕月梁应是用于殿阁而非厅堂，这与惯常的认识相悖，即草栿隐于平棊之上，无需按月梁加工，那么"彻上明造"是否等同于"厅堂"？过往研究多将"凡屋内若彻上明造"与"凡屋内若施平棊"这对概念等同于厅堂和殿阁，但文本中却又直接表述为"殿阁""厅堂"与"余屋"，因此施用天花与否就与具体结构类型无关，否则何须特意以"凡……若……"的句法描述？又应当如何证明殿阁可以在撤去平棊后以月梁充"草栿"（上道栿），而令下层月梁"串化"？

从文本看，有四条证据支持殿阁屋架内可用月梁。

（1）如前所述，只有殿阁可用六椽以上栿（"料例"部分甚至载有十二椽长之栿），则《法式》中六椽以上的月梁必然用于殿阁，且不会充明梁用（明栿月梁仅42分°广一种规格，按高跨比不可能是六椽以上栿）。

（2）《法式》小字旁注，只有缴入铺作时，梁头才"不以大小，从下高二十一分"，反过来也证明了梁头截面不止一种规格。用在原草栿位置时，梁头可适当放大，从而解决原本草栿与隔架交接处的强度缺憾[2]。举平梁为例，"四椽至六椽上用者，其广三十五分，如八椽至十椽上用者，其广四十二分，不以大小，从下高二十五分"，两种规格下平梁有效截面的占比分别达到5/7和4/7，在跨度仅两椽时有效栿高已超过足材4分°，按此推算，六椽栿梁头至少广33分°，恰为足材与替木之和（北方遗构中不乏月梁端头伸出柱缝后超过足材广的做法，如大同华严寺山门、正定隆兴寺山门）。梁厚方面，殿阁梁栿若草作并坐于橑橑之上，则无需调

1　《法式》提到"关防工料最为切要"，故六椽以上檐栿方可用至四材，其余草栿并不严格规定尺寸，只需"随宜枝樘固济"即可，因此实无必要在厅堂上靡费巨料。此外，《法式》月梁为圆作，梁下托华栱一跳时，梁端砍削范围每侧即达78分°（斜项38分°＋外跳30分°＋华头子9分°），这已超过厅堂最大椽长一半以上，实际上是非常废料的做法。此时若再不限制月梁截面，则将完全违背《法式》的编纂初衷。

2　梁头21×10分°，在梁栿跨距六椽以上，各道栿高50分°、55分°、60分°且逐层交叠的情形下显然过于脆弱。

整；若露明且饰以襻间，其下由平盘交栿枓承托，亦无须将梁头砍至10分°厚。按"枓"条记载："交互枓……若屋内梁栿下用者，其长二十四分、广十八分、厚十二分半，谓之交栿枓，于梁栿头横用之。如梁栿项归一材厚者，只用交互枓"，可知"梁栿项"截面宽度存在差异。文中以42×28分°截面为例阐释月梁制度，梁身两侧抹成琴面后底宽25分°，两侧各削去1.5分°，同理若梁栿扩至60×40分°时，将梁底同样砍削到25分°的话未免靡费过多，其"栿项"断然不会归成一材，其下应有交栿枓垫托，两边各余8分°恰合半个齐心枓底宽（金盘部分40分°－16分°＝24分°与梁底25分°基本相等）。

（3）"侏儒柱"制度中有"若梁上用短柱者，径随相对之柱，其长随举势高下"句，即梁间可用蜀柱替代驼峰隔承[1]，问题在于厅堂内柱皆上彻栿甚或冲槫，又该与谁"相对"？殿阁草架内逐层梁间仅以实拍栱随宜支撑即可，又何须令其"径随相对之柱"，与殿内柱取齐、等径？故而推想，此处记录的情形，是在内槽铺作卜再叉立蜀柱、将各道梁栿以内柱缝为界截断后分别插入各段柱身的做法，此时梁跨缩短、梁身缩小，柱梁节点点缀丁头栱或踏头，装饰精致，金元时期一度流行于晋南豫北的"接柱型"厅堂正可反映这一史实[2]。

（4）"侏儒柱"条另有"凡屋内若彻上明造，即于蜀柱之上安枓"句，反过来说若有天花遮掩，则蜀柱顶端无需置枓，直接承槫即可。矛盾的是殿阁图样中的蜀柱上有坐枓托两材襻间，平梁上也详细描绘了卷杀刻线，这应当是露明时才会发生的细节做法。

综上，月梁用于殿阁屋架内时，其形制与权衡应当发生了变化，不同于其在铺作层中的状态，以此适应"叠栿"逻辑。殿阁在规模较小或较简时[3]，露明梁架的情况也颇普遍，如正定隆兴寺摩尼殿、蓟县独乐寺山门、芮城永乐宫龙虎门、大同华严寺山门，以及晋祠圣母殿、洪洞水神庙明应王殿、西里门二仙庙正殿、清源文庙大成殿等[4]。因此，"彻上明造"的唯一含义就是不用平棊、平暗，它与构架类型并不对应。

至此，前文试图证明"七、八铺作里转亦可用挑斡"的意义得以凸显：殿阁在省略平棊露明屋架的情形下，挑斡与檐椽如同覆斗天花的峻脚椽般交相连递，形成向屋顶流动、汇聚的强烈动感，强化了室内"反宇上扬"的空间意向。与此同时，因殿阁铺作里转计心造，其跳头栱方叠压、辗转兜接，却又造成水平圈层的稳定感，形式冲突由此显现——铺作层内水平约束的

1　厅堂屋面较缓，在用月梁时各层梁栿间距促狭，甚至难以安放驼峰（图样多塞入蝉肚耍头垫托），更无施用蜀柱的必要。殿阁则不同，因施用檐栿时其内槽位置可自由变动，若以蜀柱叉于其冲槫则可穿越多道上层梁栿，此时扩大柱径使之与檐栿下殿身柱规格趋同是完全可能的。

2　文献［200］将"接柱型"厅堂定义为"殿阁厅堂化"过程的中间产物，于内槽铺作上叉立蜀柱冲槫的目的是打破殿阁的"叠栿传统"，引导屋架向插梁逻辑衍化，此类实例有登封初祖庵大殿、汾阳太符观昊天上帝殿、济源大明寺中佛殿、广饶关帝庙大殿等。

3　北宋末年，规模宏巨的宫观主殿或仍保有正规的双栿做法，如《法式》卷二"总释下·平棊"条小字旁注："古谓之承尘，今官殿中其上悉用草架梁栿，承重盖之重，如攀额楷柱、敦桥方楅之类，及纵横固济之物，皆不施斤斧。于明栿背上架算程方，以方椽施版谓之平闇，以平版贴华谓之平棊……"

4　入金后晋东南三间小殿中，内槽柱头上用素方扶壁者逐渐被用完整出跳铺作者替代，似因受到《法式》影响所致。

倾向与"铺作—屋架"间平行联动的倾向互争雄长，"倾斜汇聚"的横架与"水平汇聚"的纵架均无法取得绝对优势，形成一种融通、灵活的"结构—空间"二元关系[1]。唐辽殿阁因天花遮蔽，屋架结构并不直接参与室内空间的塑造，《营造法式》殿阁中补间增多，里转斜杆上挑打破了原本单一的纵架水平分层，强调了随斜椽骈列的横架单元，因此敷设天花与否可以导致截然相反的空间感受。

五、《营造法式》之"堂"具体何指

《法式》述及建筑类型时，概以殿堂、厅堂、余屋描述，"殿"与"厅"的结构特征明确，"余屋"仅就其等级而言，与结构规模无涉，俱不烦赘言，"堂"之所指则尚有待细究。

按卷一"总释上"以堂附于殿后，并考据群书："《仓颉篇》：殿，大堂也。徐坚注云：商周以前，其名不载，《秦本纪》始曰作前殿。《周官·考工记》：夏后世室，堂修二七，广四修一；商人重屋，堂修七寻，堂崇三尺；周人明堂，东西九筵，南北七筵，堂崇一筵……《礼记》：天子之堂九尺、诸侯七尺、大夫五尺、士三尺。……《说文》：堂，殿也。《释名》：堂犹堂堂，高显貌也，殿，殿鄂也……《义训》：汉曰殿，周曰寝"……既然堂、殿例属互文[2]，那么厅后何以也要缀上"堂"字？这里的"堂"，到底是殿、厅之衍文？还是一种兼具两者部分特征的折中构架类型？它何以仅在述及小木装潢与砖瓦等第时才单独出现[3]？

李诫在规范八等材的适用范围时，殿、厅之间存在局部交集，较大的厅堂与较小的殿堂可采用同一材等，那么堂到底是形容空间轩敞、开旷[4]，还是一种过渡性的构型？实例所见，大量辽代殿阁都存在内柱较檐柱升高若干材栔的现象，即所谓"奉国寺型"，它的优势在于：①提高室内空间，便于安设尊像；②允许柱位在一定范围内移动，便于空间设计；③化整为零，减省大跨檐栿。过往研究将其视作殿阁发展的亚型，但其中几个典型案例（如崇福寺弥陀殿、华严寺海会殿）却已具备显著的《法式》样式特征[5]，海会殿中甚至出现了移、减柱现象，折中殿、厅的意图已显露无遗。

1　相较于《法式》殿阁"结构—空间"关系的折中变通（前提是省并天花）而言，唐辽殿阁中结构居于主导地位，强烈地限定着空间生成（如严格的一间对应两架、角间取方等），宋金厅堂中两者的关系者较松散，结构的自由使得空间更为灵活，缺乏强烈的边界秩序。

2　段玉裁注《说文解字》，称"堂之所以称殿者、正谓有陛，四缘皆高起……许以殿释堂者、以今释古也。古曰堂，汉以后曰殿；古上下皆称堂，汉上下皆称殿；至唐以后、人臣无有称殿者矣……"；《广韵》"堂除亦屋。"

3　如卷三"壕寨制度"时而称殿，时而称殿堂："立基之制……若殿堂中庭修广者……""造殿阶基之制""造殿阶螭首之制……""造殿堂内地面心石斗八之制……"

4　《尔雅·释宫》"古者有堂，自半已前虚之，谓之堂，半已后实之，谓之室"；《康熙字典》"堂，盛也，正也。《论语·子张》，堂堂乎张也。"

5　两例同为八椽规模，中平槫下设扶壁栱（已超过两材襻间高）仿外檐（阑额、普拍方具足），六铺作双昂重栱计心造，头昂下露明两瓣华头子、二昂自交互枓口伸出，昂嘴弧棱、昂背杀琴面，双补间下昂后尾挑斡平槫；心间檐栿长跨六椽，丁栿压在草栿背上而非插入蜀柱，这些都是典型的《营造法式》特征。

推测"堂"的构型亦分两种：其一更接近殿阁，间椽可不对位，同样保留有双栿，柱头铺作昂尾压挑于草栿下；其二更接近厅堂，间椽必须对位，仅保留下道月梁，柱头铺作昂尾上彻屋架后抵于驼峰之侧。举《法式》卷三十二"小木作制度图样·平棊钩阑等第三"中的"里槽外转角平棊"为例，佐证上述推论。该图右上边角抹圆（图115），表达平棊与内柱相犯后削去的槽口，"转角"则表明内槽交圈，不是单、双槽之类地盘。若用于厅事，则不能称作"里槽"；又因槽上立柱，表明其设计屋架时令间、椽严格对位，所以也不是殿阁[1]。唯一合理的解释，是这幅图样依凭在介于殿、厅之间的某种构架类型上，它的材等较小，内槽

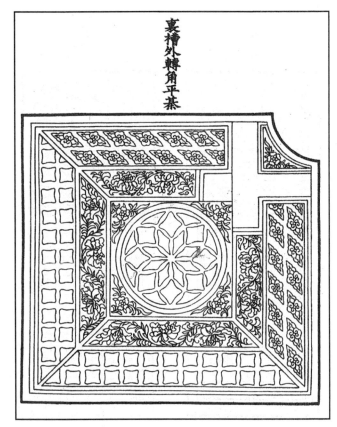

图115　《营造法式》"里槽外转角平棊"图样
（图片来源：引自文献［2］）

可省却或大幅度减小压槽方，而直接叉立在栌顶柱内[2]。此外，《法式》"平棊"制度中有"唯盝顶欹斜处，其程量所宜减之"句，殿阁平棊四下等高，并无"盝顶欹斜"的情形，只有在室内依托内柱头铺作局部升高成层、再于其上单独敷设平棊，于四阑内用峻脚椽时才会产生上述现象。

镰仓唐样大致传自两浙西路，深受五山巨刹影响，其外槽不设天花，昂尾上挑下平槫，内槽铺作上升，局部减柱并连以长栿，梁上立柱支撑内槽前部，这些特征都与海会殿相似，但两者亦存在若干差别[3]，禅宗样诸构更接近厅，海会殿则具备更多殿阁属性。也许《法式》正是吸

1　殿阁内槽上用压槽方，方广28-40分°（以松方充任），在其上立栌顶柱则每侧盈余至多7分°，这将导致图样所示平棊尺寸过小。

2　实例如少林寺初祖庵、广饶关帝庙等，因内柱逐段接续而成，若设平棊，则抵在"接柱"脚下部分亦需抹圆。若将此图解释为叉柱造楼阁上用者，则虽同样可以省并压槽方，但角部开口之平棊应遍用于内、外槽，不应限于内槽，从图名看，它对应的是室内铺作局部成层的特殊情况，即"奉国寺型"或本节推测的《法式》之"堂"。

3　日本"禅宗样"建筑的蜀柱位置普遍较低，内槽阑额下端约略对应外檐铺作衬方头分位，亦可直接搭压草栿。若丁栿绞入外檐铺作，其尾端仍可插入蜀柱内（降至外檐普拍方高度），且截面高大，实际上已成为"串化梁栿"，结角方式与厅堂相似；海会殿蜀柱压在草栿上且内槽上栌科与下平槫等高，更接近殿阁做法。

纳了南方的挑斡传统[1]，并在宋金易代之际将其传至华北[2]，使得"堂"成为这一时期常见的构架类型。

六、小结

最后，按《法式》大木作料例所载"松柱长两丈八尺至两丈三尺，径二尺至一尺五寸，就料剪裁，充七间八架椽以上殿副阶柱或五间三间八架椽至六架椽殿身柱，或七间至三间八架椽至六架椽厅堂柱"，也即2.8丈与2.3丈柱高应为八椽规模厅堂内柱之上下极值，但图样中八椽厅堂存在两种构架模式，最高之内柱分别用于四椽栿下与平梁下，作图推导发现唯有用六铺作时可同时满足上述两种情形[3]，同种模式若换用八铺作，则2.8丈柱高仅在用于四椽栿下时可使檐柱高360分°，以满足理想的檐下比例（$\sqrt{2}$柱檐比），用于平梁下则高度缺省过多（七铺作时亦然）[4]。若想在不突破"料例"规定柱高丈尺的前提下，使之既能用在平梁下，又能有效化解前述矛盾，唯一的方法是在内柱头上设置较完备之铺作（至少高过两材檩间一足材）。此时内柱上铺作局部成层，其上构架可以草作，并通过缩、放草栿及压槽方尺寸来间接调整内柱高，以此在满足外檐用高等级铺作的同时，维持内柱的冲槫本质，并调节檐柱、内柱，使之呈现特殊数理关系，这或许就是"以下檐柱为则"的实际操作方式。显然，"殿""厅"的用材与铺作等第区间较为明确，"堂"则在两者之间游移（图116—图124）。

1　铺作在殿内局部成层、升高的南方案例有宁德狮峰寺大殿、福州华林寺大殿、莆田玄妙观三清殿、遂宁鹫峰寺毗卢殿、南充醴峰观大殿、德庆文庙大成殿等。

2　《法式》撰成之前的华北建筑普遍不设补间或设单补间，里转多为逐跳出卷头的形式，如万荣稷王庙大殿之类案例皆直接以下昂后尾挑斡平槫，无需假借其他构件（明以后溜金科栱盛行，但其上翘的后尾与外跳连作，受力性质已不同于自柱缝内斜起撑槫的挑斡）。在用直保圣寺等江南方殿中，常在补间里转设置额外的斜杆辅助挑槫，故不能排除挑斡发端自南方的可能。

3　在"四等材、椽长125分°、槫径21分°"的条件下，六铺单杪双昂、用于四椽栿下的内柱高473分°（合2.27丈）时，恰可使280分°高之檐柱满足檐下$\sqrt{2}$比例；六铺双杪单昂、用于平梁下的内柱高578分°（合2.77丈）时，恰可使300分°高之檐柱满足檐下$\sqrt{2}$比例；六铺单杪双昂、十架椽规模、用于平梁下的内柱高587分°（合2.81丈）时，恰可使280分°高之檐柱满足檐下$\sqrt{2}$比例。综上，"厅"的级别上限正如《法式》图样所绘，为六铺作。

4　七铺双杪双昂、用于平梁下的内柱高587分°时，恰可使330分°高之檐柱满足檐下$\sqrt{2}$比例，其内柱头需用四铺作（较两材檩间恰多出1足材），因铺作局部成层，已超越"厅"的构成模式。若用八铺作，梁下用2.8丈柱，则欠高更多，且内柱圈局部铺作层挑出过多，易彼此相犯，不尽合理。因此，七、八铺作不适合于"厅"，但未必不能用在"堂"上。

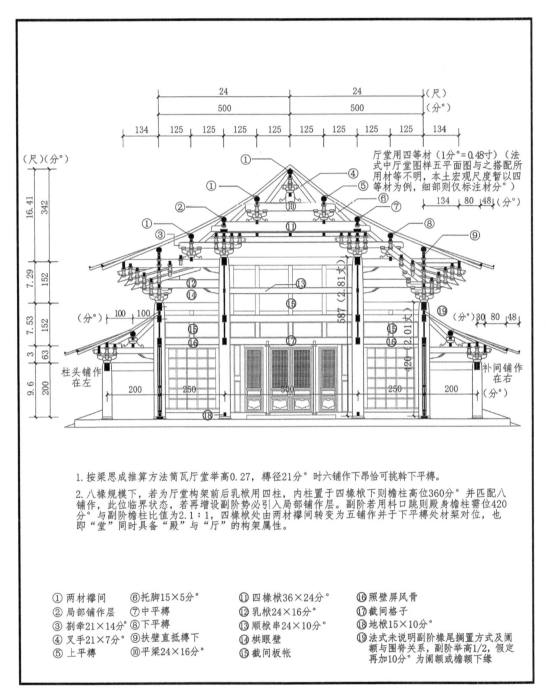

图116 堂身"八架椽屋（八铺作双杪三昂）前后乳栿用四柱、副阶（枓口跳）"可行性示例

（图片来源：自绘）

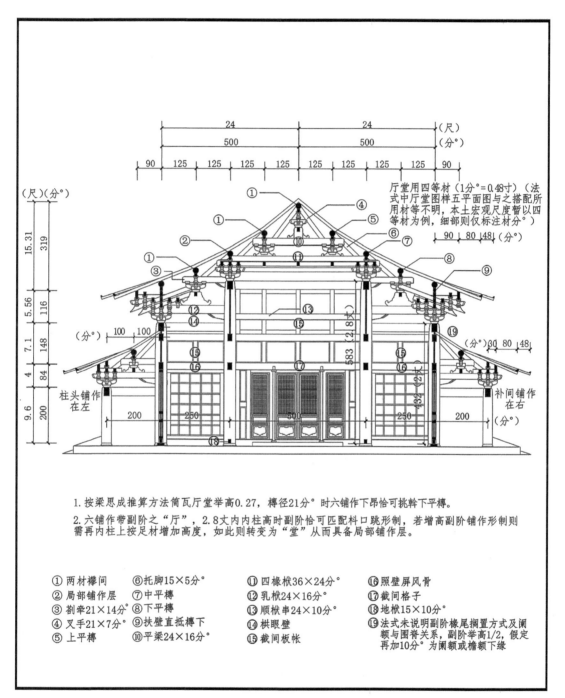

1. 按梁思成推算方法简瓦厅堂举高0.27，槫径21分° 时六铺作下昂恰可挑斡下平槫。

2. 六铺作带副阶之"厅"，2.8丈内内柱高时副阶恰可匹配枓口跳形制，若增高副阶铺作形制则需再内柱上按足材增加高度，如此则转变为"堂"从而具备局部铺作层。

① 两材襻间　　⑥ 托脚15×5分°　　⑪ 四椽栿36×24分°　　⑯ 照壁屏风骨
② 局部铺作层　⑦ 中平槫　　　　　⑫ 乳栿24×16分°　　　⑰ 截间格子
③ 剳牵21×14分°⑧ 下平槫　　　　⑬ 顺栿串24×10分°　　⑱ 地栿15×10分°
④ 叉手21×7分°　⑨ 扶壁直抵槫下　⑭ 栱眼壁　　　　　　⑲ 法式未说明副阶椽尾搁置方式及阑
⑤ 上平槫　　　　⑩ 平梁24×16分°　⑮ 截间板帐　　　　　　额与围脊关系，副阶举高1/2，假定
　　　　　　　　　　　　　　　　　　　　　　　　　　　　　　再加10分° 为阑额或檐额下缘

图117　堂身"八架椽屋（六铺作单杪双昂）前后乳栿用四柱、副阶（枓口跳）"可行性示例

（图片来源：自绘）

217

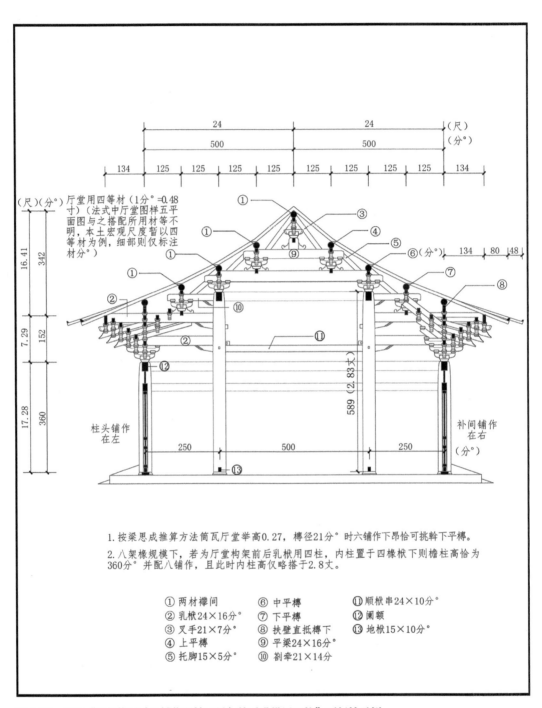

1. 按梁思成推算方法简瓦厅堂举高0.27，槫径21分°时六铺作下昂恰可挑斡下平槫。

2. 八架椽规模下，若为厅堂构架前后乳栿用四柱，内柱置于四椽栿下则檐柱高恰为360分°并配八铺作，且此时内柱高仅略搭于2.8丈。

① 两材襻间	⑥ 中平槫	⑪ 顺栿串24×10分°
② 乳栿24×16分°	⑦ 下平槫	⑫ 阑额
③ 叉手21×7分°	⑧ 扶壁直抵槫下	⑬ 地栿15×10分°
④ 上平槫	⑨ 平梁24×16分°	
⑤ 托脚15×5分°	⑩ 劄牵21×14分	

图118　堂身"八架椽屋（八铺作双杪三昂）前后乳栿用四柱"可行性示例

（图片来源：自绘）

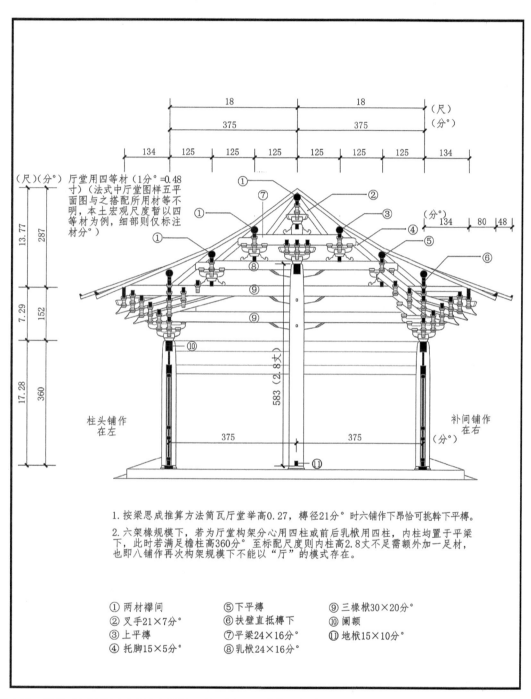

1. 按梁思成推算方法简瓦厅堂举高0.27，槫径21分°时六铺作下昂恰可挑斡下平槫。

2. 六架椽规模下，若为厅堂构架分心用四柱或前后乳栿用四柱，内柱均置于平梁下，此时若满足檐柱高360分°至标配尺度则内柱高2.8丈不足需额外加一足材，也即八铺作再次构架规模下不能以"厅"的模式存在。

① 两材襻间　　　　　⑤ 下平槫　　　　　⑨ 三椽栿30×20分°
② 叉手21×7分°　　　⑥ 扶壁直抵槫下　　⑩ 阑额
③ 上平槫　　　　　　⑦ 平梁24×16分°　⑪ 地栿15×10分°
④ 托脚15×5分°　　　⑧ 乳栿24×16分°

图119　堂身"六架椽屋（八铺作双杪三昂）分心用三柱"可行性示例
（图片来源：自绘）

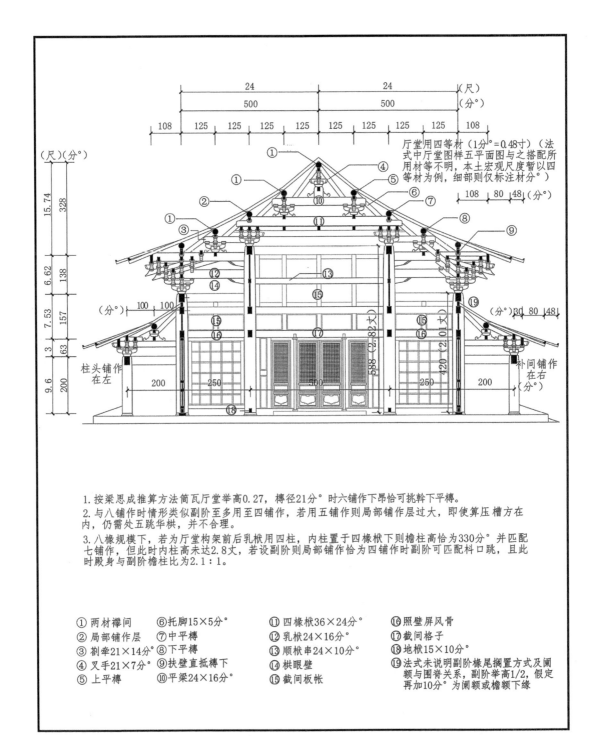

1. 按梁思成推算方法简瓦厅堂举高0.27，槫径21分°时六铺作下昂恰可挑斡下平槫。

2. 与八铺作时情形类似副阶至多用至四铺作，若用五铺作则局部铺作层过大，即使算压槽方在内，仍需处五跳华栱，并不合理。

3. 八椽规模下，若为厅堂构架前后乳栿用四柱，内柱置于四椽栿下则檐柱高恰为330分°并匹配七铺作，但此时内柱高未达2.8丈，若设副阶则局部铺作恰为四铺作时副阶可匹配枓口跳，且此时殿身与副阶檐柱比为2.1∶1。

① 两材襻间	⑥ 托脚15×5分°	⑪ 四椽栿36×24分°	⑯ 照壁屏风骨
② 局部铺作层	⑦ 中平槫	⑫ 乳栿24×16分°	⑰ 截间格子
③ 剳牵21×14分°	⑧ 下平槫	⑬ 顺栿串24×10分°	⑱ 地栿15×10分°
④ 叉手21×7分°	⑨ 扶壁直抵槫下	⑭ 栱眼壁	⑲ 法式未说明副阶椽尾搁置方式及阑额与围脊关系，副阶举高1/2，假定再加10分°为阑额或檐额下缘
⑤ 上平槫	⑩ 平梁24×16分°	⑮ 截间板帐	

图120 堂身"八架椽屋（七铺作双杪双昂）前后乳栿用四柱、副阶（枓口跳）"可行性示例
（图片来源：自绘）

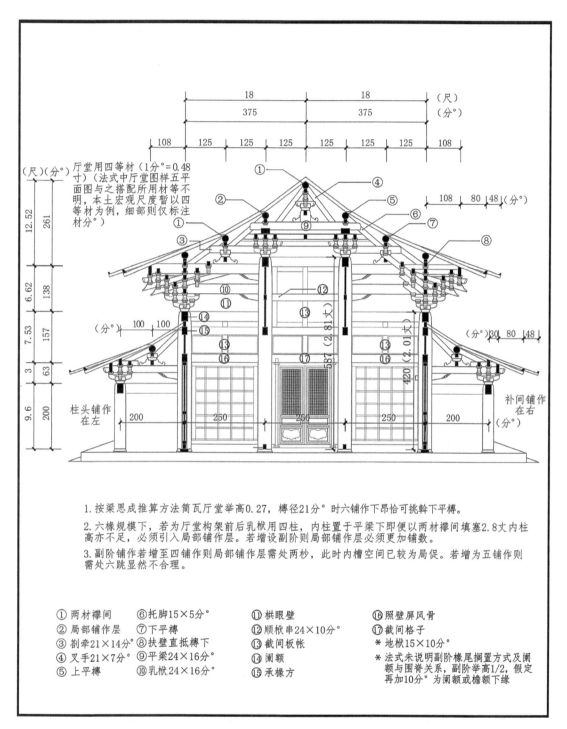

1. 按梁思成推算方法简瓦厅堂举高0.27，槫径21分° 时六铺作下昂恰可挑斡下平槫。

2. 六椽规模下，若为厅堂构架前后乳栿用四柱，内柱置于平梁即便以两材襻间填塞2.8丈内柱高亦不足，必须引入局部铺作层。若增设副阶则局部铺作层必须更加铺数。

3. 副阶铺作若增至四铺作则局部铺作层需处两杪，此时内槽空间已较为局促。若增为五铺作则需处六跳显然不合理。

① 两材襻间	⑥ 托脚15×5分°	⑪ 栱眼壁	⑯ 照壁屏风骨
② 局部铺作层	⑦ 下平槫	⑫ 顺栿串24×10分°	⑰ 截间格子
③ 劄牵21×14分°	⑧ 扶壁直抵槫下	⑬ 截间板帐	＊ 地栿15×10分°
④ 叉手21×7分°	⑨ 平梁24×16分°	⑭ 阑额	＊ 法式未说明副阶椽尾搁置方式及阑
⑤ 上平槫	⑩ 乳栿24×16分°	⑮ 承椽方	额与围脊关系，副阶举高1/2，假定
			再加10分° 为阑额或檐额下缘

图121 堂身"六架椽屋（七铺作双杪双昂）前后乳栿用四柱、副阶（枓口跳）"可行性示例（图片来源：自绘）

221

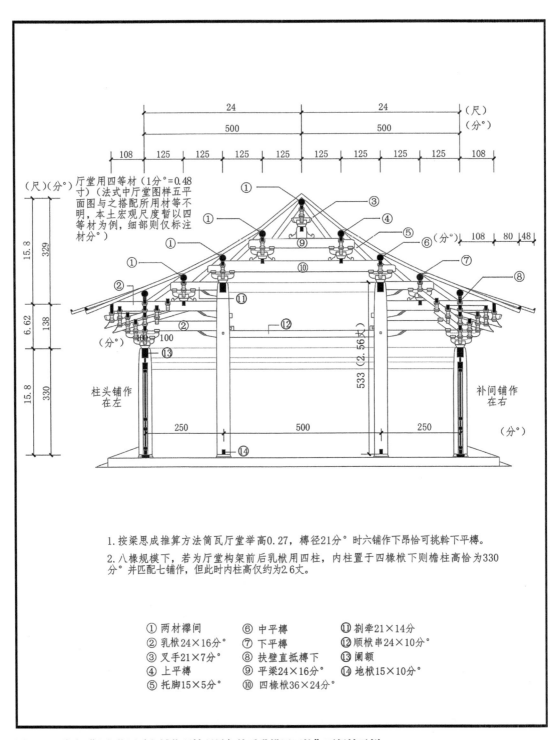

1. 按梁思成推算方法简瓦厅堂举高0.27，槫径21分°时六铺作下昂恰可挑斡下平槫。

2. 八椽规模下，若为厅堂构架前后乳栿用四柱，内柱置于四椽栿下则檐柱高恰为330分°并匹配七铺作，但此时内柱高仅约为2.6丈。

① 两材襻间	⑥ 中平槫	⑪ 劄牵21×14分°
② 乳栿24×16分°	⑦ 下平槫	⑫ 顺栿串24×10分°
③ 叉手21×7分°	⑧ 扶壁直抵槫下	⑬ 阑额
④ 上平槫	⑨ 平梁24×16分°	⑭ 地栿15×10分°
⑤ 托脚15×5分°	⑩ 四椽栿36×24分°	

图122　堂身"八架椽屋（七铺作双杪双昂）前后乳栿用四柱"可行性示例
（图片来源：自绘）

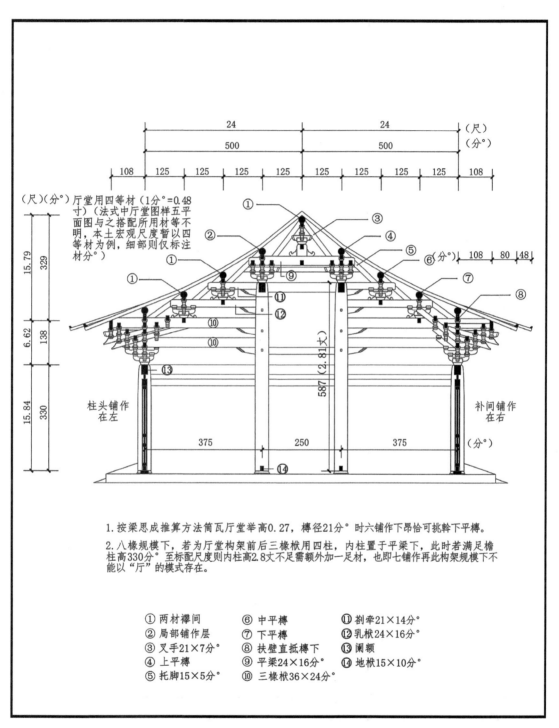

1. 按梁思成推算方法简瓦厅堂举高0.27，槫径21分° 时六铺作下昂恰可挑斡下平槫。

2. 八椽规模下，若为厅堂构架前后三椽栿用四柱，内柱置于平梁下，此时若满足檐柱高330分° 至标配尺度则内柱高2.8丈不足需额外加一足材，也即七铺作再此构架规模下不能以"厅"的模式存在。

① 两材襻间　　⑥ 中平槫　　　⑪ 劄牵21×14分°
② 局部铺作层　⑦ 下平槫　　　⑫ 乳栿24×16分°
③ 叉手21×7分° ⑧ 扶壁直抵槫下 ⑬ 阑额
④ 上平槫　　　⑨ 平梁24×16分° ⑭ 地栿15×10分°
⑤ 托脚15×5分° ⑩ 三椽栿36×24分°

图123 堂身"八架椽屋（七铺作双杪双昂）前后三椽栿用四柱"可行性示例

（图片来源：自绘）

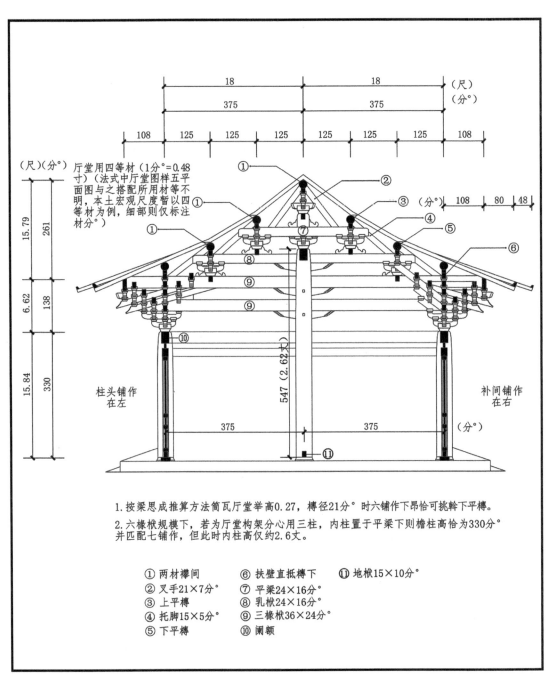

1. 按梁思成推算方法简瓦厅堂举高0.27，槫径21分° 时六铺作下昂恰可挑斡下平槫。

2. 六椽栿规模下，若为厅堂构架分心用三柱，内柱置于平梁下则檐柱高恰为330分°并匹配七铺作，但此时内柱高仅约2.6丈。

① 两材槫间　　　⑥ 扶壁直抵槫下　　⑪ 地栿15×10分°
② 叉手21×7分°　⑦ 平梁24×16分°
③ 上平槫　　　　⑧ 乳栿24×16分°
④ 托脚15×5分°　⑨ 三椽栿36×24分°
⑤ 下平槫　　　　⑩ 阑额

图124　堂身"六架椽屋（七铺作双杪双昂）分心用三柱"可行性示例

（图片来源：自绘）

001. 傅熹年（校注）. 合校本《营造法式》[M]. 北京：中国建筑工业出版社，2020.

002. 古刻新韵三辑·营造法式 [M]. 杭州：浙江人民美术出版社，2013.

003. 故宫博物院藏清初影宋抄本《营造法式》[M]. 北京：故宫出版社，2017.

004. 贾洪波.《营造法式》材分制材、栔概念名称含义来源探讨 [J]. 江汉考古，2017（06）：90-97.

005. 张十庆. 保国寺大殿的材栔形式及其与《营造法式》的比较 [M].（王贵祥主编）中国建筑史论汇刊（第柒辑）. 北京：中国建筑工业出版社，2012：36-51.

006. 朱永春.《营造法式》模度体系及隐性模度 [J]. 建筑学报，2015（04）：35-37.

007. 王贵祥，刘畅，段智钧. 中国古代木构建筑比例与尺度研究 [M]. 北京：中国建筑工业出版社，2011.

008. 徐怡涛. 山西万荣稷王庙建筑考古研究 [M]. 南京：东南大学出版社，2016.

009. 温玉清. "以材为祖"：奉国寺大雄殿大木构成探赜 [M].（王贵祥主编）中国建筑史论汇刊（第壹辑）. 北京：清华大学出版社，2008：65-82.

010. 刘畅，孙闯. 保国寺大殿大木结构测量数据解读 [M].（王贵祥主编）中国建筑史论汇刊（第壹辑）. 北京：清华大学出版社，2008：27-64.

011. 钟晓青. 关于"材"的一些思考 [J]. 建筑史（第23辑），2008：33-41.

012. 刘畅. 算法基因：晋东南三座木结构尺度设计对比研究 [M].（王贵祥主编）中国建筑史论汇刊（第壹拾辑）. 北京：清华大学出版社，2014：202-229.

013. 刘畅，姜铮，徐扬. 算法基因：高平资圣寺毗卢殿外檐铺作解读 [M].（王贵祥主编）中国建筑史论汇刊（第壹拾肆辑）. 北京：中国建筑工业出版社，2017：147-181.

014. 周淼，胡石. 基于精细测绘的晋祠圣母殿大木结构尺度复原 [J]. 建筑史（第45辑），2020：12-21.

015. 陈明达. 营造法式大木作研究 [M]. 北京：文物出版社，1981.

016. 刘畅，廖慧农，李树盛. 山西平遥镇国寺万佛殿与天王殿精细测绘报告 [M]. 北京：清华大学出版社，2013.

017. 刘畅，刘梦雨，徐扬. 也谈平顺龙门寺大殿大木结构用尺与用材问题 [M].（王贵祥主编）中国建筑史论汇刊（第玖辑）. 北京：清华大学出版社，2014：3-22.

018. 姜铮. 南村二仙庙正殿及其小木作帐龛尺度设计规律初步研究 [M].（王贵祥主编）中国建筑史论汇刊（第壹拾肆辑）. 北京：中国建筑工业出版社，2017.182-212.

019. 陈明达.《营造法式》研究札记（续一）[J]. 建筑史（第22辑），2006：1-19.

020. 张十庆.《营造法式》变造用材制度探析I/II [J]. 东南大学学报，1990（10）：8-14；1991（06）：1-7.

021. 傅熹年. 中国科学技术史·建筑卷 [M]. 北京：科学出版社，2008：436.

022. 潘谷西，何建中.《营造法式》解读 [M]. 南京：东南大学出版社，2005.

023. 何建中. 营造法式材份制新探 [J]. 建筑师，1991（02）：118-127.

024. 张十庆.《营造法式》材比例的形式与特点——传统数理背景下的古代建筑技术分析 [J]. 建筑史（第31辑），2013：9-14.

025. 张十庆. 关于《营造法式》大木作制度基准材的讨论 [J]. 建筑史（第38辑），2016：73-81.

026. 张十庆. 中日古代建筑大木技术的源流与变迁 [M]. 天津：天津大学出版社，2004.

027. 李灿.《营造法式》中椽材间广屋深的模数初探 [J]. 古建园林技术，2005（03）：18-30.

028. 李浈. 中国传统建筑木作工具 [M]. 上海：同济大学出版社，2004：105.

029. 徐扬，刘畅. 高平崇明寺中佛殿大木尺度设计初探 [M].（王贵祥主编）中国建筑史论汇刊（第捌辑）. 北京：中国建筑工业出版社，2013：257-279.

030. 刘畅，徐扬，姜铮. 算法基因——两例弯折的下昂 [M].（王贵祥主编）中国建筑史论汇刊（第拾贰辑）. 北京：清华大学出版社，2015：267-311.

031. 杨建江，杨明. 材份制形成之探讨 [J]. 华中建筑，2012（12）：138-141.

032. 张雪伟. 从"材分七等"到"材分八等" [J]. 福建建筑，2002（04）：47-48.

033. 杨国忠，王东涛.《营造法式》"材分八等"科学意义研究 [J]. 古建园林技术，2005（03）：11-15.

034. 国庆华.《营造法式》八等材和材份制争议 [M].（王贵祥主编）中国建筑史论汇刊（第拾壹辑）. 北京：清华大学出版社，2015：183-191.

035. 吕舟，刘畅，等. 佛光寺东大殿建筑勘察研究报告 [M]. 北京：文物出版社，2011.

036. 张秀生，刘友恒，等. 正定隆兴寺 [M]. 北京：文物出版社，2000.

037. 辽宁省文物保护中心，义县文物保管所. 义县奉国寺 [M]. 北京：文物出版社，2011.

038. 柴泽俊，李正云. 朔州崇福寺弥陀殿修缮工程报告 [M]. 北京：文物出版社，1993.

039. 郭黛姮. 中国古代建筑史（第三卷）[M]. 北京：中国建筑工业出版社，2003.

040. 杨新，等. 蓟县独乐寺 [M]. 北京：文物出版社，2007.

041. 张十庆，等. 宁波保国寺大殿勘测分析与基础研究 [M]. 南京：东南大学出版社，2012.

042. 刘畅，汪治，包媛迪. 晋城青莲上寺释迦殿大木尺度设计研究 [J]. 建筑史（第33辑），2014：36-54.

043. 李敏. 苏州虎丘二山门尺度复原与设计技法探讨［M］.（王贵祥主编）中国建筑史论汇刊（第壹拾伍辑）. 北京：中国建筑工业出版社，2018：154-176.

044. 张博远，刘畅，刘梦雨. 高平开化寺大雄宝殿大木尺度设计初探［J］. 建筑史（第32辑），2013：70-83.

045. 徐怡涛. 唐代木构建筑材份制度初探［J］. 建筑史（第18辑），2003：59-64.

046. 王天航. 唐代木构建筑材份等级序列复原研究［J］. 建筑师，2013（04）：97-101.

047. 郭华瑜. 明代建筑之斗栱用材等级［J］. 华中建筑，2004（05）：131-132.

048. 张十庆. 北构南相——初祖庵大殿现象探析［J］. 建筑史（第22辑），2006：84-89.

049. 刘畅，刘梦雨，王雪莹. 平遥镇国寺万佛殿大木结构测量数据解读［M］.（王贵祥主编）中国建筑史论汇刊（第伍辑）. 北京：清华大学出版社，2012：101-148.

050. 建筑文化考察组. 义县奉国寺［M］. 天津：天津大学出版社，2008.

051. 刘畅，刘梦雨，张淑琴. 再谈义县奉国寺大雄殿大木尺度设计方法——从最新发布资料得到的启示［J］. 故宫博物院院刊，2012（02）：72-88+162.

052. 刘畅，徐扬. 也谈榆次永寿寺雨花宫大木结构尺度设计［J］. 建筑史（第30辑），2012：11-23.

053. 徐新云. 临汾、运城地区的宋金元寺庙建筑［D］. 北京：北京大学，2009.

054. 刘畅、孙闯. 少林寺初祖庵实测数据解读［M］.（王贵祥主编）中国建筑史论汇刊（第贰辑）. 北京：清华大学出版社，2009：129-157.

055. 姜铮、李沁园、刘畅. 西溪二仙宫后殿大木设计规律再讨论——基于2010年补测数据［J］. 建筑史（第36辑），2015：26-45.

056. 刘畅，姜铮，徐扬. 山西陵川龙岩寺中央殿大木尺度设计解读［J］. 建筑史（第37辑），2016：8-24.

057. 刘畅，刘芸，李倩怡. 山西陵川北马村玉皇庙大殿之七铺作斗栱［M］.（王贵祥主编）中国建筑史论汇刊（第肆辑）. 北京：清华大学出版社，2011：169-197.

058. 吕舟，郑宇，姜铮. 晋城二仙庙小木作帐龛调查研究报告［M］. 北京：科学出版社，2017.

059. 赵寿堂，徐扬，刘畅. 算法基因——山西高平两座戏台之大木尺度对比研究［J］. 建筑史（第42辑），2018：47-69.

060. 塞尔江·哈力克，刘畅，刘梦雨. 平遥慈相寺大殿三维激光扫描测绘述要［J］. 建筑史（第35辑），2015：86-100.

061. 赖德霖. 中国近代思想史与史学史［M］. 北京：中国建筑工业出版社，2016.

062. 张十庆. 从建构思维看古代建筑结构的类型与衍化［J］. 建筑师，2007（04）：70-77.

063. 朱永春. 关于《营造法式》中殿堂、厅堂与余屋几个问题的思辨［J］. 建筑史（第38辑），2016：82-89.

064. 姜铮.《营造法式》与唐宋厅堂构架技术的关联性研究——以铺作构造的演变为视角 [D]. 南京：东南大学，2012：15-35.

065. 王辉.《营造法式》与江南建筑——《营造法式》中江南木构技术因素探析 [D]. 南京：东南大学，2001：12-60.

066. 喻梦哲. 论连架式厅堂与井字式厅堂的地域祖源——以顺栿串为线索 [J]. 建筑史（第38辑），2016：90-96.

067. 陈明达. 中国古代木结构建筑技术（战国—北宋）[M]. 北京：文物出版社，1990.

068. 傅熹年. 傅熹年建筑史论文集 [M]. 北京：文物出版社，1998.

069. 傅熹年. 傅熹年建筑史论文选 [M]. 天津：百花文艺出版社，2009.

070. 中国科学院自然科学史研究所. 中国古代建筑技术史 [M]. 北京：科学出版社，2000.

071. 钟晓青. 科栱、铺作与铺作层 [M].（王贵祥主编）中国建筑史论汇刊（第壹辑）. 北京：清华大学出版社，2008：3-26.

072. 刘敦桢（主编）. 中国古代建筑史 [M]. 北京：中国建筑工业出版社，2008.

073. 朱永春. 营造法式殿阁地盘分槽图新探 [J]. 建筑师，2006（06）：79-82.

074. 郑翌骅，李路珂，席九龙. 山西永乐宫三清殿、纯阳殿梁栿彩画构图与纹样试析 [A]. 中国建筑学会建筑史学分会暨学术研讨会2019论文集. 2019：439-442.

075. 刘临安. 陕西韩城元代建筑研究 [D]. 西安：西安建筑科技大学，1984.

076. 敦煌石窟全集（二十一. 建筑画卷）[M]. 上海：商务印书馆，2001.

077. 王鲁民. 说"昂" [J]. 古建园林技术，1996（04）：37-40.

078. 徐扬，刘畅. 高平崇明寺中佛殿大木尺度设计探析 [M].（王贵祥主编）中国建筑史论汇刊（第捌辑）. 北京：清华大学出版社，2013：257-279.

079. 梁思成.《营造法式》注释 [M]. 北京：中国建筑工业出版社，1981.

080. 陈彤.《营造法式》与晚唐官式栱长制度比较 [M].（王贵祥主编）中国建筑史论汇刊（第壹拾叁辑）. 北京：中国建筑工业出版社，2016.

081. 温静. 论多样化外檐斗拱的外观与布局——日本和样佛堂与中国北方辽宋金建筑的比较研究 [M].（王贵祥主编）中国建筑史论汇刊（第拾辑）. 北京：清华大学出版社，2014：291-316.

082. 萧默. 敦煌建筑研究 [M]. 北京：文物出版社，1989.

083. 万庚育. 中国敦煌壁画全集（九. 敦煌五代宋）[M]. 天津：天津人民美术出版社，2006.

084. 曹春平. 闽南建筑的殿堂型构架 [J]. 建筑史（第35辑），2014：49-71.

085. 曹春平. 闽南传统建筑 [M]. 厦门：厦门大学出版社，2006.

086. 袁艺峰. 肇庆梅庵大殿大木作研究 [D]. 广州：广州大学，2013：40-59.

087. 喻梦哲. 宋元样式的南方殿阁实例——时思寺大殿研究 [J]. 建筑史（第33辑），2013：

85-96.

088. 喻梦哲. 宋元样式还是宋元实物？——时思寺大殿建成年代考察 [J]. 华中建筑, 2013 （02）: 156-161.

089. 曹春平. 福建仙游无尘塔 [J]. 建筑史（第23辑）, 2008: 111-118.

090. 吴卉. 浅述长乐三峰寺塔的官式做法和福建地域特色之融合 [J]. 福建建筑, 2006（11）: 45-46+52.

091. 谢鸿权. 福建唐五代及宋之石塔浅述——比较于欧洲中世纪石构塔楼 [J]. 建筑史（第21辑）, 2005: 132-143.

092. （韩）전봉희, 이강민.3간×3간: 한국 건축의 유형학적 접근 [M]. 首尔: 首尔大学出版社, 2006.

093. （日）中川武. 建築様式の歴史と表現 [M]. 東京: 彰国社, 1987.

094. 周淼. 唐宋建筑转型与法式化——五代宋金时期晋中地区木构建筑研究 [M]. 南京: 东南大学出版社, 2020.

095. 林琳. 禅宗样佛堂大木结构的源流与类型分析 [M].（王贵祥主编）中国建筑史论汇刊（第拾贰辑）. 北京: 清华大学出版社, 2015: 112-128.

096. 李路珂.《营造法式》彩画研究 [M]. 南京: 东南大学出版社, 2011.

097. 路秉杰. 从上海真如寺大殿看日本禅宗样的渊源 [J]. 同济大学学报（人文社科版）, 1996（02）: 7-13.

098. 潘谷西. 中国古代建筑史（第四卷）[M]. 北京: 中国建筑工业出版社, 2003.

099. 诸葛净, 白颖. 苏州东山轩辕宫 [M]. 天津: 天津大学出版社, 2016.

100. 张驭寰. 上党古建筑 [M]. 天津: 天津大学出版社, 2009.

101. 颜华. 山东广饶关帝庙正殿 [J]. 文物, 1995（01）: 59-63.

102. 张十庆.《五山十刹图》与江南禅宗寺院 [M]. 南京: 东南大学出版社, 2000.

103. 陈彤. 故宫本《营造法式》图样研究(一)——《营造法式》斗栱榫卯探微 [M].（王贵祥主编）中国建筑史论汇刊（第拾壹辑）, 北京: 清华大学出版社, 2015: 192-233.

104. 郭书春（主编）, 中国科学技术史（数学卷）[M]. 北京: 科学出版社, 2010.

105. 潘德华. 斗栱（上册）[M]. 南京: 东南大学出版社, 2004.

106. 刘海瑞, 张歆. 从《营造法式》到《清工部工程做法则例》屋面坡度设计方法比较 [J]. 城市建筑, 2013（24）: 54-55.

107. 喻梦哲, 惠盛健. 宋金时期科栱下昂斜率生成机制及其调节方式研究 [J]. 建筑史（第45辑）, 2019: 41-48.

108. 朱永春.《营造法式》中"挑斡"与"昂桯"及其相关概念的辨析 [A]. 中国《营造法式》国际研讨会论文集, 2016: 135-144.

109. 林琳. 日本禅宗样建筑所见的《营造法式》中"挑斡"与"昂桯"及其相关构件——兼

论其与中国江南建筑关系 [J]. 建筑史（第40辑），2017：241-231.

110. 喻梦哲，惠盛健.《营造法式》上、下昂斜率取值方法探析 [J]. 建筑师，2020（04）：35-45.

111. 朱永春.《营造法式》大木作制度中的可调尺度、构造尺度及其对三个基本问题的解答 [J]. 建筑师，2021（01）：83-89.

112. 赵寿堂. 平长还是实长——对《营造法式》大木作功限下昂身长的再讨论 [M].（王贵祥主编）中国建筑史论汇刊（第拾玖辑）. 北京：中国建筑工业出版社，2020：72-85.

113. （美）彭慧萍. 虚拟的殿堂——南宋画院之省舍职制与后世想象 [M]. 北京：北京大学出版社，2018.

114. 乔迅翔. 宋代官式建筑营造及其技术 [M]. 上海：同济大学出版社，2012.

115. 陈彤. 故宫本《营造法式》图样研究(四)——《营造法式》斗栱正、侧样及平面构成探微 [J].（王贵祥主编）中国建筑史论汇刊（第壹拾伍辑），北京：中国建筑工业出版社，2017：63-139.

116. 陈彤. 故宫本《营造法式》图样研究(二)——《营造法式》地盘分槽及草架侧样探微 [J].（王贵祥主编）中国建筑史论汇刊（第拾贰辑），北京：中国建筑工业出版社，2015：312-373.

117. 朱启钤. 中国营造学社开会演词 [J]. 中国营造学社汇刊，1930（第一卷一期）：1-2.

118. 李灿.《营造法式》中的翼角构造初探 [J]. 古建园林技术，2003（02）：49-56.

119. 周淼，朱光亚. 唐宋时期华北地区木构建筑转角结构研究 [J]. 建筑史（第38辑），2016：10-30.

120. 张十庆.《营造法式》厦两头与宋代歇山做法 [M].（王贵祥主编）中国建筑史论汇刊（第拾辑），北京：清华大学出版社，2014：188-201.

121. 王其亨. 歇山沿革试析——探骊折扎之一 [J]. 古建筑园林技术，1991（01）：29-32+64.

122. 孟超，刘妍. 晋东南歇山建筑的梁架做法综述与统计分析——晋东南地区唐至金歇山建筑研究之四 [J]. 古建园林技术，2011（02）：7-11.

123. 李江，吴葱. 歇山建筑结构做法分类与屋顶组合探析 [J]. 建筑学报，2010（S1）：106-108.

124. 姜铮. 唐宋歇山建筑转角做法探析 [A]. 宁波保国寺大殿建城1000周年学术研讨会暨中国建筑史学分会2013年论文集. 北京. 科学出版社，2015：66-83.

125. 赵春晓. 宋代歇山建筑研究 [D]. 西安：西安建筑科技大学，2010.

126. 周至人. 晋冀豫唐至宋金歇山建筑遗存山面构造做法类型学研究 [D]. 成都：西南交通大学，2015.

127. 段文杰. 中国敦煌壁画全集 [M]. 天津：人民美术出版社. 2006.

128. 傅熹年. 关于唐宋时期建筑物平面尺度用"分"还是用尺来表示的问题 [J]. 古建园林

技术，2004（03）:34-38+41.

129. 张十庆. 部分与整体——中国古代建筑模数制发展的两大阶段［J］. 建筑史（第21辑），2005：45-50.

130. 王贵祥. 关于唐宋单檐木构建筑平立面比例问题的一些初步探讨［J］. 建筑史论文集（第15辑），2002：50-64+258-259.

131. 王贵祥. 唐宋时期建筑平立面比例中不同开间级差系列探讨［J］. 建筑史（第20辑），2003：12-25+284.

132. 王南. 象天法地，规矩方圆——中国古代都城、宫殿规划布局之构图比例探析［J］. 建筑史（第40辑），2017：77-125.

133. 王南. 规矩方圆，浮图万千——中国古代佛塔构图比例探析(上)［M］.（王贵祥主编）中国建筑史论汇刊（第拾陆辑），北京：中国建筑工业出版社，2017：216-256.

134. 王南. 规矩方圆，浮图万千——中国古代佛塔构图比例探析(下)［M］.（王贵祥主编）中国建筑史论汇刊（第拾柒辑），北京：中国建筑工业出版社，2018：241-277.

135. 徐怡涛.《营造法式》大木作控制性尺度规律研究［J］. 故宫博物院院刊，2015（06）：36-44+157-158.

136. 陈彤. 佛光寺东大殿大木制度探微［J］.（王贵祥主编）中国建筑史论汇刊（第拾捌辑）. 北京：中国建筑工业出版社，2019：57-100.

137. 李梦思. 宋《营造法式》传世版本比较研究（大木作部分）［D］. 泉州：华侨大学，2016.

138. 朱永春.《营造法式》中殿阁地盘分槽图的探索与引论［M］.（王贵祥主编）中国建筑史论汇刊（第壹拾肆辑），北京：中国建筑工业出版社. 2016：76-91.

139. 陈涛. 平坐研究反思与缠柱造再探［M］.（王贵祥主编）中国建筑史论汇刊（第叁辑），北京：清华大学出版社. 2010：164-180.

140. 张十庆. 古代楼阁式建筑结构的形式与特点——缠柱造辨析［J］. 建筑师，1997（04）：70-77.

141. 马晓. 附角斗与缠柱造［J］. 华中建筑，2004（03）：117-122.

142. 金维诺. 中国寺观壁画典藏丛书：山西繁峙岩山寺壁画［M］. 石家庄：河北美术出版社，2001.

143. 傅熹年. 中国古代建筑史（第二卷）［M］. 北京：中国建筑工业出版社，2001.

144. 齐斯洋. 嘉峪关关城木构建筑研究——兼论河西地区楼阁特色［D］. 天津：天津大学，2013.

145. 四川省文物考古研究所. 平武报恩寺［M］. 北京：科学出版社，2008.

146. 柴泽俊. 解州关帝庙［M］. 北京：文物出版社，2002.

147. 南京工学院建筑系，曲阜文物管理委员会. 曲阜孔庙建筑［M］. 北京：中国建筑工业出版社，1987.

148. 杨昌鸣. 东南亚与中国西南少数民族建筑文化探析 [M]. 天津：天津大学出版社，2004.

149. 王鲁民. "反宇"辨 [J]. 华中建筑，1991（01）：43-44.

150. 马炳坚. 歇山建筑的几种构造形式 [J]. 古建园林技术，1986（06）：10-17+34.

151. 朱光亚. 中国古典园林的拓扑关系 [J]. 建筑学报，1988（08）：33-36.

152. 彭福礼. 黔东南苗、侗民居建筑探析 [J]. 贵族民族研究，1990（02）：177-179.

153. 张雅楠. 广府地区殿堂建筑木构架研究 [D]. 广州：华南理工大学，2016.

154. 张卓远，方歌. 豫南歇山顶建筑二式 [J]. 古建园林技术，2011（02）：12-14.

155. 刘敦桢. 牌楼算例 [J].《营造学社汇刊》四卷一期，1933.

156. 刘致平. 中国建筑结构及类型 [M]. 北京：中国建筑工业出版社，1987.

157. 杨颖. 用"小街"串联的建筑空间——福建大田县少年之家设计构思 [J]. 建筑学报，1989（04）：33-37.

158. 彭一刚. 瞻形窥意两相顾，南北风格融一炉——就山东平度公园规划设计谈园林建筑的承袭与创新 [J]. 建筑学报，1995（03）：33-37.

159. 覃彩銮. 壮族传统民居建筑论述 [J]. 广西民族研究，1993（03）：112-118.

160. 陈纲伦，颜利克. 鄂西干栏民居空间形态研究 [J]. 建筑学报，1999（09）：46-50.

161. 刘晶晶，龙彬. 类型学视野下吊脚楼建筑特色差异 [J]. 建筑学报，2011（S1）：142-147.

162. 陈斯亮. 鄂西土家族吊脚楼穿斗架研究 [J]. 建筑学报，2020（S1）：103-108.

163. 邓幼莹. 以顶传神——峨眉山寺庙建筑屋顶艺术特色浅析 [J]. 建筑学报，1985（09）：27-32.

164. 周知. 西南传统建筑屋顶空间形态研究 [D]. 重庆：重庆大学，2008.

165. 黄思昕. 广府庭园建筑类型与营造特征研究 [D]. 广州：华南理工大学，2015.

166. 董禹含，高源，李晓峰. 吉安地区客家书院人文关联性探析 [J]. 西部人居环境学刊，2018（05）：102-108.

167. 吴庆洲. 龙母祖庙的建筑与装饰艺术 [J]. 华中建筑，2006（08）：148-158.

168. 傅熹年. 王希孟《千里江山图》中的北宋建筑 [J]. 故宫博物院院刊，1979（02）：50-61+3.

169. 高赛玉. 辽宁清代建筑大木作特点研究 [D]. 沈阳：沈阳建筑大学，2017.

170. 柴泽俊. 中国古代建筑：朔州崇福寺 [M]. 北京：文物出版社，1996.

171. 梁思成，刘敦桢. 大同古建筑调查报告 [J]. 营造学社汇刊（四卷三、四期合刊），1933.

172. 丹·克鲁克香. 弗莱彻建筑史 [M]. 北京：知识产权出版社，1996.

173. 陈伯超. 满族民居特色 [J]. 建筑史论文集（第16辑），2002：141-152.

174. 张一兵. 飞带式垂脊的特征、分布及渊源 [J]. 古建园林技术，2004（04）：32-37.

175. 韩国文化财厅. 韩国国家文化财（木造）工事修缮报告集（电子版）.

176. 李华东. 朝鲜半岛古代建筑文化 [M]. 南京：东南大学出版社，2011.

177. 黄德玉. 语言中的"歧义"与言语中的"歧解"——三论"歧义"研究中应该划界的几个问题 [J]. 安庆师范学报，1991（04）：94-100.

178. 张楠. 论照壁的沿革 [D]. 太原：山西大学，2009.

179. 包明军，李斌. 影壁探源 [J]. 文物建筑. 2010（第4辑）：67-70.

180. 丁传靖（辑）. 宋人轶事汇编 [M]. 北京：中华书局，2003.

181. 王博，张仁江，张春平. 古代布照壁初探 [J]. 建筑与文化，2018（08）：229-230.

182. 王效清. 中国古建筑术语辞典 [M]. 北京：文物出版社，2007.

183. 赵慧. 宋代室内意匠研究 [D]. 北京：中央美术学院，2009.

184. （清）李渔（撰），杜书瀛（评注）. 闲情偶寄 [M]. 北京：中华书局，2012.

185. 陈植. 长物志校注 [M]. 南京：江苏科学技术出版社，1984.

186. 张家骥. 园冶全释 [M]. 太原：山西古籍出版社，1993.

187. 张十庆. 南方上昂与挑斡作法探析 [J]. 建筑史论文集（第16辑），2002：31-45+290.

188. 贾洪波. 关于宋式建筑几个大木构件问题的探讨 [J]. 故宫博物院院刊，2010（03）：91-109.

189. 俞莉娜，徐怡涛. 晋东南地区五代宋元时期补间铺作挑斡形制分期及流变初探 [J]. 中国国家博物馆馆刊，2016（05）：21-40.

190. 张十庆. 中国江南禅宗寺院建筑 [M]. 武汉：湖北教育出版社，2002：171-193.

191. 王敏. 河南宋金元寺庙建筑分期研究 [D]. 北京大学，2011：28-69.

192. 张十庆，诸葛净. 中国古建筑测绘大系·宗教建筑:江南寺观 [M]. 北京：中国建筑工业出版社，2019.

193. 聂金鹿. 定兴慈云阁修缮记 [J]. 文物春秋，2005（03）：37-43.

194. 黄占均，刘畅，孙闯. 故宫神武门门楼大木尺度设计初探 [J]. 故宫博物院院刊，2013（01）：24-40.

195. 丁绍恒. 金华天宁寺大殿木构造研究 [D]. 南京：东南大学，2013：117-119.

196. 张亚宣. 延福寺大殿大木技术探析——从大木构架之分析比较入手 [D]. 南京：东南大学，2017.

197. 李敏. 甪直保圣寺天王殿实测调查研究 [J]. 建筑史（第36辑），2015：61-74.

198. 朱永春. 再论《营造法式》中的"分心斗底槽"与"金箱斗底槽"[J]. 建筑史（第41辑），2018：79-87.

199. 李若水. 南宋临安城北内慈福宫建筑组群复原初探——兼论南宋宫殿中的朵殿、挟屋和隔门配置 [M].（王贵祥主编）中国建筑史论汇刊（第拾壹辑）. 北京：清华大学出版社，2015：266-297.

200. 喻梦哲. 宋金之交的"接柱型"厅堂 [J]. 华中建筑，2016（06）：143-146.

| 后 记 |

　　本册书稿为笔者据近年来陆续撰写的技术史类论文删补、校核、重组而成，其中相当部分已被《建筑学报》《建筑师》《建筑史学刊》等杂志刊载、录用。

　　承蒙西安建筑科技大学建筑学院重视，笔者自入职起即有幸承担建筑史与营造法的本科、研究生理论课程，也参与指导了这些年来建筑学、历史建筑保护工程和风景园林学三个专业的测绘和认知实践，在与同事们、与兄弟院校老师们的互动中受益良多。

　　近期因主持国家自然科学基金面上项目"宋元界画中建筑形象的识读机制与样式谱系研究"与教育部人文社科基金西部项目"唐宋砖石墓葬及塔幢的仿木技术与设计方法研究"，逐渐开始涉猎建筑史、美术考古与形象史学的交叉领域，工作媒材的转移并未减轻对《营造法式》的研究兴趣，反而成为从外部视角审视自身学习心得的难得机缘，以这部书稿而言，正是前段时间从筛查敦煌壁画中唐至西夏建筑形象的基础工作中，逐步牵引出关于铺作昂制分类的新思考，进而牵连出关于唐辽、宋金建构思维差异的系列比较，可以说是无心插柳之举，但更要归因于对学界前沿成果的持续关注与学习。

　　2017年起，笔者获得导师资格，研究生们来自五湖四海，学习氛围总体来说也比较自由、热烈，同学们的勤奋也是对笔者的极大鞭策。

　　本书内容中，有若干章节由笔者指导研究生共同完成，几位同学承担了繁重的计算、建模与出图工作，师生间切磋辩难的场景更是历历在目，这部书稿可以说是我们的共同成果。如与惠盛健合作撰写、发表于《建筑师》杂志的《榆林十六窟壁画楼阁的铺作形制复原及其意义探析》《〈营造法式〉上、下昂斜率取值方法探析》《〈营造法式〉"缠柱造"再探与"楼—阁"概念辨疑》，与周润共同发表于《室内设计与装修》杂志的《从"照壁"的词义转借现象看

〈营造法式〉工程术语特征》，与张陆合作发表于《建筑遗产》杂志的《"假歇山"概念溯源及其类型浅析》等，均是如此。随着学生的毕业、流动，在成稿过程中，2020级李超同学、2021级杨晨艺同学也参与了校核、配图工作，在此一并致谢。相信随着阅历的日渐丰富，每一级研究生都将在学习、钻研《营造法式》的过程中有所收获，笔者亦期待与同学们教学相长，不断进步。

在整理书稿的过程中，亦多次翻检前辈们的经典论述，好的文章自然是百读不厌、历久弥新，文字如有生命，诵之如同回到学生时代，每天听闻老师传授课业，正是这些识见卓远的思想精粹，为我们赓续着代代前贤的学问薪火。建筑史的研究事关文化自信与民族复兴，道阻且长，我辈后学尤应时刻奋进，毕竟世间无至善之境，亦无止息之时。

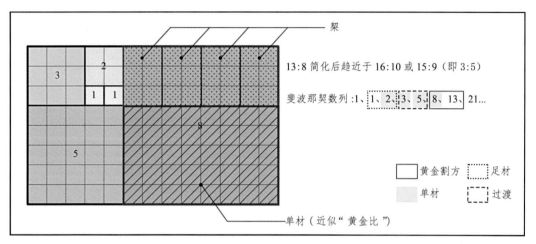

图12　材截面原型与黄金割方、斐波那契数列间关系示意

（图片来源：自绘）

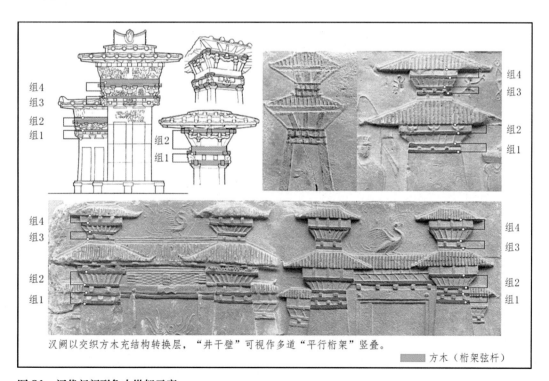

图21　汉代门阙形象中纵架示意

（图片来源：底图改绘自文献［72］、三峡博物馆藏画像砖）

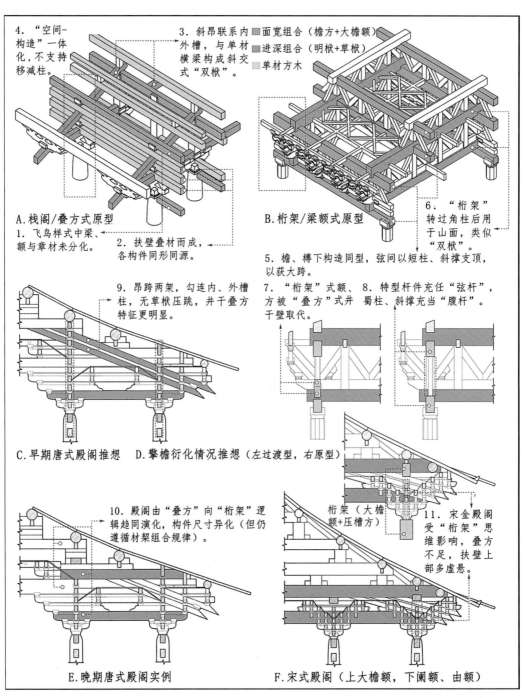

图 22　"叠方式"与"桁架式"殿阁构造示意

（图片来源：自绘）

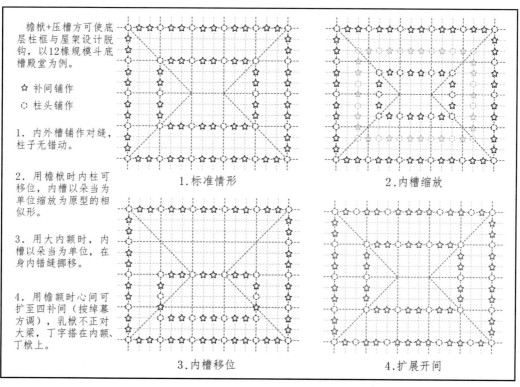

图23 《营造法式》殿堂平面诸种"变槽"情形示意

（图片来源：自绘）

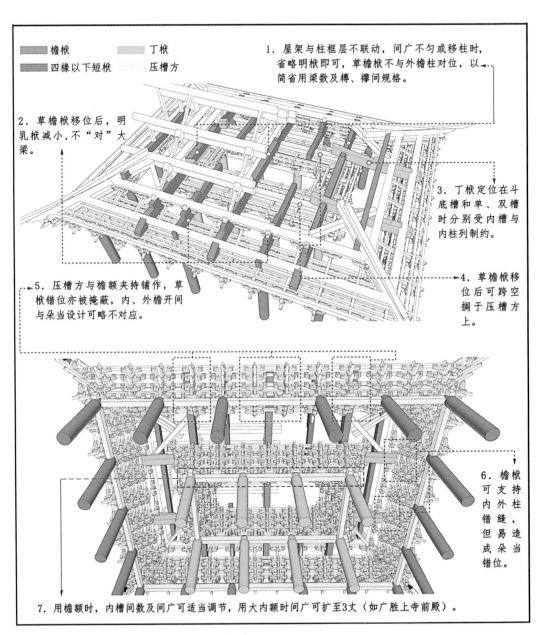

图例：
■ 檐栿　　■ 丁栿
■ 四椽以下短栿　　■ 压槽方

1. 屋架与柱框层不联动，间广不匀或移柱时，省略明栿即可，草檐栿不与外檐柱对位，以简省用梁数及槫、襻间规格。

2. 草檐栿移位后，明乳栿减小，不"对"大梁。

3. 丁栿定位在斗底槽和单、双槽时分别受内槽与内柱列制约。

5. 压槽方与檐额夹持铺作，草栿错位亦被掩蔽，内、外檐开间与朵当设计可略不对应。

4. 草檐栿移位后可跨空搁于压槽方上。

6. 檐栿可支持内外柱缝，但易造成朵当错位。

7. 用檐额时，内槽间数及间广可适当调节，用大内额时间广可扩至3丈（如广胜上寺前殿）。

图24　《营造法式》殿阁草作梁栿安搭方式示意

（图片来源：自绘）

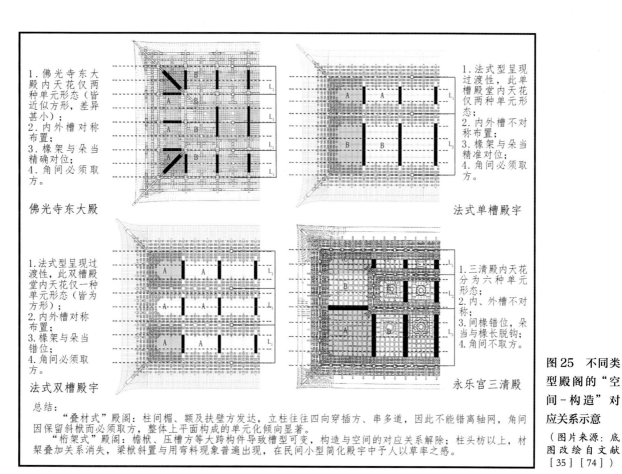

1. 佛光寺东大殿内天花仅两种单元形态（皆近似方形，差异甚小）；
2. 内外槽对称布置；
3. 椽架与朵当精确对位；
4. 角间必须取方。

佛光寺东大殿

1. 法式型呈现过渡性，此单槽殿堂内天花仅两种单元形态；
2. 内外槽不对称布置；
3. 椽架与朵当精准对位；
4. 角间必须取方。

法式单槽殿宇

1. 法式型呈现过渡性，此双槽殿堂内天花仅一种单元形态（皆为方形）；
2. 内外槽对称布置；
3. 椽架与朵当错位；
4. 角间必须取方。

法式双槽殿宇

1. 三清殿内天花分为六种单元形态；
2. 内、外槽不对称；
3. 间椽错位，朵当与椽长脱钩；
4. 角间不取方。

永乐宫三清殿

总结：
"叠材式"殿阁：柱间楣、额及扶壁方发达，立柱往往四向穿插方、串多道，因此不能错离轴网，角间因保留斜栿而必须取方，整体上平面构成的单元化倾向显著。
"桁架式"殿阁：檐栿、压槽方等大跨构件导致槽型可变，构造与空间的对应关系解除；柱头枋以上，材累叠加关系消失，梁栿斜置与用弯料现象普遍出现，在民间小型简化殿宇中予人以草率之感。

图 25 不同类型殿阁的"空间－构造"对应关系示意

（图片来源：底图改绘自文献[35][74]）

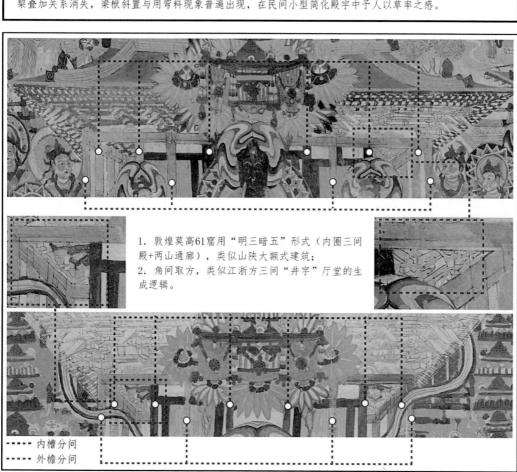

1. 敦煌莫高61窟用"明三暗五"形式（内圈三间殿＋两山通廊），类似山陕大额式建筑；
2. 角间取方，类似江浙方三间"井字"厅堂的生成逻辑。

- - - - 内槽分间
- - - - 外檐分间

图 26 敦煌壁画大檐额用法举例

（图片来源：底图引自文献[76]）

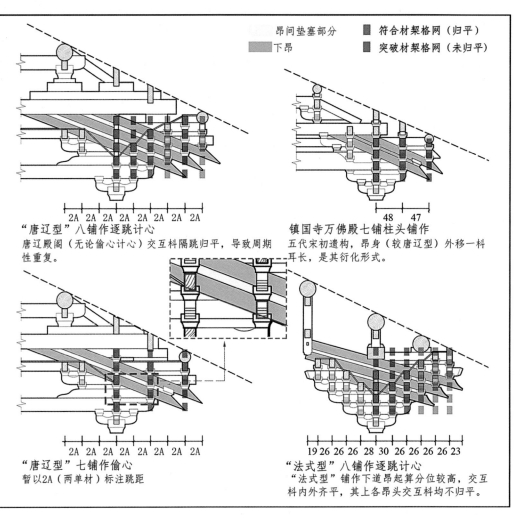

图例：
- 昂间垫塞部分
- 下昂
- 符合材栔格网（归平）
- 突破材栔格网（未归平）

"唐辽型"八铺作逐跳计心
唐辽殿阁（无论偷心计心）交互枓隔跳归平，导致周期性重复。

镇国寺万佛殿七铺柱头铺作
五代宋初遗构，昂身（较唐辽型）外移一枓耳长，是其衍化形式。

"唐辽型"七铺作偷心
暂以2A（两单材）标注跳距

"法式型"八铺作逐跳计心
"法式型"铺作下道昂起算分位较高，交互枓内外齐平，其上各昂头交互枓均不归平。

图27 "唐辽型"与"法式型"铺作交互枓周期性归平特征比较

（图片来源：底图改绘自文献［16］［79］）

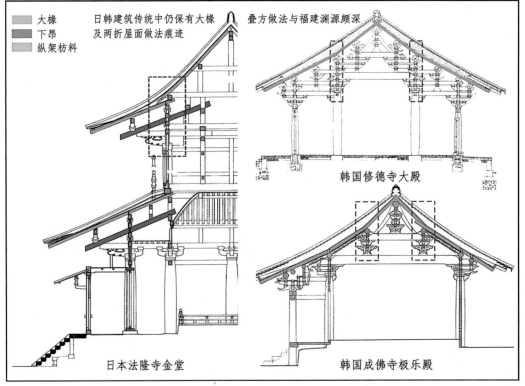

图例：
- 大椽
- 下昂
- 纵架枋料

日韩建筑传统中仍保有大椽及两折屋面做法痕迹

叠方做法与福建渊源颇深

日本法隆寺金堂

韩国修德寺大殿

韩国成佛寺极乐殿

图32 日韩木构建筑"两折屋面"做法举例

（图片来源：底图改绘自文献［92］［93］）

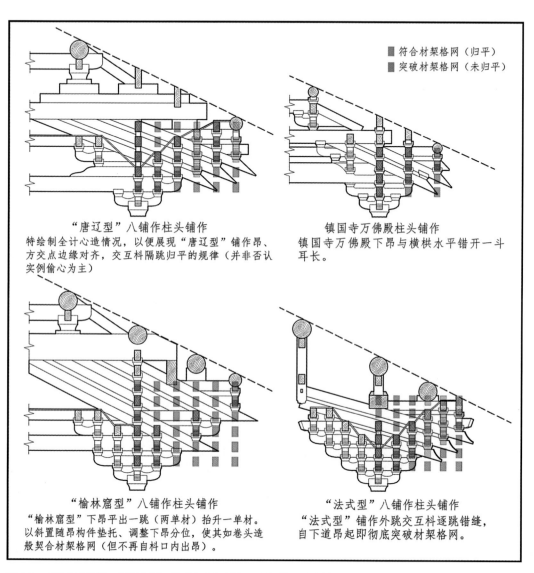

■ 符合材栔格网（归平）
■ 突破材栔格网（未归平）

"唐辽型"八铺作柱头铺作
特绘制全计心造情况，以便展现"唐辽型"铺作昂、方交点边缘对齐，交互枓隔跳归平的规律（并非否认实例偷心为主）

镇国寺万佛殿柱头铺作
镇国寺万佛殿下昂与横栱水平错开一斗耳长。

"榆林窟型"八铺作柱头铺作
"榆林窟型"下昂平出一跳（两单材）抬升一单材。以斜置随昂构件垫托、调整下昂分位，使其如卷头造般契合材栔格网（但不再自枓口内出昂）。

"法式型"八铺作柱头铺作
"法式型"铺作外跳交互枓逐跳错缝，自下道昂起即彻底突破材栔格网。

图35 "榆林窟型""唐辽型""《法式》型"下昂与栱、方交接关系示意
（图片来源：部分底图改自文献［16］）

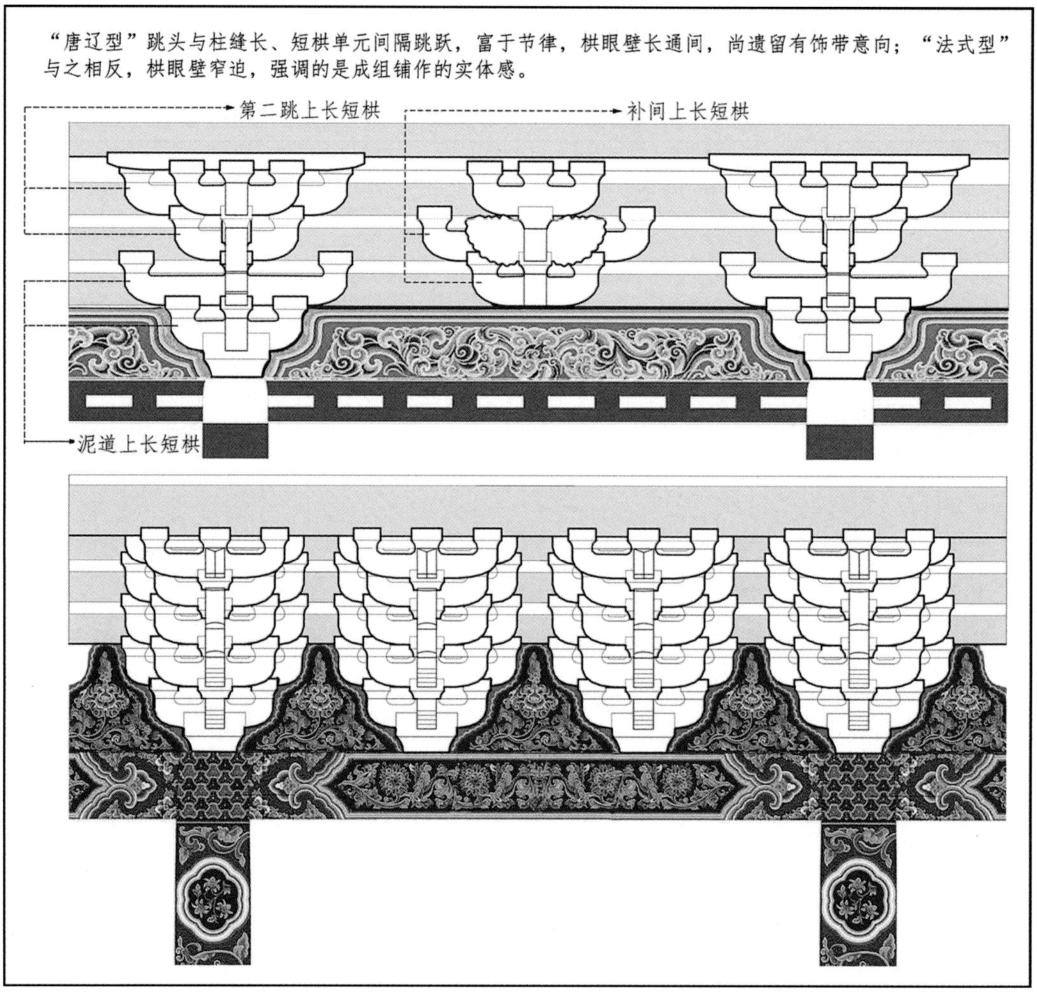

图 39 "唐辽型""法式型"外檐铺作设计意向对比

（图片来源：底图改自文献 [80] [96]）

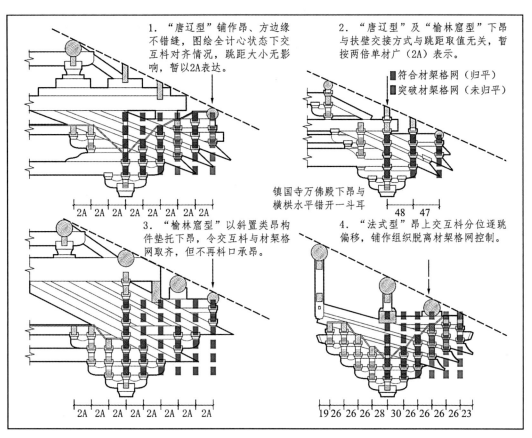

1. "唐辽型"铺作昂、方边缘不错缝，图绘全计心状态下交互枓对齐情况，跳距大小无影响，暂以2A表达。

2A 2A 2A 2A 2A 2A 2A

2. "唐辽型"及"榆林窟型"下昂与扶壁交接方式与跳距取值无关，暂按两倍单材广（2A）表示。

■ 符合材栔格网（归平）
■ 突破材栔格网（未归平）

镇国寺万佛殿下昂与横栱水平错开一斗耳

48 47

3. "榆林窟型"以斜置类昂构件垫托下昂，令交互枓与材栔格网取齐，但不再枓口承昂。

2A 2A 2A 2A 2A 2A 2A 2A

4. "法式型"昂上交互枓分位逐跳偏移，铺作组织脱离材栔格网控制。

19 26 26 26 28 30 26 26 26 23

图44 三种"昂制"跳头交互枓归平倾向差异示意

（图片来源：自绘）

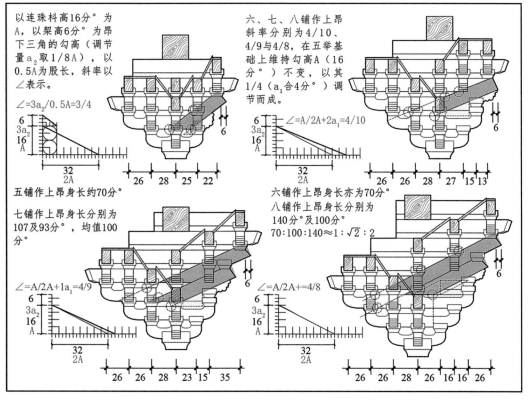

以连珠枓高16分° 为A，以栔高6分° 为昂下三角的勾高（调节量 a_2 取1/8A），以0.5A为股长，斜率以∠表示。

∠=$3a_2$/0.5A=3/4

6
3a_2
16
A

32
2A

26 28 25 22

五铺作上昂身长约70分°

七铺作上昂身长分别为107及93分°，均值100分°。

∠=A/2A+1a_1=4/9

6
3a_2
16
A

32
2A

26 26 28 23 15 35

六、七、八铺作上昂斜率分别为4/10、4/9与4/8，在五举基础上维持勾高A（16分°）不变，以其1/4（a_1合4分°）调节而成。

∠=A/2A+2a_1=4/10

6
3a_2
16
A

32
2A

26 26 28 27 15 13

六铺作上昂身长亦为70分°

八铺作上昂身长分别为140分°及100分°
70:100:140≈1:$\sqrt{2}$:2

∠=A/2A+=4/8

6
3a_2
16
A

32
2A

26 26 28 26 16 16 26

图50 《营造法式》上昂斜率推算方式示意

（图片来源：自绘）

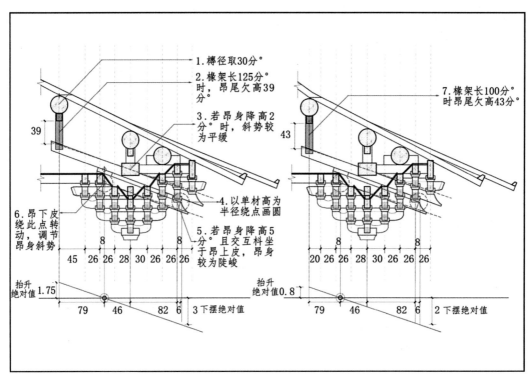

图 52　七铺作下昂按"旋点法"调节效果示意

（图片来源：自绘）

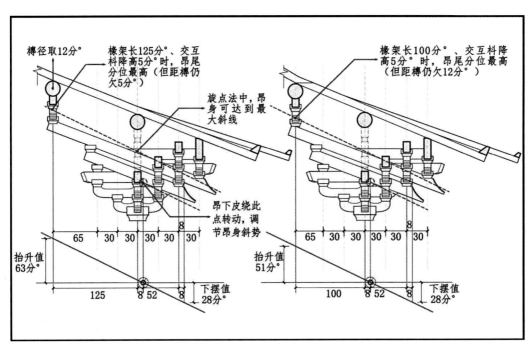

图 53　六铺作下昂按"旋点法"调节效果示意

（图片来源：自绘）

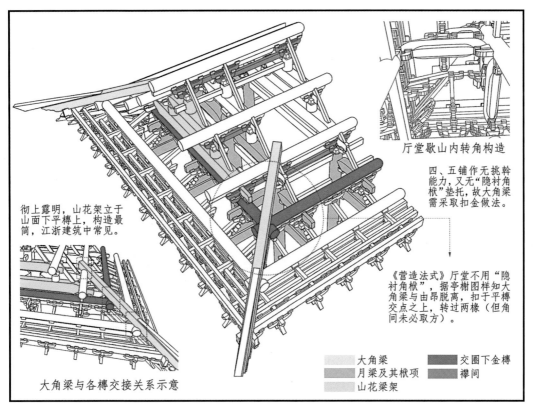

彻上露明，山花架立于山面下平槫上，构造最简，江浙建筑中常见。

大角梁与各槫交接关系示意

厅堂歇山内转角构造

四、五铺作无挑斡能力，又无"隐衬角栿"垫托，故大角梁需采取扣金做法。

《营造法式》厅堂不用"隐衬角栿"，据亭榭图样知大角梁与由昂脱离，扣于平槫交点之上，转过两椽（但角间未必取方）。

▨ 大角梁 ▨ 交圈下金槫
▨ 月梁及其枒项 ▨ 襻间
▨ 山花梁架

图 68　《营造法式》厅堂歇山转角构造示意
（图片来源：自绘）

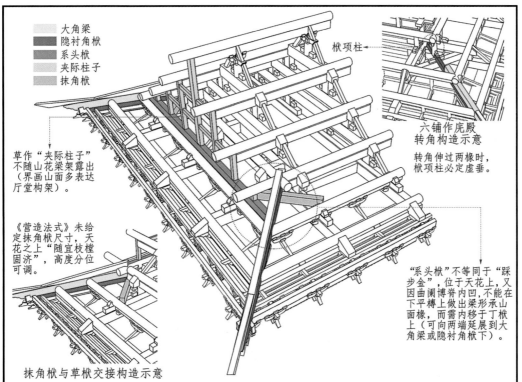

▨ 大角梁
▨ 隐衬角栿
▨ 系头栿
▨ 夹际柱子
▨ 抹角栿

草作"夹际柱子"不随山花梁架露出（界画山面多表达厅堂构架）。

《营造法式》未给定抹角栿尺寸，天花之上"随宜枝樘固济"，高度分位可调。

抹角栿与草栿交接构造示意

栿项柱◄

六铺作庑殿转角构造示意

转角伸过两椽时，栿项柱必定虚垂。

"系头栿"不等同于"踩步金"，位于天花上，又因曲阑博脊内凹，不能在下平槫上做出梁形承山面椽，而需内移于丁栿上（可向两端延展到大角梁或隐衬角栿下）。

图 69　《营造法式》殿阁歇山转角构造示意
（图片来源：自绘）

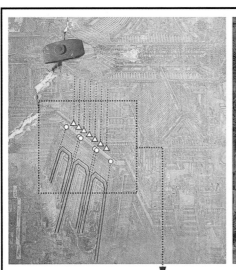

岩山寺壁画城楼模式基本与宋汴梁、金中都官殿吻合（图中绘作六间，实际应为五间或七间），楼下开三门道，与门楼间缝错位，须横施"柱脚方"以安放平坐柱及殿身柱。

《清明上河图》门楼五开间，下辟单门道，其排叉柱、涎衣木、洪门栿等构件表达细腻、准确，写实度较高，同样需要"柱脚方"解决大跨问题。

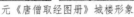

元《唐僧取经图册》城楼形象

莫高148窟盛唐壁画城楼

莫高9窟、莫高138窟晚唐壁画城楼

图83　间接建筑形象中所见"柱脚方"形态

（图片来源：引自文献［76］［142］）

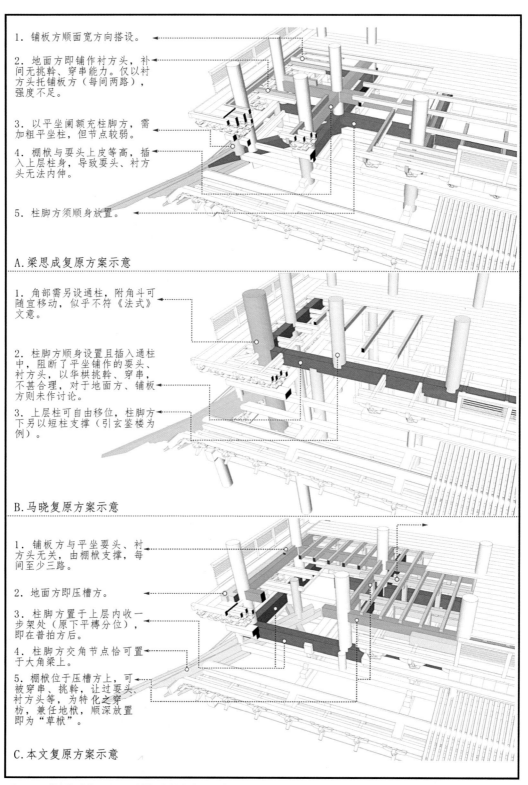

1. 铺板方顺面宽方向搭设。

2. 地面方即铺作衬方头，补间无挑斡、穿串能力。仅以衬方头托铺板方（每间两路），强度不足。

3. 以平坐阑额充柱脚方，需加粗平坐柱，但节点较弱。

4. 棚栿与要头上皮等高，插入上层柱身，导致要头、衬方头无法内伸。

5. 柱脚方须顺身放置。

A. 梁思成复原方案示意

1. 角部需另设通柱，附角斗可随宜移动，似乎不符《法式》文意。

2. 柱脚方顺身设置且插入通柱中，阻断了平坐铺作的要头、衬方头，以华栱挑斡、穿串，不甚合理，对于地面方、铺板方则未作讨论。

3. 上层柱可自由移位，柱脚方下另以短柱支撑（引玄鉴楼为例）。

B. 马晓复原方案示意

1. 铺板方与平坐要头、衬方头无关，由棚栿支撑，每间至少三路。

2. 地面方即压槽方。

3. 柱脚方置于上层内收一步架处（原下平槫分位），即在普拍方后。

4. 柱脚方交角节点恰可置于大角梁上。

5. 棚栿位于压槽方上，可被穿串、挑斡，让过要头、衬方头等，为特化之穿枋，兼任地栿，顺深放置即为"草栿"。

C. 本文复原方案示意

图87 "缠柱造"不同理论模型关键差异示意

（图片来源：自绘）

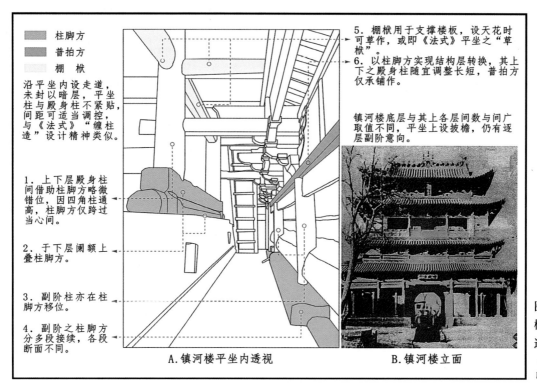

图例：
- 柱脚方
- 普拍方
- 棚栿

沿平坐内设走道，未封以暗层，平坐柱与殿身柱不紧贴，间距可适当调控，与《法式》"缠柱造"设计精神类似。

1. 上下层殿身柱间借助柱脚方略微错位，因四角柱通高，柱脚方仅跨过当心间。

2. 于下层阑额上叠柱脚方。

3. 副阶柱亦在柱脚方移位。

4. 副阶之柱脚方分多段接续，各段断面不同。

5. 棚栿用于支撑楼板，设天花时可草作，或即《法式》平坐之"草栿"。

6. 以柱脚方实现结构层转换，其上下之殿身柱随宜调整长短，普拍方仅承铺作。

镇河楼底层与其上各层间数与间广取值不同，平坐上设披檐，仍有逐层副阶意向。

A.镇河楼平坐内透视　　　　　B.镇河楼立面

图88　镇河楼之"准缠柱造"结构示意

（图片来源：自绘）

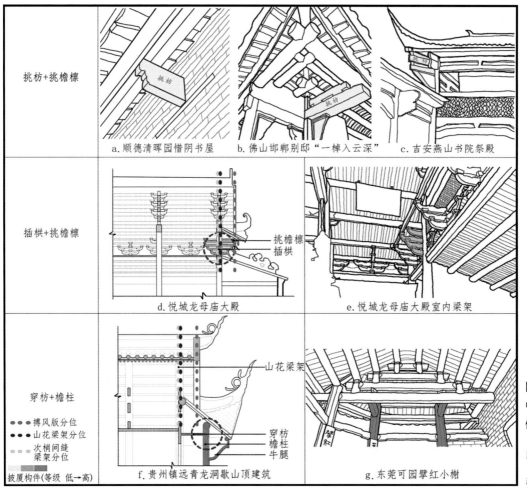

挑枋+挑檐檩	a.顺德清晖园惜阴书屋	b.佛山邯郸别邸"一棹入云深"	c.吉安燕山书院祭殿
插栱+挑檐檩	d.悦城龙母庙大殿（挑檐檩、插栱）	e.悦城龙母庙大殿室内梁架
穿枋+檐柱	f.贵州镇远青龙洞歇山顶建筑（山花梁架、穿枋、檐柱、牛腿）	g.东莞可园擘红小榭

博风版分位　山花梁架分位　次梢间缝梁架分位　披厦构件（等级 低→高）

图91　穿斗架中的"假歇山"做法示例

（图片来源：底图d改自文献[167]，底图f改自文献[164]）

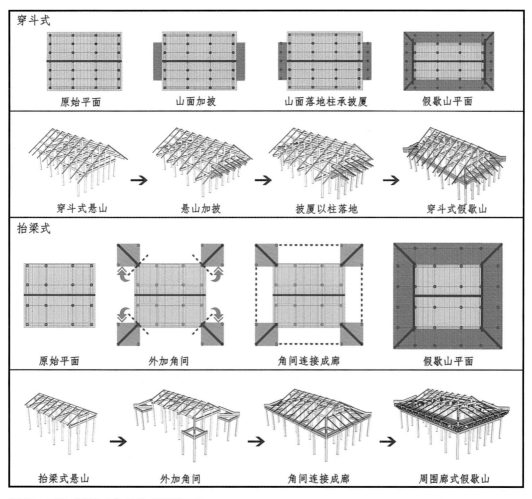

穿斗式

| 原始平面 | 山面加披 | 山面落地柱承披厦 | 假歇山平面 |

| 穿斗式悬山 | 悬山加披 | 披厦以柱落地 | 穿斗式假歇山 |

抬梁式

| 原始平面 | 外加角间 | 角间连接成廊 | 假歇山平面 |

| 抬梁式悬山 | 外加角间 | 角间连接成廊 | 周围廊式假歇山 |

图95　两种"假歇山"的生成逻辑示意

（图片来源：自绘）

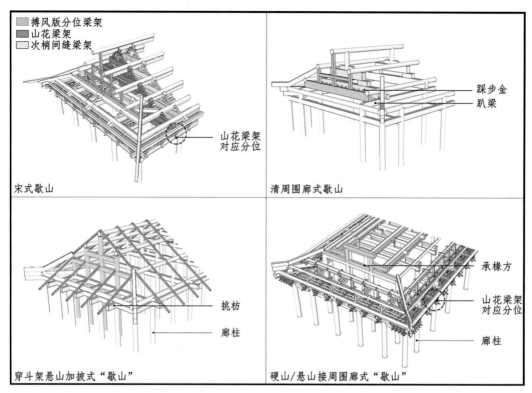

图 97　各类歇山缝架配置情况示意

（图片来源：自绘）

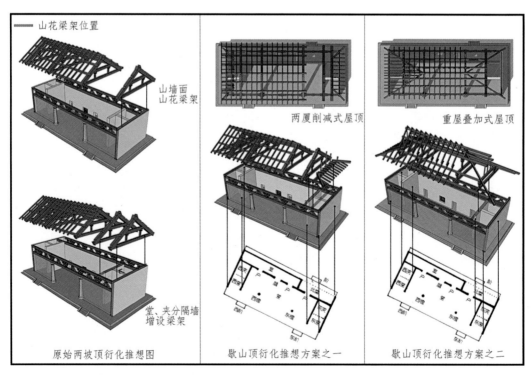

图 100　堂、夹分隔与厦架生成方式的推想

（图片来源：据（清）张惠言《仪礼图》自绘）

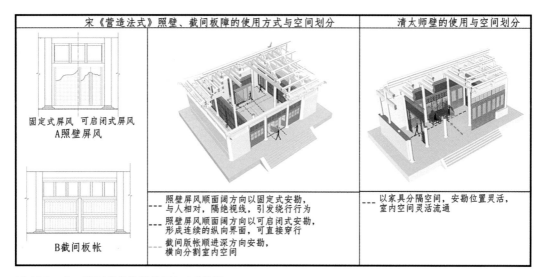

宋《营造法式》照壁、截间板障的使用方式与空间划分		清太师壁的使用与空间划分

图101 宋、清隔截类构件使用与空间划分

（图片来源：自绘）

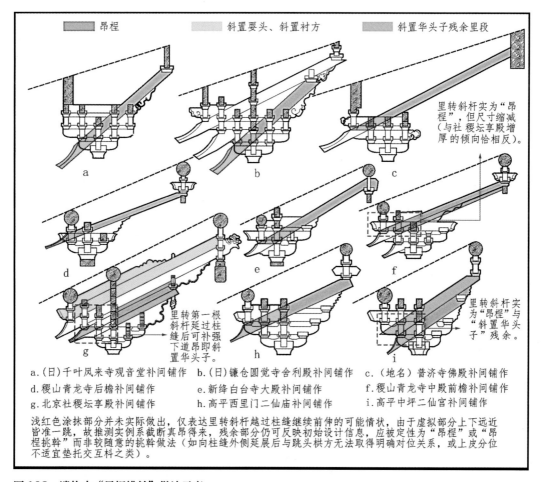

a.（日）千叶风来寺观音堂补间铺作　　b.（日）镰仓圆觉寺舍利殿补间铺作　　c.（地名）普济寺佛殿补间铺作

d.稷山青龙寺后檐补间铺作　　　　　　e.新绛白台寺大殿补间铺作　　　　　　f.稷山青龙寺中殿前檐补间铺作

g.北京社稷坛享殿补间铺作　　　　　　h.高平西里门二仙庙补间铺作　　　　　i.高平中坪二仙宫补间铺作

浅红色涂抹部分并未实际做出，仅表达里转斜杆越过柱缝继续前伸的可能情状，由于虚拟部分上下远近皆准一跳，故推测实例系截断真昂得来，残余部分仍可反映初始设计信息，应被定性为"昂桯"或"昂桯挑斡"而非较随意的挑斡做法（如向柱缝外侧延展后与跳头栱方无法取得明确对位关系，或上皮分位不适宜垫托交互枓之类）。

图102 遗构中"昂桯挑斡"做法示意

（图片来源：底图改自文献［26］［30］［53］）

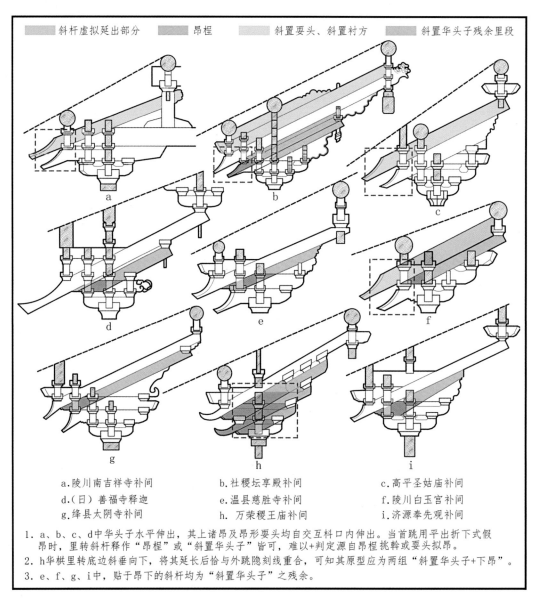

斜杆虚拟延出部分 　　　昂桯 　　　斜置要头、斜置衬方 　　　斜置华头子残余里段

a.陵川南吉祥寺补间 　　　b.社稷坛享殿补间 　　　c.高平圣姑庙补间
d.(日)善福寺释迦 　　　e.温县慈胜寺补间 　　　f.陵川白玉宫补间
g.绛县太阴寺补间 　　　h. 万荣稷王庙补间 　　　i.济源奉先观补间

1. a、b、c、d中华头子水平伸出，其上诸昂及昂形要头均自交互枓口内伸出。当首跳用平出折下式假昂时，里转斜杆释作"昂桯"或"斜置华头子"皆可，难以+判定源自昂桯挑幹或要头拟昂。

2. h华栱里转底边斜垂向下，将其延长后恰与外跳隐刻线重合，可知其原型应为两组"斜置华头子+下昂"。

3. e、f、g、i中，贴于昂下的斜杆均为"斜置华头子"之残余。

图106　遗构中"斜置"华头子残余痕迹示意

（图片来源：底图改自文献［30］［53］［95］［191］）

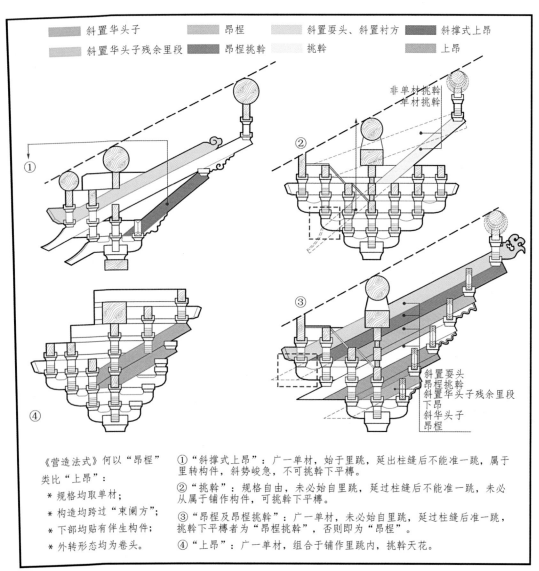

图例
斜置华头子　　昂桯　　斜置耍头、斜置衬方　　斜撑式上昂
斜置华头子残余里段　　昂桯挑斡　　挑斡　　上昂

① "斜撑式上昂"：广一单材，始于里跳，延出柱缝后不能准一跳，属于里转构件，斜势峻急，不可挑斡下平槫。

② "挑斡"：规格自由，未必始自里跳，延过柱缝后不能准一跳，未必从属于铺作构件，可挑斡下平槫。

③ "昂桯及昂桯挑斡"：广一单材，未必始自里跳，延过柱缝后准一跳，挑斡下平槫者为"昂桯挑斡"，否则即为"昂桯"。

④ "上昂"：广一单材，组合于铺作里跳内，挑斡天花。

《营造法式》何以"昂桯"类比"上昂"：

＊规格均取单材；
＊构造均跨过"束阑方"；
＊下部均贴有伴生构件；
＊外转形态均为卷头。

图108　铺作斜置构件种属分类依据

（图片来源：自绘）